U0249228

# 区间函数型数据评价理论、方法及其应用研究

孙利荣　著

本书获国家社会科学基金重点项目（23ATJ009）资助

科学出版社

北　京

# 内 容 简 介

本书是作者对近几年在区间函数型数据评价方面所取得的研究成果进行的系统整理与归类。全书共九章内容，可以分为四部分：第 1 部分为区间函数型数据评价理论体系构建，主要讲述区间函数型数据评价的基本步骤、赋权方法、评价结果处理等；第 2 部分为区间函数型主成分评价方法研究，主要阐述单变量和多变量区间函数型主成分评价方法、一般分布下的区间函数型主成分评价方法以及案例研究；第 3 部分为区间函数型聚类评价方法研究，主要阐述单变量和多变量区间函数型聚类评价方法、一般分布下的区间函数型聚类评价方法以及案例研究；第 4 部分为本书总结与展望。本书是关于综合评价理论在数据形式方向拓展与应用的一本学术著作，理论联系实际，内容新颖，研究方法具有前沿性。

本书可作为统计学、管理科学与经济金融学相关专业的高年级本科生、研究生的教学参考教材，也可供从事环境评估、金融评估等工作的理论工作者和实践工作者参考。

**图书在版编目（CIP）数据**

区间函数型数据评价理论、方法及其应用研究 / 孙利荣著. -- 北京：科学出版社，2025.2. -- ISBN 978-7-03-081389-3

Ⅰ. O212

中国国家版本馆 CIP 数据核字第 2025BF4366 号

责任编辑：陶　璇 / 责任校对：杨聪敏
责任印制：张　伟 / 封面设计：有道设计

**科 学 出 版 社** 出版
北京东黄城根北街 16 号
邮政编码：100717
http://www.sciencep.com
北京建宏印刷有限公司印刷
科学出版社发行　各地新华书店经销

\*

2025 年 2 月第 一 版　开本：720 × 1000　1/16
2025 年 2 月第一次印刷　印张：14 1/4
字数：285 000
**定价：168.00 元**
（如有印装质量问题，我社负责调换）

# 前　　言

区间函数型数据是什么样的数据？

首先要区分区间数据和函数型数据。区间数据是最为常见的一种符号数据，是从一组定量数据中找出上限和下限，然后利用上下限来描述这组定量数据的符号数据。函数型数据是一种复杂数据集，它虽然是离散收集，但是其观测点之间十分紧密，从而呈现出了显著的连续函数特征。如股票市场的分时交易数据、多个地区的月度居民消费价格指数数据、不同地区的实时空气质量数据等。传统的静态横截面数据、时间序列数据以及动态面板数据都可以看成函数型数据的特殊形式。本书研究的函数型数据都是基于时间点的函数，时间区域中每个值对应的范围是区间数的函数型数据，称为区间函数型数据。

为何要使用区间函数型数据评价？

随着信息技术的发展，用以评价的常规数据、区间数据均可以被高频地记录，此时数据的展现形式呈现出显著的连续函数特征。也就是说，评价实践中不仅需要处理常规区间数据、函数型数据，有时还需要处理区间函数型数据。目前，国内外关于函数型数据与区间数据相结合的研究分析较少，大多基于单一方面。当数据的采集较密集、数据量较大时，传统的区间数据分析将不再适用，而将这些数据区间化后再与函数型数据相结合，既能降低数据分析的难度，也能对这些数据函数化后通过函数型数据相关知识进行分析。区间函数型数据评价应运而生。

自 2012 年博士论文完成之时起，笔者就曾经思考过是否可以研究区间函数型数据评价方法，但是当时区间数的综合评价方法刚刚起步，动态区间数的评价方法还无人问津。所以对于区间函数型数据评价方法只是停留在脑海中闪现的阶段。直到 Shimizu（2011a），Beyaztas 等（2020）将函数型数据分析的一些方法拓展至区间函数的领域，笔者正式进入区间函数型数据评价的相关研究之中。先后有两项国家社会科学基金（重点一项，一般一项）资助该主题的研究，另外还有多篇论文发表，一项省哲学社会科学优秀成果奖一等奖。

很多人会问综合评价要搞这么复杂吗？回答是肯定的。这里主要从三方面进行研究：①动态变化过程的评价对象组，随着时间的累积，会形成一个连续被评价体系。区间函数型数据是动态区间数据的进一步累积，所以此时用区间函数型数据形式能更加有效地反映综合评价过程的合理性。②多元统计方法中的主成分分析方法、聚类分析方法经常用来作为评价方法处理评价问题，不管是从评价的多个指标层面还是从评价结果层面，这两种方法都能较好地作为评价工具使用。对于被高频地记录的区间函数型数据，数据的展现形式不再是孤立的，而呈现出显著的连续函数特征，研究适用于单变量和多变量区间函数型主成分分析模型和区间函数型聚类分析模型，不仅可以动态地展示权重随时间变化的情况，还可以确定特定时间节点某个特殊事件的影响，追踪特殊的时间效应。③区间函数型数据为一个较新的研究领域，传统基于区间数数据的研究往往假设区间数内部服从均匀分布，而在实际中，区间数内部常常服从如正态分布等非均匀分布。如何充分利用区间数内部的已有信息，拟合出区间数据内的真实分布状况。用一般性的方法代替具有约束性的分布假设，提出可以适应各种实际数据分布情况的一般分布下的区间函数型数据评价方法，应是目前信息技术时代亟待解决的问题。

　　本书所提的方法通过对区间数分析方法、函数型数据分析方法以及已有综合评价方法的进一步研究，从区间函数的角度将函数型综合评价方法、函数型主成分分析和函数型聚类分析三大方向进一步丰富并程序化，形成较为完整的区间函数型综合评价方法体系，尤其是该评价方法体系被程序化后将具有较好的实操性！相信随着信息化建设的飞速发展和数据采集存储能力的极大提升，本书所提的方法会越来越多地被综合评价研究者和使用者所采纳。

　　本书得到了笔者博士生导师苏为华教授的指导，并获得了很多宝贵的建议。本书的后期主要整理工作由董翔宇（第一章）完成，参与本书工作的有王凯利、朱丽君、徐莉妮、李文成、毛浩峰、田颖华、蒋晨锴、马静静（第三章）、潘凌志（第四章）、马可（第五章）、包旭（第六章）、李梦婷、黄娜、李怡宁、陈小颖等。

　　由于水平有限，书中难免有不足之处，欢迎读者批评指正。

作　者

2024 年 12 月于杭州

# 目　录

# 第一章 导　　论

区间数是符号数据中最为常见的一种数据形式。域中每个值对应的范围是区间数的函数型数据（functional data，FD）就是区间函数型数据（interval-valued functional data，IFD）（Shimizu，2011b）。本章将简要介绍区间函数型数据这一种新型的数据形式下的评价问题的研究背景，以及国内外目前在该领域的主要研究成果，在此基础上提出需要解决的主要问题，使读者对区间函数型数据下的评价问题有基本的了解，从而激发读者进一步深入思考的兴趣。

## 第一节　区间函数型数据评价的背景与基本问题

### 一、区间函数型数据评价的背景

#### （一）区间函数型数据评价的产生

随着现代数据获取和存储能力的提升，各个领域涌现出了大量的复杂数据集。函数型数据就是其中一种复杂数据集，它虽然是离散搜集，但是其观测点之间十分紧密，从而呈现出了显著的连续函数特征（王德青等，2018a），如股票市场的分时交易数据、多个地区的月度居民消费价格指数数据、金融市场股票实时的逐笔交易价格、某个城市的年度空气质量监测数据等。Ramsay（1982）提出相关概念，且 Ramsay 和 Dalzell（1991）对函数型数据分析（functional data analysis，FDA）做了系统的阐述，随后函数型数据的研究内容日益丰富，逐渐成为被研究的热点，而后出现了大量的相关理论和经验分析，并被应用于不同领域（孙利荣，2012）。符号数据分析是一种运用合理的"数据打包"技术，将"点数据"变为"符号数据"，从而使数据的噪声影响减弱、整体特征更加显现的方法（王明璐，2014）。符号数据有多种类型，区间符号数据是其中最为常见的一种。它是从一组定量数据中找出上限和下限，然后利用上下限来描述这组定量数据的符号数据（郭崇慧和刘永超，2015）。在区间函数型数据的相关研究中，Beyaztas 等（2022）将函数型线性模型拓展至区间函数型领域，Shimizu（2011b）将层次聚类应用于区间函数型数据。上述研究均表明区间函数型数据能够带来更好的模型效果。对于区间函数型数据的研究集中于将评价方法与数据形式进行有效结合，并将其用于实际应用分析，但对该数据形式下的评价体系等进一步研究还没有系统给出，且国内外对区间函数型数据的研究较少。多元统计方法中的主成分分析方法、聚类分析方法经常用来作为评价方法处理评价问题，无论从评价的多个指标层面还是从评价结果层面，这两种方法都能较好地作为评价工具使用。所以此时不仅需要对区间函数型数据的评价基本步骤出发进行梳理研究，还需要在评价框架下对区间函数型主成分分析（interval-valued functional principal component analysis，IFPCA）方法和区间函数型聚类分析（interval-valued functional clustering analysis，IFCA）方法做进一步拓展研究。因此本书将基于区间函数型指标数据形式的评价方法进行系统研究，以期提供较好的参考价值。

## （二）区间函数型数据评价的意义

（1）丰富了综合评价方法的应用领域。常见的综合评价方法的指标数据应用领域多为静态数据、时间序列，面板数据、区间数数据和函数型数据等多种不同的数据形式，而针对区间函数型指标数据的综合评价方法的研究就比较少见了，且多集中于 IFPCA 方法和 IFCA 方法。因此，本书提出的基于区间函数型数据的综合评价分析方法，在一定程度上不仅拓展了综合评价方法的指标数据形式，还为多指标区间函数型数据提供了一种相对合理的评价模式。

（2）用区间函数型数据形式，符合综合评价的实际情况，能更有效地反映综合评价的合理性。在综合评价的实践中会遇到这样一类数据，在某个时段，时点的离散数值均存在，且随着时点的增多而逐渐呈现出连续的函数特征。例如，对空气质量数据进行评价时，各评价对象多方面的指标数据是连续不断产生的，以日为单位，为了反映样本在某个指标下的平均水平和波动情况，将日内全部数据以区间形式表示。从个体的动态发展来看，将每个时期内的时间点作为水平变量，通过离散数据函数化，每个区间都可获得一条曲线，则各个个体的每个时期的数据就成了区间函数型数据。对于综合评价过程而言，无论采用客观评价方法还是采用主观评价方法，评价结果的合理性都是相对的，而且是在特定条件约束下达到某评价时点或某评价时期的一种"相对合理"性。因此，对于一个综合评价体系而言，此时提供区间函数形式的综合评价结果比提供点值或单纯的函数型数据更有说服意义。

（3）基于时变距离的区间函数型主成分分析方法提高了综合评价的准确性。在现实分析中，由于客观事物的复杂性和人们能力的有限性，信息往往具有一定的随机性和不精确性，所以使用区间数来表示样本数据更符合实际。它能同时反映样本在某个指标下的平均水平和波动情况，在不增加变量的情况下增添更为丰富的信息，从而提高分析的准确性。同时，将新的时变距离函数概念应用于函数型主成分分析方法，可以使区间函数型数据之间的偏差计算更加符合实际，进一步提高分析的准确性。

（4）区间函数型主成分分析和区间函数型聚类分析增强了综合评价的可视化程度。首先，IFPCA 保留了数据的函数特征，可以得到每个指标的权重值随时间变化的情况，从而可以直观地了解每个指标重要性的变化情况。其次，IFPCA 可以分别得到中点和半径的主成分偏离均值图，从而可以清晰地展示主成分的含义和特殊的时间效应。最后 IFPCA 可以得到区间形式的综合评价结果，通过雷达图进行展示，可以清楚地反映综合评价结果的平均水平和波动情况。IFCA 是 FCA（functional clustering analysis，函数聚类分析）的区间化拓展，保留了原始数据的函数性质，从而能够以光滑曲线来刻画其发展趋势。根据相似性度量将复杂的区间函数集划分为几个互不相交的类别，通过类均值曲线来展示各类别区间函数型数据整体的发展变化趋势特征，以便于后续比较分析。

（5）一般分布下的区间函数型主成分分析和一般分布下的区间函数型聚类分析的构建考虑了样本的分布情况，可以使其之间的偏差计算更加符合实际，进一步提高分析的准确性。将传统的不考虑分布的区间函数型主成分分析方法推广至一般分布下的区间函数型主成分分析方法中，能够充分利用已知数据信息的内在特征。该方法不仅通过一般化提供了更多信息，提高了分析的准确性，还同时适用于单变量和多变量分析，增强了特征函数的可解释性。

基于 Wasserstein 距离和 Hausdorff（豪斯多夫）距离提出了一般分布下的区间函数型数据聚类距离度量，并将其用于改进的 K-means 区间函数型聚类分析方法中，提高区间函数型数据聚类方法的适用性，在充分利用已知数据信息的内在特征的同时，新的距离度量与传统的距离度量在用于聚类分析方法的比较中以及聚类有效性评估中均显示更具有效性和实际意义。

## 二、区间函数型数据评价的基本问题

根据函数型数据综合评价（functional data comprehensive evaluation，FDCE）的分类情况，区间函数型数据综合评价（interval-valued functional data comprehensive evaluation，IFDCE）也包含了三种情况：第一种是基于评价的指标数据形式为区间函数型数据，而权重形式包含了在各时期内均不变的时期权（确定权重系数）；第二种是基于评价的指标数据形式为区间函数型数据，但各时间段内的指标权重是离散数据形式，呈现动态平衡的特征，能拟合成随时间变化的函数（变化的权重系数）；第三种是指标数据形式仍为区间函数型数据，而权数是动态的离散取值形式，在对各时点计算评价得分后，评价结果能随着时间的积累具有区间函数型数据特征。

由于本书是基于区间函数型数据进行综合评价方法的研究，主要研究综合评价的几个步骤：①区间函数型数据指标的构成及其无量纲化；②区间函数型数据的评价方法（区间函数全局拉开档次法、IPFCA、IFCA 研究）；③区间评价函数的分析。

## （一）区间函数型数据的综合评价过程

### 1. 区间函数型指标体系的构建及其无量纲化方法

这里主要讨论将动态的指标数据区间函数化和无量纲化。前者可以结合区间数数据的形成方法和函数型数据分析的一般过程得到。即用区间数数据矩阵表示，一种是用最值函数（最大值函数、最小值函数分别构成区间函数上、下限），一种是用中点-半径函数来体现区间信息（中点函数表示区间位置，半径函数表示区间变动范围）。

### 2. 基于区间函数型数据的构权方法——函数型"全局"拉开档次法的拓展

本书首先研究区间指标数据在连续状态下的权重求解问题。孙利荣等（2012）将"纵横向"拉开档次法拓展至函数型数据表，提出了基于函数型数据的"'全局'拉开档次法"。本书在上述方法的基础上，拟提出区间函数型指标数据的综合评价方法，在每个区间函数内使用"全局"拉开档次法，并对比区间函数型数据形式的"全局"拉开档次法和函数型数据的"全局"拉开档次法。

### 3. 综合评价结果的分析

通过基于区间函数型数据的"全局"拉开档次法的构权预处理之后，将多维指标数据压缩成一维区间函数型数据，可以进一步做综合评价结果分析。

（1）利用单变量的区间函数型主成分分析（IFPCA）方法提取评价函数中的特征，根据主成分的方差贡献率和区间函数变化分析其发展变化。

（2）利用单变量的区间函数型聚类分析（IFCA）方法对评价函数进行聚类分析。

（3）对采用区间函数型数据的"全局"拉开档次法得到的评价函数进行函数型数据分析。

## （二）基于区间函数型数据的综合评价方法研究

### 1. 区间函数主成分分析评价方法的研究

为了实现这一目标，本书首先介绍了相关的区间主成分分析方法、区间时序立体数据表主成分分析方法、函数型主成分分析方法（FPCA）。然后在 Lauro 和 Palumbo（2005）提出的基于中点-半径的区间主成分分析方法的基础上，对函数型主成分分析方法进行区间化创新。由于大多数事物的发展会受到其前期发展状况的影响，所以本书将 Lauro 和 Palumbo（2005）定义的区间距离进一步拓展，提出了时变距离函数概念，进而提出基于时变距离函数的区间函数型主成分分析方法。

2. 一般分布下的区间函数型主成分分析评价方法的研究

对于区间数据的研究，以前大多数学者都假设区间数的内部服从均匀分布（或不考虑分布），以此来进行区间数据的进一步研究，而在大多数实际情况下，区间数的内部往往服从如正态分布、泊松分布或卡方分布等其他分布，这时候假设区间数的内部信息服从均匀分布的情况则不太适用，本书研究了一般分布下的区间函数型数据主成分分析方法，该方法能够充分利用区间数内部的已有信息，能够最大限度地挖掘信息的内在特征，从而使区间数据的后续研究处理更加真实、准确。

3. 区间函数型聚类分析评价方法的研究

本书通过对区间函数型聚类分析以及函数型聚类分析方法的梳理，发现现有区间函数型聚类分析中相似性度量仅考虑了区间函数基函数本身的特性，反映曲线在绝对水平上的差异，忽略了曲线的形态变化差异，未能充分挖掘区间函数的趋势特征，所得聚类结果往往不能全面反映数据信息；此外，目前仅有针对单个区间函数指标进行的研究，无法满足现实中从多个方面综合考虑被研究对象特征的需求。针对上述问题，本书将区间数欧氏距离拓展到函数型数据当中，基于该距离进一步构建出一种新的能够兼顾区间函数数值信息与曲线形态的相似性度量——基于原函数和导函数信息的区间函数欧氏距离，并由此给出区间函数改进 K-means 聚类过程。为满足多指标全面分析被研究对象的特征需求，本书在已有函数型熵值法的基础上，推导出区间函数熵值法的计算步骤，区间函数熵权法作为指标综合方法，实现对多指标区间函数型数据的聚类。

4. 一般分布下的区间函数型聚类分析评价方法的研究

将传统的基于均匀分布（或不考虑分布）的区间函数型聚类分析方法推广至一般分布下的区间函数型聚类分析方法中。基于 Wasserstein 距离和 Hausdorff 距离提出了一般分布下的区间函数型数据聚类距离度量，并将其用于改进的 K-means 区间函数型聚类分析方法中，提高区间函数型聚类分析方法的适用性，能够充分利用已知数据信息的内在特征。并将提出的新的距离度量与传统的基于均匀分布的区间函数型数据距离度量都用于聚类分析方法中进行比较，模拟实验和实际应用的聚类有效性评估显示本书提出的方法更具有效性和实际意义。

## 三、研究框架

本书中区间函数综合评价方法研究框架如图 1-1 所示。

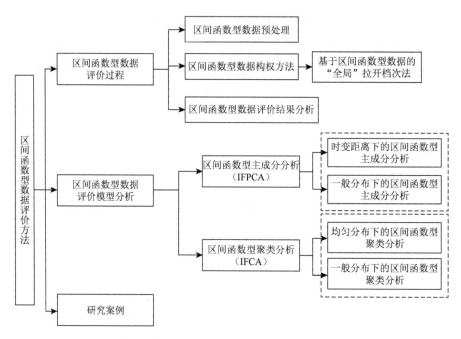

图 1-1　本书中区间函数综合评价方法研究框架

# 第二节　国内外关于区间函数型数据评价的研究

## 一、与综合评价基本问题相关的研究

随着社会发展的日益复杂和科学技术的迅速发展，人们获取得到的指标数据形式不再是单一的静态或时序数列等动态指标数据，随着采集点越来越密集，数据形式呈现出了区间或者函数型的特征，这类数据的研究在综合评价中的应用也有非常多种。本节内容围绕指标数据形式对综合评价的研究现状进行梳理，从五种数据形式（静态指标数据、动态指标数据、区间指标数据、函数型指标数据、区间函数型指标数据）进行展示。

（一）静态指标数据研究现状

静态指标数据主要包括定性数据和定量数据。其中，定性数据较难进行综合评价，需要通过一定的手段进行量化，再进行后续的分析讨论，定量数据则需要注意不同指标的量纲不同，需要进行无量纲化处理。综合评价的量化处理是从静态指标数据开始的，且大多数评价方法都是先从静态数据形式进行拓展的，如层次分析法（analytic hierarchy process，AHP）、主成分分析法和聚类分析法。同时，针对单一评价方法的局限性，从静态数据角度进行了组合评价，如群组评价方法。虽然数据形式变化多样，但对于静态指标数据的研究一直未停止，在很多行业和领域中会使用静态数据进行分析讨论，并且作为其他数据形式的基础，在综合评价中的地位较高。

（二）动态指标数据研究现状

国外学者对于动态评价问题的研究集中于决策的方法和思想，不侧重于动态信息集成，如多准则动态评价问题的重要组成部分是多准则问题，可分为多目标决策和多属性决策两类（Hwang and Yoon，1981）；Smith（1994）对动态评价做出一个阶段性的概括和总结，并对其从九个论点展开讨论；Borgulya（1997）基于模糊逻辑，提出了一种针对多指标方案的排序方法，证明该方法具有普适性，且得出的结论不会与实际情况有较大出入；Herrera 等（2001）研究了群决策问题，并提出了一个基于模糊主体的均衡决策模型，进而分析了利用其选择最优方案的一致性；Chiclana 等（2001）提出了融合积性偏好关系的多目标决策模型；Drobne 和 Lisec（2009）研究了多属性决策分析在 GIS（geographical information system，地理信息系统）中的应用。国内学者对于动态评价问题的研究一般从两个方面出发，一是评价方法的理论研究，二是利用方法做实证研究，并且在动态综合评价方法的理论研究等方面已取得丰富的研究成果。王坚强（1999）提出了一种基于灰色关联分析方法的决策分析方法，并以五个城市的经济效益为例，验证该方法的可行性和合理性。樊治平和王欣荣（2000）基于加权法提出了一种新的分析方法，以辽宁省五个城市的经济效益为例，验证该方法能够综合指标的好坏程度和增长程度，并给出符合实际的预警效果。郭亚军（2002）等对动态综合评价方法进行系统研究，并给出了用于表示动态数据的时序立体数据表，提出一种新的确定权重系数的方法，给出"纵横向"拉开档次法的计算过程；易平涛等（2009）研究动态综合评价中的无量纲化方法，为了消除动态数据标准化过程中将增量信息遗失的问题，提出了标准序列法、全序列法及增量权法的计算过程，并通过算例对其进行分析对比，说明方法的合理性；郭亚军等（2010）对时序加权平均算子 TOWA（或时序几何平均算子 TOWGA）进行研究，提出了用最小方差法确定时间权向量；易平涛等（2013，2014）在评估价过程中加入激励特征，提出了新的动态综合评价方法，并给出改进的多指标动态综合评价的修正方法。张洪祥和毛志忠（2011）为了解决传统信用评价技术的局限性，在多维时间序列的基础上，将灰色关联分析应用于信用评价领域，提出了新的信用评价分析方法。张发明和孙文龙（2015）对"显性激励"模型进行改进，引入加速度和加速度指数等概念，使改进后的方法能更好地应用于针对性较强的激励控制思想。苏为华等（2015）综合考虑了时间和评价主体，提出了一种动态群组评价方法。

## （三）区间指标数据研究现状

区间数作为符号型数据中最重要和常用的数据类型，是国际上数据统计与数据管理领域较前沿的研究方向之一。对于区间数而言，将其点值化是后续研究中非常重要的基础，如黄德镛等（2003）假设权重向量在其区间上服从均匀分布，并利用逆序概率的随机模拟方法对评价对象进行排序；李景茹（2005）针对评价指标的权重呈现区间形式进行研究，为了使区间数转化为单一值，提出了一种基于蒙特卡罗（Monte-Carlo）的仿真随机数赋权法；陈骥（2010）提出了一种基于分布估计的区间数点值化方法，并用正态分布的例子验证其可行性和合理性；王岩等（2012）利用展平算法将区间数据表转换成普通数据表。将区间数点值化后，就可以结合综合评价方法（如区间主成分分析方法和区间聚类分析方法）进行评价分析。苏为华和张崇辉（2013）为了体现点与样本分布的关系，依托概率分布，提出了多点主成分综合评价方法。D'Urso 和 Giordani（2004）假定中点和半径数据拥有相同的特征向量，构造新的矩阵并通过奇异值分解求得相应的主成分得分和主成分载荷矩阵。Wang 等（2012）提出了基于全信息的区间数据主成分分析（complete-information-based principal component analysis for interval-valued data，CIPCA）方法。王惠文等（2015）将经验分布函数和核估计运用于基于均匀分布的区间主成分分析中，通过对原始数据分布函数的估计和变换，使其服从均匀分布的假定。于春海和樊治平（2004）针对区间多变量指标数据的聚类问题，提出最优划分和最优聚类中心的理论，并给出计算步骤和推导过程；高飒（2009）将区间数距离与聚类分析结合，提出了一种新的 Hierarchy-Pynamid 聚类分析方法；陈颖（2012）根据多维区间数据，提出一种新的距离计算方法，并结合聚类拓展成区间数动态聚类算法。

（四）函数型指标数据研究现状

函数型指标数据在国内的研究相对较晚，但是就其发展而言，在国外从 20 世纪就开始了，Ramsay（1982）提出了相关概念，并在《函数型数据分析》一书中做了系统的阐述和研究。Ramsay 和 Silverman（1997）总结完善了函数型线性回归模型的基本形式与算法。Heckman 和 Zamar（2000）讨论了回归函数的形状，从而证明函数之间的疏密关系无法通过 Lp 数值距离准确刻画，通过对函数型秩相关的讨论，提出了一种形状聚类分析方法。Shang（2014）对函数型主成分分析的应用场景做了总结，并将其分为探索性分析、建模与预测、分类三种类型。Koymen Keser 和 Deveci Kocakoç（2015）以温度为例，选择不同基函数个数与平滑参数对呈现不同特征的数据集之间的关系和变化进行实验，证明了基函数个数是影响相关关系的主要因素。国内首次使用函数型数据的研究是严明义（2007），他指出函数型数据在统计分析中的合理性，也突出了数据形式在评价过程中的重要性；靳刘蕊（2008）探讨了一元函数型主成分和多元函数型主成分的计算过程，并结合财政支出项目进行应用分析；毛娟（2008）对隐含波动率的 Common FPCA 进行改进，并以证券市场为例，验证其可行性；王劼等（2009）将函数型主成分与聚类方法结合，提出了一种新的函数型聚类方法，并将其应用于医学领域，证明该方法能够有效分类，且易于操作；王桂明（2010）对三种多元统计分析方法从理论和应用方面进行讨论分析，并系统地提出单指标和多指标函数型数据的计算过程。苏为华和张崇辉（2013）结合前人的研究成果，系统地给出函数型数据分析的含义，并以义乌小商品景气指数为例，验证函数型数据权重确定方法的可行性；王德青等（2018b）将函数型聚类分析方法分成四类，对不同种方法进行分析对比，并证明了在使用方法之前需要对数据进行降噪；李倩（2020）对函数型数据的回归模型做了系统的阐述和研究，提出了函数型 Fama-Mac Beth 回归方法，并加以验证。

（五）区间函数型指标数据研究现状

相比于函数型指标数据，区间函数型指标数据形式的研究文献很少，主要原因是该数据形式出现得较晚，另外对于区间函数型数据的研究比对函数型数据和区间数据的研究更难，对于数据形态的具体表达形式还需要探讨，一般使函数型数据结合符号数据形式，通过函数拟合，得到区间函数型数据。区间函数型数据是指域中的每个值所对应的范围是区间数的函数型数据（Shimizu，2011b），Shimizu（2011a）将层次聚类应用于区间函数领域，并以林业发展数据为例，给出数据分析的不同标准。Beyaztas 等（2022）将函数型线性模型拓展到区间函数领域。

通过对函数型数据分析方法以及已有综合评价方法的进一步研究，从常规函数、区间函数两种角度将函数型综合评价方法进一步丰富并程序化，可以形成较为完整的函数型综合评价方法体系。

本书中关于函数型综合评价方法框架的理解如图1-2所示。

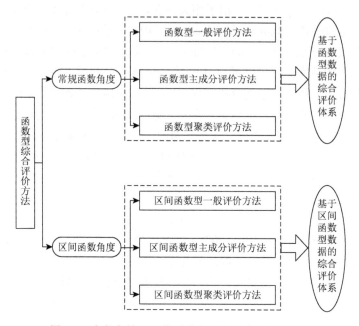

图 1-2　本书中关于函数型综合评价方法框架的理解

## 二、拉开档次法研究现状

由于本书对多指标数据采用的权重确定方法是拉开档次法，在已有文献中，拉开档次法主要有三个数据形式的计算方法，即静态指标的拉开档次法、动态综合评价的"纵横向"拉开档次法和基于函数型数据的"全局"拉开档次法。现有文献大多是利用"纵横向"拉开档次法在各个领域上的应用，如郭亚军（2012）在对动态综合评价进行定义时，给出"纵横向"拉开档次法的计算公式，并分别与"纵向"和"横向"对比，说明该方法的优势；魏明华等（2010）对水环境数据分别运用"纵横向"拉开档次法和"横向"拉开档次法，通过时序权重的结果对比，发现结合纵向和横向的评价分析能更好地凸显影响因素，分析更为全面；朱吉超和耿弘（2009）针对江苏省城市化水平，运用"纵向"拉开档次法进行纵向综合评价；戚宇等（2011）在拉开档次法中加入主观信息，实现主客观信息的有效集成，并通过实例证明该方法相较于原来的拉开档次法更加简单实用且有效；

郭亚军（2012）讨论了在不同无量纲化方法下，拉开档次法的评价结果和效果的变化，并给出选择建议；王雪冬等（2012）采用改进型拉开档次法对泥石流危险度进行综合评价分析，并验证该方法相较于传统方法能够与实际情况吻合得更好；张耀升（2014）采用逐层拉开档次法对电能质量进行综合评价相关问题研究；陈楷等（2014）构建配电网经济运行的评价指标，运用改进拉开档次法加大重要指标的比重，并进行后续分析。

综合上述文献可以发现，关于综合评价方法的指标数据形式越来越丰富，从静态数据的积累进一步转变为动态数据，为了数据呈现更多的信息，对动态数据构造区间数，对于动态数据中具有函数型特征的数据进行拟合函数，使其在图像中以曲线的形式存在，也可用来预测数据的发展走向。为了能使数据包含评价对象更多的信息，且用于构造的数据具有函数特性，提出了区间函数型数据。在已有文献中可知，对于区间函数型数据的研究也只是结合评价方法的应用，还没对其做系统的阐述。

拉开档次法的应用主要集中于截面数据和时序数据中，且会对评价问题从"横向"、"纵向"和"纵横向"三种拉开档次法进行讨论，并选择一个评价结果最好的方法，然后深入挖掘评价结果所蕴含的信息。拉开档次法也应用于函数型数据中，并命名为"全局"拉开档次法，通过和"纵横向"拉开档次法相比，该方法得到的结论类似，但评价函数呈函数形式，能够更好地展现评价函数随时间的变化情况，为后续预测提供科学的依据。

区间函数型数据是区间数据和函数型数据的结合，因此区间函数型数据能够同时包含两种数据的优点，但也会有两者的缺点，如区间上下限之间的变化规律无法定义，函数型数据拟合时要先确定平滑方法，但区间函数型数据分析得到的结论相较于两者更为合理。另外，拉开档次法还止步于函数型数据的综合评价中，若将其拓展至区间函数型数据，能够拓展拉开档次法的数据使用范围，也能丰富区间函数型数据的评价方法或权重确定方法。因此，本书的主要工作是对函数型的综合评价一般过程做系统阐述，将其从函数型数据扩展到区间函数型数据领域，尝试将不同的区间函数形式和拉开档次法相结合，并验证该方法的可行性。

## 三、函数型主成分分析相关的文献综述

### （一）函数型主成分分析的研究现状

本书旨在提出一种新的区间函数型主成分分析方法并将其应用于综合评价中，因此厘清函数型主成分分析的区间化思路和综合评价应用场景是非常重要的。同时，由于函数型主成分分析的原始数据形式与横截面数据（或时间序列数据）、

三维数据一致，因此了解离散主成分分析的区间化思路来促进区间函数型主成分分析的提出是十分必要的。本节主要对函数型主成分分析的区间化思路和应用场景、区间主成分分析相关文献进行梳理。

### 1. 区间函数型主成分分析

在区间函数型主成分分析领域，目前可供搜集的方法较少。本书基于搜集到的区间函数型主成分分析方法，梳理出两种函数型主成分分析区间化的思路。一种是以区间主成分分析为核心，如孙钦堂（2012）先将数据函数化去除异常值，然后将拟合数据离散化进行区间主成分分析，最后将离散的特征向量函数化，从而完成了区间函数型主成分分析；另一种是以函数型主成分分析为核心，如池田智康等（2010）先将区间数据函数化，然后以中点法为依据，计算得到中点函数后对其进行函数型主成分分析，然后通过特征函数计算出区间主成分得分。

同时由于多变量函数型主成分分析中涉及变量是否相关、基函数选择等问题，所以现有研究都是从单变量函数型主成分分析出发研究函数型主成分分析在区间函数型数据上的应用。

### 2. 应用场景

Shang（2014）总结函数型主成分分析的应用场景为探索性分析、建模与预测、分类三种。为进一步了解应用场景下的函数型主成分分析方法的使用情况，本书按照变量个数将函数型主成分分析分为两类（单变量函数型主成分分析和多变量函数型主成分分析），并进行相关文献梳理。

（1）单变量函数型主成分分析。单变量函数型主成分分析是函数型主成分分析在实证分析中应用最广泛的一类方法，其应用方向主要分为两个。一个是对函数型主成分分析提取出的变化特征本身进行分析，探索变化背后的原因。例如，黄恒君（2013b）将城镇居民按照收入分为7个等级并构造了相应的函数型数据，然后通过函数型主成分分析刻画了每个群体的变动趋势，解释了中国城镇居民收入变迁的主要原因。吴金旺和顾洲一（2019）对长三角25个城市的数字普惠金融指数进行了函数型主成分分析，精准捕捉了数字普惠金融发展的波动特征，为促进数字普惠金融一体化发展提供客观的评价与影响依据。另一个是在函数型主成分得分或特征函数的基础上进行聚类分析、预测分析等操作。例如，王劼等（2009）通过函数型主成分分析提取患者多普勒信号的前两个变换特征，然后采用普通的聚类方法进行聚类分析，结果表明该方法可以有效地进行函数型数据分类。沈关友（2018）则基于函数型主成分进行线性预测模型和非线性预测模型，较好地预测了十个银行股票的收盘价。

（2）多变量函数型主成分分析。相比于单变量函数型主成分分析只能解释单个变量的变化特征，多变量函数型主成分分析具有发现函数型变量之间的相互变动模式，用主成分得分更加简洁地表示数据等优点（Happ and Greven，2018）。多变量函数型主成分分析的应用场景与单变量函数型主成分分析的基本一致。一个是对本身数据特征的分析，如 Ramsay 和 Silverman（2005）对髋关节和膝关节函数型数据进行多变量函数型主成分分析，深入了解整个步态运动中关节变化的主要模式。其中多变量函数型主成分分析更加侧重于使用多个变量的主成分得分图来解释主成分含义，单变量函数型主成分分析则会使用主成分偏离均值函数图来解释。另一个是基于函数型主成分得分进行相关的建模操作。如 Chiou 等（2014）对道路交通监控中最为基本的三个指标（车辆速度、流量和占用率）进行多变量函数型主成分分析，并基于多个主成分得分进行了聚类分析。由于多变量函数型主成分分析考虑了更多因素，所以基于多变量主成分得分的聚类、预测分析等的结果都相对较优。

## （二）区间主成分分析的研究现状

如果把区间函数型主成分分析的时间看成变量，则单变量区间函数型主成分分析的原始数据是区间横截面数据。区间主成分分析就是针对多变量区间数据的主成分分析方法。由于区间主成分分析方法能够处理更多信息，获得更好的结果，所以得到了广泛的应用。区间数据主要有两种来源：一种是由于观测误差而得到的，另一种是经过符号数据分析而形成的（郭均鹏和李汶华，2007）。本节主要对使用区间符号数据的区间主成分分析方法进行综述，针对该类型数据的区间主成分分析主要可以分为三类：基于展平算法的区间主成分分析、基于距离的区间主成分分析、基于概率分布的区间主成分分析。

### 1. 基于展平算法的区间主成分分析

展平算法是通过寻找最能代表区间的样本点，将区间数据表"展平"为普通数据表的一种方法（王岩等，2012）。由于区间数据表在几何空间表现为一个高维超矩形，所以顶点法的本质是使用高维超矩形的顶点作为代表样本点，中点法的本质是使用高维超矩形的重心来替代所有的样本点（王岩等，2012）。但是顶点法在处理高维数据时会出现维数灾难，中点法则会损失较多的样本信息。基于此，Wang 等（2007）提出了一种因素区间数据展平算法，以超椭圆形轴上主成分得分最高和最低的点作为代表样本点，然后将代表点的原始变量取值作为展平矩阵的组成部分，该方法降低了展平矩阵的维度，提高了数据代表性。王雅楠（2007）认为该方法找到的代表样本点不准确，从而提出了以超椭圆形顶点为代表样本点的投影展平算法。苏为华和张崇辉（2013）认为上述一些方法的本质都是寻找一个点或多个点来代表样本区间，但都忽略了点与样本分布的关系，从而使区间主成分分析的可信度大大降低。基于此，苏为华和张崇辉（2013）依托概率分布，提出了多点主成分综合评价方法。

### 2. 基于距离的区间主成分分析

基于中点-半径的区间主成分分析的重点在于将区间矩阵变换为中点矩阵和半径矩阵，然后通过一定方式将两个矩阵信息都纳入主成分分析中。例如，Palumbo 和 Lauro（2003）通过定义两个区间距离为区间中点间的绝对距离和区间半径间的绝对距离之和，将中点和半径数据结合。进一步地，定义变量方差为区间距离的平方和，通过展开方差公式确定了区间数据协方差公式。最后在协方差公式的基础上分别进行中心数据、半径数据的主成分分析。在区间主成分得分的计算上，为使中心和半径主成分得分能够相加，Palumbo 和 Lauro（2003）通过 Procrustes 旋转，获得半径数据的旋转矩阵，Lauro 和 Palumbo（2005）基于 Tucker 方法，通过迭代计算获得半径数据的旋转矩阵。虽然上述两种方法能够获得区间主成分得分，但是会存在特征向量含义不一致的问题。D'Urso 和 Giordani（2003）假定中点和半径数据拥有相同的特征向量，然后通过顶点矩阵将中心矩阵和半径矩阵的数据结合，通过最小化原始组合数据和主成分估计数据的平方距离，确定了中心矩阵和半径矩阵的组合方式。然后在新的矩阵上，通过奇异值分解获得相应的主成分得分和主成分载荷矩阵。

### 3. 基于概率分布的区间主成分分析

基于概率分布的区间主成分分析假定每个区间服从一定的概率分布，从而推导出整个数据表的均值、方差和协方差公式。在一个区间上，均匀分布是一个常见且易于做进一步处理和分析的分布。基于此，郭均鹏和李汶华（2008）提出了基于经验相关矩阵的区间主成分分析方法，Wang 等（2012）提出了基于全信息的区间数据主成分分析（CIPCA）方法，侯自盼（2015）提出了基于经验统计量的主成分分析方法。但是在实际生活中，数据分布较为复杂，所以学者开始从不同角度来解决该问题。陈骥和王炳兴（2012）、Chen 等（2015）、刘清贤（2019）细化数据分布，分别提出了基于正态分布的区间主成分分析。王惠文等（2015）使用经验分布函数和核估计对原始数据的分布函数进行估计，通过设计变换，使变换后的数据服从均匀分布的假定，能应用基于均匀分布的区间主成分分析。

对已有的区间函数型主成分分析发现，区间函数型主成分分析有两种方法推导角度。一种是以区间主成分分析为主，假定将时间变量为指标变量，直接使用区间主成分分析进行分析。该方法的最终效果取决于区间主成分分析方法的效果，且无法适用于多变量的区间函数型数据。另一种是以函数型主成分分析为主，将数据拟合为函数后，直接在函数的基础上进行区间主成分分析，形成方差函数和协方差函数，从而包含了时间的自相关性，也保留了拓展至多变量情形的能力。由于本书是综合评价的框架下进行函数型主成分分析的区间扩展，需要对多个函数型指标进行分析，所以本书在对函数型主成分分析进行区间拓展时，会以函数型主成分分析为主。

进一步分析以函数型主成分分析为主的区间函数型主成分分析和区间时序立体数据表主成分分析，发现上述方法的效果的提升绝大程度上依靠区间主成分分析方法效果的提升。同时随着时间维数据的增加，区间主成分分析方法在上述数据上的缺点将进一步放大，如池田智康等（2010）使用中点法将区间函数型数据简化，使主成分分析损失了较多信息，结果的准确性降低。胡艳（2003）、Meng等（2018）使用的顶点法将进一步加剧维数灾难，从而使计算更为复杂，花费时间更多，关蓉（2009）和李楠（2012）的方法则会增加分布约束使计算的复杂度提高。因此，本书在进行函数型主成分分析区间化拓展时，会尽可能选择一种计算复杂度较低且保留较多区间信息的区间主成分分析。

在区间主成分分析上，基于展平算法的区间主成分分析简单易理解，但其效果受展平方法的影响较大，且极易造成数据的冗余和缺乏。基于概率分布的区间主成分分析则能通过分布保留区间的大部分信息，但是需要假定区间分析计算复杂度较高。基于距离的区间主成分分析通过中点和半径包含了较多区间信息，通过距离计算协方差矩阵的计算量相对较小。因此，本书偏向于使用基于距离的区间主成分分析方法与函数型主成分分析方法结合，构建新的区间函数型主成分分析方法。

在函数型主成分分析的应用研究中，发现以下两种情况与综合评价相关联。一是直接对综合评价某种现象的指数（或结果）进行单变量函数型主成分分析，对每个地区的发展情况进行评价（吴金旺和顾洲一，2019）。二是使用多变量函数型主成分分析对多个函数型变量直接进行综合评价。虽然现有的研究只是提取了多变量函数型主成分分析的主成分进行聚类分析，但如果其主成分特征函数符合综合评价的含义，则多变量函数型主成分分析的主成分得分就是综合评价结果。因此以函数型主成分分析为核心的区间函数型主成分分析在进行综合评价时，可以对综合评价某种现象的区间指数（或结果）数据进行单变量区间函数型主成分分析。同时也可以直接对多变量区间函数型数据进行多变量区间函数型主成分分析，获得综合评价结果。

## 四、函数型聚类分析相关的文献综述

本书针对区间函数型聚类分析，拟提出一种新的能够从数值距离和曲线形态两个方面全面体现区间函数间差异性的相似性度量，以提高区间函数型聚类分析效果。由于区间函数型聚类分析是在函数型聚类分析的框架中进行的，因此有必要理清函数型聚类的区间化思路。考虑到函数型数据本质上是通过一个个离散观测点搜集得到的，可借鉴传统离散聚类的区间化思路，在此基础上进行拓展。本节主要介绍传统离散聚类分析方法与函数型聚类分析方法研究现状。

## （一）传统离散聚类分析方法研究现状

聚类分析作为一种经典的多元统计分析方法，是指根据事物特定的属性，将其划分为多个类别，使类内差异尽可能小，类间差异尽可能大的无监督学习过程（于春海和樊治平，2004）。目前随着信息技术的飞速发展，逐渐出现了由截面数据、时序数据、面板数据等精确值构成的"点值"数据，以区间数为代表的"符号数据"以及模糊数据等多种数据形式，相应的聚类分析方法受到国内外学者的广泛关注，且取得了丰富的研究成果，本节主要梳理"点值"数据以及区间数聚类分析相关文献，为本书所研究的区间函数型聚类分析方法提供区间化思路。

### 1. "点值"数据聚类分析方法

目前对由横截面数据、时间序列数据以及面板数据构成的"点值"数据的聚类方法研究已较为成熟，现依据不同的数据类型进行梳理。

首先对于固定时期的不同个体截面数据，宋宇辰等（2007）定义了加权欧氏距离；通过对指标赋权，提高了聚类结果的准确性；朱建平等（2013）提出了基于方差贡献率的、能够对指标重要性进行自适应赋权的主成分聚类模型，并对2011年全国各省市创新能力进行分类。

对于随时间变化的数据集，即时间序列数据，Montero 和 Vilar（2014）对如闵可夫斯基（Minkowski）距离、动态时间规整距离、相关系数等几种常用的相似性度量做了系统总结。特别地，针对非线性时间序列，Zhang 和 Chen（2018）基于 KS（Kolmogorov-Smirnov）检验，提出了 KS2D 距离作为相似性度量；李国荣等（2021）对于具有异常值的时间序列数据，提出了一种基于相关系数鲁棒估计的聚类方法；甄远婷等（2021）提出了一种基于中心 Copula 函数的相似性度量以衡量时间序列间的差异。

对于同时具有样本、指标、时间三个维度的复杂面板数据，研究方向集中在相似性度量的确定以及如何将相似性度量与聚类算法相结合上。Bonzo 和 Hermosilla（2002）用概率连接函数代替离差平方和来衡量样本相似度；张立军和彭浩（2017）定义了由水平加权距离、增长率加权距离、变异系数加权距离构成的"加权距离函数"，给出面板数据加权聚类的基本步骤；王泽东和邓光明（2019）

首先对各个时间点的截面数据进行主成分分析，然后将得到的主成分得分作为时间序列数据，构建趋势距离作为相似性度量进行系统聚类。

**2. 区间数聚类分析方法**

在传统聚类方法中，数据搜集和存储技术不断发展进步，人们可以获得海量数据，但这也将带来计算复杂度的增大，且难以整体把握样本特征（郭崇慧和刘永超，2015）。符号数据分析（symbolic data analysis，SDA）技术用于解决上述问题，该技术利用"数据打包"的思想，以从海量数据中发掘系统知识理论与方法（Bock and Diday，2000）。郭均鹏等（2013）指出由"符号数据"代替"点值"数据，可以同时达到降低计算复杂度和整体把握样本特性的效果。

区间型符号数据，简称区间数，作为一种最为常用的符号数据，通常情况下，是从一组定量数据中找出上限和下限，并利用上下限来对这组定量数据进行描述（郭崇慧和刘永超，2015）。目前对于区间数的聚类方法主要是通过构建特定的区间数距离作为相似性度量实现的。根据距离的不同，区间数的聚类方法大致可分为基于区间界限距离的区间聚类分析方法和考虑区间内部信息的聚类分析方法。

其中基于区间界限距离是指基于区间的下限和上限构建距离度量，如 de Souza 和 de Carvalho（2004）定义 city–block 距离用于区间数聚类；de Carvalho 等（2006）构建区间数欧氏距离动态聚类算法；Tenorio 等（2007）提出了基于马氏距离的区间数模糊聚类分析方法；de Carvalho 和 Lechevallier（2009）提出了一种自适应二次距离进行区间数据动态聚类。该类区间聚类分析方法含义明确，计算简单。

考虑区间内部信息的相似性度量假定区间数据内部服从某一特定的参数分布，通过分布信息综合衡量区间数的集中程度与差异程度。李红和孙秋碧（2012）假定区间数据服从均匀分布，将 Wasserstein 距离引入区间数据的模糊聚类当中，可以体现分布的中心位置和波动差异。郭均鹏等（2016）基于一般分布的假设，给出了一般分布区间型符号数据扩展的 Hausdorff 距离；de Souza 等（2020）利用区间映射，建立了一个同时考虑区间数集中位置和内部变化的混合 Lq 距离，并对距离中集中位置和内部变化之间的权重进行探索。

此外，也有学者对由区间数构成的时间序列聚类分析方法展开研究，以单变量区间时间序列数据为主，基本思想是将标准时间序列的聚类算法进行区间扩展。D'Urso 等（2017）针对含有异常值和噪声的区间时间序列数据，提出了一种模糊 C 均值的聚类方法，该方法通过赋予异常数据较小的权重，紧凑数据较大的权重，从而降低异常值影响；Maharaj 等（2019）将基于距离、时域特征、空间-时间模型的时间序列聚类分析方法拓展至区间形式，并提出了一种基于自相关函数的区间时间序列方法；进一步地，针对一组不等长区间时间序列，Wang 等（2019）提出了基于改进的动态时间扭曲算法的区间时间序列聚类分析方法。

## （二）函数型聚类分析方法研究现状

函数型聚类分析作为函数型数据分析的一大研究热点，是传统聚类分析在函数领域的拓展，即聚类的对象不再是一个个的离散数据，而是光滑的函数曲线。本节主要介绍由离散点值构成的函数型聚类分析方法研究现状，并梳理出函数型聚类分析的区间化思路。

### 1. 单指标函数型聚类分析方法

函数型聚类分析的关键在于相似性度量的选择，不同的相似性度量将会对聚类结果产生影响。靳刘蕊（2008）根据相似性度量的不同，将函数型聚类分析方法分为基于函数数值距离和基于函数曲线形态两大模式，但随着研究的不断深入，也有学者提出同时考虑函数数值模式和曲线形态模式的必要性并给出相应的聚类方法，因此本节从基于数值距离、基于曲线形态、兼顾数值距离与曲线形态这三个类别对函数型聚类分析方法进行总结。

（1）基于数值距离的函数型聚类分析方法。

基于数值距离的函数型聚类分析方法的基本思想是将传统点值聚类中的距离拓展到函数形式，衡量函数曲线在绝对水平上的相似性。目前主要的研究从基于原始数据距离、基于基函数距离和基于基函数展开系数距离三个方面进行的。

基于原始数据距离的函数型聚类分析直接对曲线的原始观测值进行聚类，此时可与传统聚类方法直接对接，如朱建平和陈民垦（2007）基于连续函数视角对复杂面板数据进行层次聚类。然而，函数型数据通常是通过稠密采样获得的，数据量较大，通常需要借助高维向量数据的聚类技术进行分析（Bouveyron and Brunet-Saumard，2014）。虽然这类方法简单直观，易于理解，但要求观测数据必须是相同观测时点上的精确取值，且本质上无法体现数据的函数特征。

基于基函数距离的函数型聚类分析是通过采用一定的方法将无限维的函数型数据近似地用有限个基函数表示，然后直接对由基函数表示的函数型数据进行聚类的方法。王桂明（2010）给出了基函数框架下闵可夫斯基距离、马氏距离以及相似系数的计算方法；Martino 等（2019）基于广义马氏距离对函数型数据进行 K-means 聚类。

基于基函数展开系数距离的函数型聚类分析也是先用有限个基函数表示函数型数据，然后将基函数展开系数代替函数型数据进行聚类。该类方法距离度量以欧氏距离为主，Serban 和 Wasserman（2005）分别基于 B 样条基函数系数和傅里叶基函数系数矩阵拓展函数型 K-means 聚类；方匡南等（2020）针对在观测区间内具有局部稀疏性的函数型数据，通过赋予不同基函数不同的权重，构建了局部稀疏函数型 K-means 聚类算法。

（2）基于曲线形态的函数型聚类分析方法。

基于曲线形态的函数型聚类分析的核心是通过函数的波动特征来体现曲线相似性的聚类方法。当前研究可分为基于导数信息和基于极值点信息两大方向。

基于导数信息的函数型聚类分析与基于数值距离的函数型聚类分析相似，通过构造函数导数距离作为相似性度量实现聚类。例如，曾玉钰和翁金钟（2007）通过对拟合好的数据进行求导，将函数数据进行区间划分，然后在每一个划分好的区间上对数据进行导数分析，将具有相同函数特征的数据区间聚为一类。黄恒君（2013a）构建了 B 样条基函数信息下，曲线间一阶导数和二阶导数的距离公式，以探究曲线间发展速度变化模式。

基于极值点信息的函数型聚类分析方法主要是通过求解曲线极值点位置衡量区间相似性。例如，Heckman 和 Zamar（2000）提出了一种基于单调性转换来判断曲线的形态相似性的函数型秩相关聚类方法；Ingrassia 等（2003）进一步给出两曲线间临近极值点的概念，并提出了基于极值点符号属性的相似性度量方法。

（3）兼顾数值距离与曲线形态的函数型聚类分析方法。

基于数值距离的函数型聚类分析方法侧重于体现曲线间绝对水平的相似性，基于曲线形态的函数型聚类分析方法则更突出曲线的形态变化特征，两种方法均较为片面，因而有学者开始研究兼顾数值距离与曲线形态的函数型聚类分析方法。例如，靳刘蕊（2008）提出了一种基于里程碑的、同时基于数值模式与形状模式进行相似性测度的聚类方法，并用于金融数据当中；郭均鹏等（2015）将导函数距离引入函数型数据聚类分析，提出了一种分布系统聚类算法，即先根据函数型数据实际距离进行聚类，然后分别对各类别逐一根据导数距离进行第二步聚类，使得函数型数据聚类结果不仅在实际距离上接近，且变化形状也相似；孟银凤（2017）给出了一种基函数原始距离与其一阶导数距离相结合的相似性度量计算方法；Sun 等（2021）定义了极值点偏差的距离并与基函数欧氏距离相结合，提出了一种基于极值点偏差补偿的相似性度量。

2. 多指标函数型聚类分析方法

针对现实中使用多个指标全面反映被研究对象特征的需要，目前国内外对于多指标函数型聚类分析方法大致从以下几个角度进行。

（1）直接将单指标函数型相似性度量公式拓展到多指标情形。例如，Ieva 等（2013）构建了基于曲线间原始距离和一阶导数距离相结合的多元函数型 K-means

聚类过程；程豪和苏孝珊（2016）给出了多指标情形下函数型欧氏距离公式。

（2）先采用多元函数型主成分分析方法进行降维，对降维后的数据进行聚类。例如，王丙参等（2021）利用多元函数型主成分分析方法降维得到主成分得分后，对由主成分得分构成的多元数据进行系统聚类。Jacques 和 Preda（2014）、武祺然等（2021）在引入多元函数主成分分析后，进一步假设主成分得分服从正态分布，建立参数混合模型进行聚类。

（3）先通过一定的数据处理技术将多个函数指标综合为一个指标，再进行函数型聚类。例如，高桃璇等（2018）在对中国经济区进行划分时，先基于原始的多指标面板数据，使用主成分分析方法得到指标权重构建综合指标，然后对其函数化，并使用欧氏距离作为相似性度量进行函数型聚类。孙利荣等（2020）认为在对多指标函数型数据处理时，应先对原始数据进行拟合，提取特征曲线，再将函数曲线视为一个整体进行分析，并提出函数型熵值法，用于多指标函数型数据的综合。王德青等（2021）考虑到指标相对重要性动态变化特点，提出了一种含有信息自适应迭代更新机制的函数型熵值法。

## （三）区间函数型聚类分析方法

目前对于区间函数型数据的聚类分析方法，可供借鉴的研究较少，且集中于单指标情形。基于搜集到的区间函数型聚类方法，发现函数型聚类区间化的思路主要是从相似性度量的角度出发，以函数型聚类方法为核心，将特定的区间数相似性度量拓展为函数形式，从而实现对区间函数型数据的聚类分析。例如，Shimizu（2011a）将区间数 Hausdorff 距离函数化，给出区间函数 Hausdorff 距离表达形式，然后进行层次聚类，对葡萄牙 9 个城市的温度数据进行分析。

从以上国内外相关文献研究现状梳理中可以看出，对于区间函数型聚类分析方法的研究较少，尚未形成成熟的体系。本书将遵循已有区间函数型聚类分析研究思路，即以函数型聚类分析方法为核心，将特定的区间数相似性度量拓展为函数形式，对区间函数型聚类分析方法进行丰富。

首先，现有区间数距离众多，且各有特点，基于区间界限的距离（如区间数 Hausdorff 距离与区间数欧氏距离等）含义明确，计算简单；基于分布信息的距离（如区间数 Wasserstein 距离）注重体现区间数内部分布信息。对于形式本身较为复杂的区间函数型数据，难以刻画其分布信息，因此本书倾向于将基于界限的区间数距离拓展到区间函数领域。

其次，基于相似性度量的区间函数型聚类分析方法的最终聚类效果与相似性度量的选择直接相关。在函数型聚类分析相关研究中，基于数值距离的函数型聚类分析方法注重衡量函数曲线在绝对水平上的相似性，基于曲线形态的函数型聚类分析方法侧重于体现曲线在形态变化上的相似性，均较为片面，兼顾数值距离与曲线形态的函数型聚类分析方法能够同时测度数值距离和曲线形态特征。实际上，无论数值距离还是曲线形态对于函数型数据而言都是非常重要的特征，缺少任意一个都无法全面反映函数特点。现有区间函数相似性度量均未能兼顾数值距离与曲线形态，如 Shimizu（2011a）的区间函数 Hausdorff 距离仅考虑了区间函数的数值距离差异。因此本书尝试将新拓展的区间函数距离，从数值距离和曲线形态两个方面构建相似性度量，从而全面反映区间函数特征。

最后，对于多指标函数型聚类分析方法，若将适用于单指标函数型相似性度量计算公式直接拓展到多指标情形，则会增加大量积分运算，导致聚类效率降低。基于多元主成分得分降维的聚类分析方法，其聚类效果往往取决于主成分分析的效果。而通过指标综合，将多指标聚类问题转化为单指标聚类问题的方法，易于实施，且不会造成信息丢失或计算负荷增大的问题。因此本书从该角度出发，尝试将函数型指标综合方法拓展到区间函数情形，实现对多指标区间函数型数据的聚类分析。

# 第二章 区间函数型数据评价的理论基础

## 第一节 函数型数据结构

在传统的多元统计分析中，研究对象通常是某个样本 $i$ 的一个 $T$ 维向量 $(y_{i1}, y_{i2}, \cdots, y_{iT})^{\mathrm{T}}$，而函数型数据分析是将具有某种函数性质的数据看作一个整体，而非观测点个体构成的一个序列。假设 $x_i(t)$ 为有限区间 $[t_1, t_T]$ 上的连续（光滑）函数，函数型数据分析的研究对象是样本 $i$ 的函数 $x_i(t)$，而将 $(y_{i1}, y_{i2}, \cdots, y_{iT})^{\mathrm{T}}$ 视作函数 $x_i(t)$ 在区间 $[t_1, t_T]$ 上的一次样本实现。函数的形式可以是线、图像或其他图形形式，但目前研究较多的是以连续光滑曲线表示的函数型数据。

函数型数据分析基本模型如下：

$$y_{il} = x_i(t_l) + \varepsilon_i(t_l), \ i = 1, 2, \cdots, n; \ l = 1, 2, \cdots, T \qquad (2\text{-}1)$$

其中，$y_{il}$ 为样本 $i$ 在 $t_l$ 时刻点的观测值，$x(t_l)$ 为函数 $x(t)$ 在 $t_l$ 时刻点的取值，$\varepsilon(t_l)$ 为误差、扰动因素。$t$ 是一个连续变量，通常情况下 $t$ 一般表示的是时间变量，也可以是地点、事件等其他特征（王桂明，2010），本书研究中将 $t$ 视作时间变量。

从数据的角度出发，可以将函数型数据分为单指标函数型数据和多指标函数型数据。本书将从函数型数据的结构以及实际采集数据的结构两个角度，分别解析单指标函数型数据和多指标函数型数据的结构形式。

## 一、单指标函数型数据的结构形式

假设样本 $i$ 的函数曲线为 $x_i(t)$，函数 $x_i(t)$ 的观测区间为 $[t_1, t_T]$，单指标函数型数据的结构如表 2-1 所示。

**表 2-1　单指标函数型数据的结构**

| 样本 | 观测域 $[t_1, t_T]$ |
|:---:|:---:|
| 样本 1 | $x_1(t)$ |
| ⋮ | ⋮ |
| 样本 $i$ | $x_i(t)$ |
| ⋮ | ⋮ |
| 样本 $n$ | $x_n(t)$ |

函数 $x_i(t)$ 的具体形式通常是未知的，在实际应用中能够获取观测点 $(t_1, t_2, \cdots, t_T)$ 上采集的离散数据，则所有样本的采集数据实际上是单指标面板数据的形式，如表 2-2 所示。

**表 2-2 单指标函数型数据采集数据的结构**

| 样本 | 观测点 $t_1$ | 观测点 $t_2$ | ... | 观测点 $t_T$ |
|---|---|---|---|---|
| 样本 1 | $y_{11}$ | $y_{12}$ | ... | $y_{1T}$ |
| ⋮ | ⋮ | ⋮ | ⋮ | ⋮ |
| 样本 $i$ | $y_{i1}$ | $y_{i2}$ | ... | $y_{iT}$ |
| ⋮ | ⋮ | ⋮ | ⋮ | ⋮ |
| 样本 $n$ | $y_{n1}$ | $y_{n2}$ | ... | $y_{nT}$ |

单指标函数型数据分析中将 $(y_{i1}, y_{i2}, \cdots, y_{iT})^T$ 视作为函数 $x_i(t)$ 在区间 $[t_1, t_T]$ 上的一次样本实现，因此单指标面板数据可以看成单指标函数型数据的一个特例（王桂明，2010）。单指标函数型数据分析的对象不是如表 2-2 所展示的离散形式，而是表 2-1 所示的函数形式。因此，在进行函数型数据分析之前，需要对实际采集获得的数据进行预处理，从离散的观测数据中提取函数特征，即按照式（2-1）的模型从 $(y_{i1}, y_{i2}, \cdots, y_{iT})^T$ 中提取 $x_i(t)$。从表 2-1 和表 2-2 可以看出，函数型数据的比较前提是统一区间 $[t_1, t_T]$，而单指标面板数据则要求样本在统一观测点 $(t_1, t_2, \cdots, t_T)$ 上采集，由此能够看出函数型数据对于具体的时间节点要求较低，而在实际的观测中，时常会出现异常数据或缺失数据，即某样本在某时刻的观测值异常或缺失，这对传统数据分析的影响很大，但是对于函数型数据分析个别的异常值和缺失值对整体函数性质的影响较小。

## 二、多指标函数型数据的结构形式

多指标函数型数据是单指标函数型数据的拓展，假设在指标 $j$ 下样本 $i$ 的函数曲线为 $x_{ij}(t)$，每个函数曲线的观测区间为 $[t_1, t_T]$，则多指标函数型数据的结构如表 2-3 所示。

**表 2-3 多指标函数型数据的结构**

| 样本 | 指标 1 | ... | 指标 $j$ | ... | 指标 $p$ |
|---|---|---|---|---|---|
| 样本 1 | $x_{11}(t)$ | ... | $x_{1j}(t)$ | ... | $x_{1p}(t)$ |
| ⋮ | ⋮ | ⋮ | ⋮ | ⋮ | ⋮ |

| 样本 | 指标 1 | ... | 指标 $j$ | ... | 指标 $p$ |
|---|---|---|---|---|---|
| 样本 $i$ | $x_{i1}(t)$ | ... | $x_{ij}(t)$ | ... | $x_{ip}(t)$ |
| ⋮ | ⋮ | ⋮ | ⋮ | ⋮ | ⋮ |
| 样本 $n$ | $x_{n1}(t)$ | ... | $x_{nj}(t)$ | ... | $x_{np}(t)$ |

多指标函数型数据的采集数据实际上是多指标面板数据的形式，假设各指标各个样本的观测点一致，均为 $(t_1, t_2, \cdots, t_T)$，则采集数据的结构如表 2-4 所示。

**表 2-4　多指标函数型数据采集数据的结构**

| 样本 | 指标 1 | ... | 指标 $j$ | ... | 指标 $p$ |
|---|---|---|---|---|---|
| 样本 1 | $y_{11}^1, y_{12}^1, \cdots, y_{1T}^1$ | ... | $y_{11}^j, y_{12}^j, \cdots, y_{1T}^j$ | ... | $y_{11}^p, y_{12}^p, \cdots, y_{1T}^p$ |
| ⋮ | ⋮ | ⋮ | ⋮ | ⋮ | ⋮ |
| 样本 $i$ | $y_{i1}^1, y_{i2}^1, \cdots, y_{iT}^1$ | ... | $y_{i1}^j, y_{i2}^j, \cdots, y_{iT}^j$ | ... | $y_{i1}^p, y_{i2}^p, \cdots, y_{iT}^p$ |
| ⋮ | ⋮ | ⋮ | ⋮ | ⋮ | ⋮ |
| 样本 $n$ | $y_{n1}^1, y_{n2}^1, \cdots, y_{nT}^1$ | ... | $y_{n1}^j, y_{n2}^j, \cdots, y_{nT}^j$ | ... | $y_{n1}^p, y_{n2}^p, \cdots, y_{nT}^p$ |

同样地，多指标面板数据实际上是多指标函数型数据的一个特例。多指标函数型数据对于时间节点的要求比多指标面板数据要低，因此在处理实际采集数据中出现缺失值、异常值、观测点不齐等问题时，函数的视角比离散的视角更加合适。

# 第二节　函数型数据预处理

函数型数据的采集数据实际上是离散的、带有噪声的高频数据。因此需要对采集数据进行预处理，剔除噪声成分，将离散数据进行重构以获得连续的光滑曲线，即从某样本 $i$ 的一系列观测值 $(y_{i1}, y_{i2}, \cdots, y_{iT})^T$ 中提取函数特征，得到函数曲线 $x_i(t)$。在离散数据处理中，如果 $x_i(t_l)$ 与 $y_{il}$ 没有误差，转化过程称为插值；如果 $x_i(t_l)$ 与 $y_{il}$ 有误差，转化过程称为平滑。通常采集数据都会带有噪声，所以常用平滑法处理数据。常用的平滑方式有线性平滑法、基函数平滑法、局部加权平滑法、粗糙惩罚平滑法。

基函数平滑法是使用一组基函数 $\phi_k(t)$ $(k = 0, 1, \cdots, K)$ 的线性组合来估计函数 $x_i(t)$，即 $x_i(t) = \sum_{k=1}^{K} c_{ik}\phi_k(t) = c_i^T \Phi(t)$。其中，$c_i = (c_{i0}, c_{i1}, \cdots, c_{iK})^T$ 是长度为 $K+1$ 的

系数向量，$\Phi(t)=(\phi_0(t),\phi_1(t),\cdots,\phi_K(t))^{\mathrm{T}}$ 是长度为 $K+1$ 的基函数向量。$c_{i0}$ 为常数项系数，通常 $\phi_0(t)=1$。

基函数平滑法能够通过选择与待估函数性质相匹配的基函数以及基函数个数的控制灵活地对离散数据进行平滑，与线性平滑法相比，基函数平滑法能够达到较好的平滑效果。此外，还可以通过基函数系数的估计达到与局部加权平滑法和粗糙惩罚平滑法类似的效果，且在使用拟合后的函数公式进行进一步的分析时，基函数平滑后的函数公式具有一定的计算优势。因此，本节将选用基函数进行数据的平滑。基函数平滑的核心在于基函数的选择以及系数向量的估计。

## 一、基函数的选择

在选择基函数时，通常希望能够选择一个基，通过较少的 $K$ 个基函数获取对原数据较好的拟合，不仅要在数据特征上对数据进行良好的描述，也要尽可能计算方便。在函数型数据分析过程中经常要使用到函数的导数或者积分，因此基函数要具有良好的可导性和可积性，常见的基函数有多项式基、傅里叶基、伯恩斯坦基、B 样条基、小波基、径向基、函数主成分基等，不同的基函数都各有特点，根据数据特征的不同，不同的基函数会有不同的拟合效果，本节主要介绍较为常用的傅里叶基和 B 样条基。

### （一）傅里叶基

傅里叶基函数平滑建立在正弦函数和余弦函数的基础上，通过两者的线性组合进行数据的平滑，基函数展开形式如下：

$$x_i(t)=\sum_{k=0}^{K}c_{ik}\phi_k(t)=c_{i0}+c_{i1}\sin(wt)+c_{i2}\cos(wt)+c_{i3}(2wt)+c_{i4}(2wt)+\cdots \quad （2\text{-}2）$$

其中，傅里叶基函数 $\phi_0(t)=1$，$\phi_{2r-1}(t)=\sin(rwt)$，$\phi_{2r}(t)=\cos(rwt)$。

傅里叶基函数具有以下性质。

（1）周期性：基于正弦函数和余弦函数的周期性，傅里叶基函数具有良好的周期性质，周期为 $2\pi/w$。

（2）可导性：基函数是由正弦和余弦构成的，而正弦和余弦的高阶导数很容易求出，计算简便。

### （二）B 样条基

相比于傅里叶基，B 样条基更加适用于非周期性的数据，本节的研究对象是股市，在观测时间内大多数的股票没有明显的周期性质，因此采用 B 样条基为平滑的基函数，基函数展开形式如下：

$$x_i(t) = \sum_{k=0}^{K} c_{ik} \phi_k(t) = \sum_{k=0}^{K} c_{ik} B_{k,l}(t) \tag{2-3}$$

B 样条基定义：

$$B_{k,l}(t) = \begin{cases} 1, & t_k \leqslant t \leqslant t_{k+1} \\ 0, & \text{其他} \end{cases} \tag{2-4}$$

$$B_{k,l}(t) = \frac{t - t_k}{t_{k+l-1} - t_k} B_{k,l-1}(t) + \frac{t_{k+l} - t}{t_{k+l} - t_{k+1}} B_{k+1,l-1}(t) \tag{2-5}$$

其中，$l$ 为 B 样条基的阶数。

B 样条基函数具有以下性质。

（1）可导性：$l$ 阶 B 样条基函数的微分可以由 $l-1$ 阶 B 样条基函数线性组合得到。

$l$ 阶 B 样条基函数的导数形式如下：

$$\Delta B_{k,l}(t) = (l-1)\left[ \frac{1}{t_{k+l-1} - t_k} B_{k,l-1}(t) - \frac{1}{t_{k+l} - t_{k+1}} B_{k+1,l-1}(t) \right] \tag{2-6}$$

$$\Delta^s B_{k,l}(t) = (l-1)\left[ \frac{1}{t_{k+l-1} - t_k} \Delta^{s-1} B_{k,l-1}(t) - \frac{1}{t_{k+l} - t_{k+1}} \Delta^{s-1} B_{k+1,l-1}(t) \right] \tag{2-7}$$

其中，$\Delta B_{k,l}(t)$ 为 $B_{k,l}(t)$ 的一阶导数，$\Delta^s B_{k,l}(t)$ 为 $B_{k,l}(t)$ 的 $s$ 阶导数。

特别地，若观测节点采用等距单位节点，$l$ 阶 B 样条基函数及其 $s$ 阶导数形式如下：

$$B_{k,l}(t) = \frac{1}{l-1}[(t-k)B_{k,l-1}(t) + (l+k-1)B_{k+1,l-1}(t)] \tag{2-8}$$

$$\Delta^s B_{k,l}(t) = \Delta^{s-1} B_{k,l-1}(t) - \Delta^{s-1} B_{k+1,l-1}(t) \tag{2-9}$$

（2）非负性：对于任意的 $k$、$l$、$t$，均有

$$0 \leqslant B_{k,l}(t) \leqslant 1 \tag{2-10}$$

（3）局部性：$B_{k,l}(t)$ 仅在节点 $t_k$ 与 $t_{k+l}$ 之间的 $l$ 个局部区间中为正，在区间之外的其他部分均为零。

（三）基函数个数 $K$ 的选择

目前对于基函数个数 $K$ 的选择在学术界中没有一个统一的标准，通常情况下 $K$ 值需要根据数据的具体特征而定。$K$ 值越小，对原数据的反映程度越接近，对细节的反映越多，计算量也越小；$K$ 值越大，曲线平滑程度越高，越具有普适性。

对于基函数个数的选择，通常目标是选择一种基函数，它能用尽可能少的 $K$ 个基函数对原始数据尽可能好地拟合。

## 二、系数向量的估计

简单最小二乘法是平滑中使用最为广泛的方法，简单最小二乘法的思想是使得曲线拟合值与观测值偏差的平方和最小，表现形式如下：

$$\text{SMSSE}(y_i \mid c_i) = \sum_{j=1}^{T}[y_{ij} - x_i(t_j)]^2 = \sum_{j=1}^{T}\left[y_{ij} - \sum_{k=0}^{K} c_{ik}\phi_k(t_j)\right]^2 \qquad (2\text{-}11)$$

其中，$y_i = (y_{i1}, y_{i2}, \cdots, y_{iT})^{\text{T}}$ 表示样本 $i$ 的 $T$ 个观测值，$c_i = (c_{i0}, c_{i1}, \cdots, c_{iK})^{\text{T}}$ 表示样本 $i$ 下基函数的 $K+1$ 个系数。

将式（2-11）写成向量形式，有

$$\text{SMSSE}(y_i \mid c_i) = (y_i - \phi c_i)^{\text{T}}(y_i - \phi c_i) \qquad (2\text{-}12)$$

最小化 $\text{SMSSE}(y_i \mid c_i)$，解得

$$c_i = (\varPhi^{\text{T}}\varPhi)^{-1}\varPhi^{\text{T}} y_i \qquad (2\text{-}13)$$

简单最小二乘法不考虑不同的观测值对函数的估计是否产生不同的影响，而实际上数据可能会存在观测点分布不均匀、时间重要程度不同等特点，因此可以在简单最小二乘法基础上增加了一个权重因子 $W_i$，表现形式如下：

$$\text{SMSSE}(y_i \mid c_i) = (y_i - \phi c_i)^{\text{T}} W_i (y_i - \phi c_i) \qquad (2\text{-}14)$$

最小化 $\text{SMSSE}(y_i \mid c_i)$，解得

$$c_i = (\varPhi^{\text{T}} W_i \varPhi)^{-1} \varPhi^{\text{T}} W_i y_i \qquad (2\text{-}15)$$

对于 $W_i$ 的构造，可以核函数作为权重估计量，那么通过系数向量的估计，也能使得基函数平滑法达到类似局部平滑法的效果。

此外，为防止过拟合，也可以在简单最小二乘法中添加惩罚项，放弃一定的拟合度从而达到更好的平滑度，依次进行参数的估计也能够达到类似粗糙惩罚法的效果。具体表现形式如下：

$$\text{PENSSR}(y_i \mid c_i) = (y_i - \varPhi c_i)^{\text{T}}(y_i - \varPhi c_i) + \lambda * \text{PEN}_2(x_i(t)) \qquad (2\text{-}16)$$

$$\text{PEN}_2(x_i(t)) = \int [D^2 x_i(t)]^2 \mathrm{d}t = c_i^{\text{T}}[\int D^2\varPhi(t) D^2\varPhi^{\text{T}}(t)\mathrm{d}t]c_i \qquad (2\text{-}17)$$

记 $R = \int D^2\varPhi(t) D^2\varPhi^{\text{T}}(t)\mathrm{d}t$，则有

$$\text{PENSSR}(y_i \mid c_i) = (y_i - \varPhi c_i)^{\text{T}}(y_i - \varPhi c_i) + \lambda * c_i^{\text{T}} R c_i \qquad (2\text{-}18)$$

最小化 $\text{PENSSR}(y_i \mid c_i)$，解得

$$c_i = (\boldsymbol{\Phi}^{\mathrm{T}}\boldsymbol{\Phi} + \lambda R)^{-1}\boldsymbol{\Phi}^{\mathrm{T}} y_i \tag{2-19}$$

通过不同的系数向量估计方法，基函数平滑法具有更大的灵活性，但是在追求更好的平滑程度的同时都会一定程度上增加计算的复杂度。基于本节数据的特点以及后续聚类算法计算的复杂性，将不考虑数据时间节点重要性的区别。此外，为防止平滑曲线过拟合，故选用加入惩罚项后的最小二乘法进行系数的估计。

# 第三章 基于区间函数型数据的综合评价过程

综合评价的一般过程主要是从数据预处理、权重确定、获取评价模型和评价值几个方面进行。本章主要介绍区间函数型数据的无量纲化处理方法、离散数据函数化、最大最小值形式和中点-半径形式的区间函数型数据综合评价模型，以及区间评价值的计算公式。

在本章以及第四章和第五章将聚焦于区间函数型数据的综合评价和主成分分析。为了深入探讨此数据形式的分析方法，引入了一套专门的变量，这些变量被设计来优化综合评价和主成分分析的效果与解释力。选择使用这些特定的变量及符号表征是为了确保分析的精确性和相关性，使我们能够针对区间函数型数据的特点提供更深入的洞察。本章主要变量符号及其说明见表 3-1。

**表 3-1 主要变量符号及其说明**

| 符号 | 说明 |
|---|---|
| $s_i$ | 观测对象，$i=1,2,\cdots,n$ |
| $\tilde{X}_j$ | 评价指标，$j=1,2,\cdots,m$ |
| $x_{ij}(t_l)$ | 第 $i$ 个观测对象在时间节点 $l$ 时对于第 $j$ 个指标的离散观测值，$l=1,2,\cdots,T$ |
| $x_{ij}^{\downarrow}$ | 第 $j$ 个指标的 $i$（$i=1,2,\cdots,n$）离散观测值通过平均化过程压缩成一维的标准序列 |
| $\min_i\left\{x_{ij}^{\downarrow}\right\}$ | 第 $j$ 个指标在第 $i$ 个标准序列中的最小值 |
| $\max_i\left\{x_{ij}^{\downarrow}\right\}$ | 第 $j$ 个指标在第 $i$ 个标准序列中的最大值 |
| $x_{ij}^{\downarrow *}$ | 标准序列 $x_{ij}^{\downarrow}$ 通过功效系数法处理得到的调整序列 |
| $x_{ij}^{*}(t_l)$ | 由 $x_{ij}^{\downarrow *}$ 进行无量纲化处理得到新的标准序列 |
| $x_{ij}(t)$ | 第 $i$ 个观测对象在时间区间 $t$ 中对于第 $j$ 个指标的函数序列 |
| $\tilde{x}_{ij}(t)$ | 第 $i$ 个观测对象在时间区间 $t$ 中对于第 $j$ 个指标通过基函数法拟合的函数 |
| $\boldsymbol{\Phi}(t)=(\phi_1(t),\phi_2(t),\cdots,\phi_K(t))$ | $K$ 维基函数列向量，$k=1,2,\cdots,K$ |
| $c_{ij}^{\mathrm{T}}=(c_{ij1},c_{ij2},\cdots,c_{ijK})$ | $K$ 维基函数 $\boldsymbol{\Phi}(t)$ 对应的系数向量 |
| $\left[x_{ij}^{\mathrm{L}},x_{ij}^{\mathrm{U}}\right]$ | 第 $i$ 个观测对象在第 $j$ 个指标上的区间数据矩阵，$x_{ij}^{\mathrm{L}}$ 为下限离散观测值，$x_{ij}^{\mathrm{U}}$ 为上限离散观测值 |

| 符号 | 说明 |
|---|---|
| $\left[x_{ij}^{L}(t), x_{ij}^{U}(t)\right]$ | 第 $i$ 个观测对象在时间区间 $t$ 中对于第 $j$ 个指标的区间函数序列，$x_{ij}^{L}(t)$ 为下限函数序列，$x_{ij}^{U}(t)$ 为上限函数序列 |
| $[x_{ij}^{L\downarrow}, x_{ij}^{U\downarrow}]$ | 第 $j$ 个区间函数序列通过平均化过程压缩成一维的下限和上限标准序列 |
| $[x_{ij}^{L\downarrow*}, x_{ij}^{U\downarrow*}]$ | 将标准序列 $x_{ij}^{L\downarrow}, x_{ij}^{U\downarrow}$ 通过功效系数法处理得到的下限和上限调整序列 |
| $\left[x_{ij}^{L*}, x_{ij}^{U*}\right]$ | 由 $x_{ij}^{L\downarrow*}, x_{ij}^{U\downarrow*}$ 进行无量纲化处理得到新的下限和上限标准序列 |
| $L^2$ | 二次可积函数空间 |
| $I^2$ | 二次可积函数空间对应的序列空间 |
| SSE | 误差平方和 |
| MSSE | 平均误差平方和 |
| PENSSE | 带有惩罚项的误差平方和 |
| GCV | 广义交叉验证值 |
| MGCV | 平均广义交叉验证值 |
| $W(t)$ | 时间区间 $t$ 中对应的评价指标权重 |
| $y_i(t)$ | 观测对象 $s_i$ 在时间区间 $t$ 内的综合评价函数 |
| $\bar{y}_i$ | 观测对象 $s_i$ 在时间区间 $t$ 内的平均综合评价值 |
| $[\tilde{x}_{ij}^{L}(t), \tilde{x}_{ij}^{U}(t)]$ | 第 $i$ 个评价对象第 $j$ 个指标在时间 $t$ 下的最小值/最大值函数型数据形式 |
| $[\tilde{x}_{ij}^{c}(t), \tilde{x}_{ij}^{r}(t)]$ | 第 $i$ 个评价对象第 $j$ 个指标在时间 $t$ 下的中点/半径函数型数据形式 |
| $\sigma^2$ | 函数型数据总离差平方和 |
| $[X]_{n\times m}$ | 区间观测值向量 |
| $M$ | 区间数据矩阵展开的实数矩阵 |
| $\rho$ | 特征值 |
| $q$ | 特征向量 |
| $\xi_g$ | 第 $g$ 个主成分的特征函数 |
| $b_g$ | 第 $g$ 个特征函数对应的系数 |
| $\text{score}_{ig}$ | 观测对象 $i$ 在第 $g$ 个主成分的得分 |
| $\|X\|^2$ | 观测向量 $X$ 的平方范数 |
| $D^2$ | 二阶导数 |
| $d_{ij}$ | 观测样本 $i$ 拟合函数和样本 $j$ 拟合函数之间的函数型绝对距离 |
| $\text{tvd}_{ij}(t)$ | 观测样本 $i$ 拟合函数和样本 $j$ 拟合函数之间的时变距离函数 |

# 第一节　数据预处理

## 一、无量纲化处理

一般的综合评价过程中，指标的无量纲化是为了消除各指标在不同单位和量级上的差异。在静态评价过程中，指标数据需要通过无量纲化处理来保留各评价对象纵向差异信息。动态评价过程中加入了时间因素，就需要通过无量纲化方法不仅保留评价对象的横纵向信息，也要消除各指标数据在不同单位和量级上的差异（信息）。本节考虑指标数据类型为区间函数型数据，因此对于其无量纲化方法的讨论，以动态标准序列法开始，过渡至函数型数据的标准序列法，进而拓展至区间函数型数据，并给出计算过程。

### （一）函数型数据无量纲化

无量纲化方法有许多种，但最常用的是标准化法，为了更好地过渡到函数型数据的无量纲化方法，本章先介绍动态综合评价中的无量纲化方法，且给出以标准化为基础的标准序列法的计算步骤。

首先，假定动态数据由序列 $\left\{x_{ij}(t_l)\,|\,i=1,2,\cdots,n;\,j=1,2,\cdots,m;\,l=1,2,\cdots,T\right\}$ 表示，然后，将任一指标 $x_j$ 的 $T$ 维数据通过平均化过程压缩成一维，从而得到一个标准序列 $\left\{x_{ij}^{\downarrow}\,|\,i=1,2,\cdots,n;\,j=1,2,\cdots,m\right\}$ ，具体表达式如下所示：

$$x_{ij}^{\downarrow}=\frac{1}{T}\sum_{l=1}^{T}x_{ij}(t_l) \tag{3-1}$$

然后根据无量纲化方法，计算一个可用于后续调整的基础序列 $\left\{x_{ij}^{\downarrow^{*}}\,|\,i=1,\right.$ $\left.2,\cdots,n;\,j=1,2,\cdots,m\right\}$ ，具体如下所示：

$$x_{ij}^{\downarrow^{*}}=a+\frac{x_{ij}^{\downarrow}-\min_{i}\left\{x_{ij}^{\downarrow}\right\}}{\max_{i}\left\{x_{ij}^{\downarrow}\right\}-\min_{i}\left\{x_{ij}^{\downarrow}\right\}}\times b \tag{3-2}$$

其中，$\max_{i}\left\{x_{ij}^{\downarrow}\right\}$ 和 $\min_{i}\left\{x_{ij}^{\downarrow}\right\}$ 分别为第 $j$ 个指标在第 $i$ 个标准序列中的最大值和最小值，$a$ 和 $b$ 可以由自己的需要进行定义，本书假定 $a=40$，$b=60$。

最后将由式（3-2）得到的比例关系对 $\left\{x_{ij}^{\downarrow^{*}}\,|\,i=1,2,\cdots,n;\,j=1,2,\cdots,m\right\}$ 无量纲化结果进行调整，即可得到新的标准序列数据，具体计算公式如下：

$$x_{ij}^{*}(t_l) = x_{ij}^{\downarrow *} \frac{x_{ij}(t_l)}{x_{ij}^{\downarrow}}, \; l=1,2,\cdots,T \tag{3-3}$$

因此，在动态评价的标准序列法的基础上可以进行函数型数据的拓展，其具体处理过程与动态数据的处理过程相同，但额外添加了函数型数据的特点。假定 $m$ 个指标函数序列为 $\left\{ x_{ij}(t) \middle| i=1,2,\cdots,n; j=1,2,\cdots,m \right\}$，首先将时间段为 $T=[t_1,t_T]$ 的函数型数据压缩成一维，得到一个标准序列 $\left\{ x_{ij}^{\downarrow} \middle| i=1,2,\cdots,n; j=1,2,\cdots,m \right\}$，由于获取的数据是函数型数据，其在不同时间段的具体表现有所不同，在压缩过程中需要考虑指标函数在时间段内变化不太规律的特点，需要利用积分等方法进行处理，其具体计算公式如下：

$$x_{ij}^{\downarrow} = \frac{1}{t_T - t_1} \int_T x_{ij}(t)\mathrm{d}t \tag{3-4}$$

将函数型数据进行压缩处理之后，对该标准序列进行无量纲化处理，其中可以采用功效系数法等进行处理，进而得到一组比例调整序列 $\left\{ x_{ij}^{\downarrow *} \middle| i=1,2,\cdots,n; j=1,2,\cdots,m \right\}$，如下所示：

$$x_{ij}^{\downarrow *} = a + \frac{x_{ij}^{\downarrow} - \min_i\left\{ x_{ij}^{\downarrow} \right\}}{\max_i\left\{ x_{ij}^{\downarrow} \right\} - \min_i\left\{ x_{ij}^{\downarrow} \right\}} \times b \tag{3-5}$$

其中，$\max_i\left\{ x_{ij}^{\downarrow} \right\}$ 和 $\min_i\left\{ x_{ij}^{\downarrow} \right\}$ 分别为第 $i$ 个评价对象在时间段 $T=[t_1,t_T]$ 内的最大值和最小值，$a$ 和 $b$ 可以根据内容需要进行选取，也可以采用功效系数法中的数值代入。

最后，根据在时间段 $T=[t_1,t_T]$ 上的指标函数数据与标准序列数据 $\{ x_{ij}^{\downarrow} \mid i=1,2,\cdots,n; j=1,2,\cdots,m\}$ 之间的比例关系进行调整，最后得到的序列数据就是函数型数据在时间段 $T=[t_1,t_T]$ 进行无量纲化处理的结果，则标准化后的数据形式表示为

$$x_{ij}^{*} = x_{ij}^{\downarrow *} \frac{x_{ij}(t)}{x_{ij}^{\downarrow}} \tag{3-6}$$

这是一般情况下都会选择的标准化方法，其优点是简单易懂并且更好操作，由于函数型数据常用基函数形式表示，因此在函数型数据的无量纲化过程中也会针对基函数形式表示的数据进行无量纲化方法的推导，具体计算公式如下：

$$\begin{cases} x_{ij}^{\downarrow} = \dfrac{1}{t_T - t_1} \int_T x_{ij}(t)\mathrm{d}t = \dfrac{1}{t_T - t_1} c_{ij}^{\mathrm{T}} u \\[3mm] x_{ij}^{\downarrow *} = a + \dfrac{x_{ij}^{\downarrow} - \min_i\left\{x_{ij}^{\downarrow}\right\}}{\max_i\left\{x_{ij}^{\downarrow}\right\} - \min_i\left\{x_{ij}^{\downarrow}\right\}} \times b \\[3mm] x_{ij}^{*}(t) = (t_T - t_1) x_{ij}^{\downarrow *} \dfrac{c_{ij}^{\mathrm{T}} \varPhi(t)}{c_{ij}^{\mathrm{T}} u} \end{cases} \tag{3-7}$$

其中，$x_{ij}(t) = \sum\limits_{k=1}^{K} c_{ijk}\phi_k(t) = c_{ij}^{\mathrm{T}}\varPhi(t)$，$u = \int_T \varPhi(t)\mathrm{d}t$，$c_{ij}^{\mathrm{T}} = \left(c_{ij1}, c_{ij2}, \cdots, c_{ijK}\right)$，$\varPhi(t)$ 为 $K$ 维基函数列向量。

孙利荣（2012）还研究了两种无量纲化方法，即全序列法和增量权法，并针对函数型数据和 B 样条基函数形式的函数型数据进行了拓展与推导。其中，全序列法的思路是利用功效系数法和最大最小值标准化的思路，对所有数据进行统一的无量纲化处理，增量权法是标准序列法和全序列功效系数法的结合，并设置了兼顾两者的协调系数，使其更符合研究内容。进一步讨论了函数性数据的无量纲化处理顺序，即先对离散数据无量纲化还是先对离散数据函数化。结果显示，对离散数据进行标准化和函数化的顺序不同，结果也不同。其原因是不同的处理顺序会使基函数系数进行线性变换时产生不同的结果，并且从其效果来看，先对离散数据函数化处理更符合函数型分析的要求，但先对离散数据标准化相对简单，易操作，因此实际处理中通常选择先将离散数据进行无量纲化处理，再对离散数据进行函数化处理。

## （二）区间函数型数据无量纲化

由于本书所用的区间函数型数据是通过构造区间数据得到的，因此对于构造数据形式和无量纲化处理的顺序不同，最后的结果也会不同。本节的无量纲化处理主要有两种思路。

一种是直接对原始数据进行无量纲化处理，这里采用动态综合评价方法的无量纲化进行处理，而后构造区间数，进而通过平滑处理得到区间函数型数据表，该方法处理过程相较于之后的方法简单易操作，与上述介绍的无量纲化处理过程相同，在此就不具体展示了。

另一种是先构造区间数据，再对区间数据进行平滑处理得到区间函数型数据表，最后分别对区间函数型数据进行无量纲化处理。区间函数型数据可以由中点-半径函数和最大最小值函数构成，由于两种形式的无量纲化处理过程一样，因此，本节只展示区间最大值函数和最小值函数的无量纲化处理过程。首

先假定 $m$ 个动态指标数据，构造出以最值表示的 $m$ 个区间指标函数序列 $\left\{\left[x_{ij}^{L}(t), x_{ij}^{U}(t)\right] \middle| i=1,2,\cdots,n; j=1,2,\cdots,m\right\}$。

其次，将区间最大值函数和区间最小值函数分别进行压缩，使其为一维数据。

$$\begin{cases} x_{ij}^{L\downarrow} = \dfrac{1}{t_T - t_1}\int_T x_{ij}^{L}(t)\mathrm{d}t \\ x_{ij}^{U\downarrow} = \dfrac{1}{t_T - t_1}\int_T x_{ij}^{U}(t)\mathrm{d}t \\ t \in [t_1, t_T] \end{cases} \tag{3-8}$$

然后，分别计算用于调整的区间最大值函数调整系数和区间最小值函数调整系数。

$$\begin{cases} x_{ij}^{L\downarrow*} = a + \dfrac{x_{ij}^{L\downarrow} - \min_i\left\{x_{ij}^{L\downarrow}\right\}}{\max_i\left\{x_{ij}^{L\downarrow}\right\} - \min_i\left\{x_{ij}^{L\downarrow}\right\}} \times b \\ x_{ij}^{U\downarrow*} = a + \dfrac{x_{ij}^{U\downarrow} - \min_i\left\{x_{ij}^{U\downarrow}\right\}}{\max_i\left\{x_{ij}^{U\downarrow}\right\} - \min_i\left\{x_{ij}^{U\downarrow}\right\}} \times b \\ i=1,2,\cdots,n; j=1,2,\cdots,m \end{cases} \tag{3-9}$$

最后，对最大值指标数据（最小值指标数据）和标准化序列数据之间的比例关系进行调整，得到的数据就是区间最大值函数（区间最小值函数）在各时间点进行无量纲化处理后的数据表示，其计算公式如下所示：

$$\begin{cases} x_{ij}^{L*} = x_{ij}^{L\downarrow*} \dfrac{x_{ij}^{L}(t)}{x_{ij}^{L\downarrow}} \\ x_{ij}^{U*} = x_{ij}^{U\downarrow*} \dfrac{x_{ij}^{U}(t)}{x_{ij}^{U\downarrow}} \end{cases} \tag{3-10}$$

另外，对于区间函数型数据的无量纲化方法也可以先构造出区间函数型数据，进而对其做标准化处理，则其计算形式可以用式（3-11）和式（3-12）表示。

$$\begin{cases} x_{ij}^{L\downarrow} = \dfrac{1}{t_T - t_1}\int_T x_{ij}^{L}(t)\mathrm{d}t = \dfrac{1}{t_T - t_1}\left(c_{ij}^{L}\right)^{\mathrm{T}} u \\ x_{ij}^{L\downarrow*} = a + \dfrac{x_{ij}^{L\downarrow} - \min_i\left\{x_{ij}^{L\downarrow}\right\}}{\max_i\left\{x_{ij}^{L\downarrow}\right\} - \min_i\left\{x_{ij}^{L\downarrow}\right\}} \times b \\ x_{ij}^{L*} = (t_T - t_1)x_{ij}^{L\downarrow*} \dfrac{\left(c_{ij}^{L}\right)^{\mathrm{T}} \varPhi(t)}{\left(c_{ij}^{L}\right)^{\mathrm{T}} u} \end{cases} \tag{3-11}$$

$$
\begin{cases}
x_{ij}^{\mathrm{U}\downarrow} = \dfrac{1}{t_T - t_1}\int_T x_{ij}^{\mathrm{U}}(t)\mathrm{d}t = \dfrac{1}{t_T - t_1}\left(c_{ij}^{\mathrm{U}}\right)^{\mathrm{T}} u \\[3mm]
x_{ij}^{\mathrm{U}\downarrow*} = a + \dfrac{x_{ij}^{\mathrm{U}\downarrow} - \min_i\left\{x_{ij}^{\mathrm{U}\downarrow}\right\}}{\max_i\left\{x_{ij}^{\mathrm{U}\downarrow}\right\} - \min_i\left\{x_{ij}^{\mathrm{U}\downarrow}\right\}} \times b \\[3mm]
x_{ij}^{\mathrm{U}*} = (t_T - t_1)x_{ij}^{\mathrm{U}\downarrow*}\dfrac{\left(c_{ij}^{\mathrm{U}}\right)^{\mathrm{T}}\varPhi(t)}{\left(c_{ij}^{\mathrm{U}}\right)^{\mathrm{T}} u}
\end{cases}
\tag{3-12}
$$

其中，$x_{ij}^{\mathrm{L}}(t)=\sum_{k=1}^{K}c_{ijk}^{\mathrm{L}}\phi_k(t)=\left(c_{ij}^{\mathrm{L}}\right)^{\mathrm{T}}\varPhi(t)$，$x_{ij}^{\mathrm{U}}(t)=\sum_{k=1}^{K}c_{ijk}^{\mathrm{U}}\phi_k(t)=\left(c_{ij}^{\mathrm{U}}\right)^{\mathrm{T}}\varPhi(t)$，$\left(c_{ij}^{\mathrm{L}}\right)^{\mathrm{T}}=\left(c_{ij1}^{\mathrm{L}},c_{ij2}^{\mathrm{L}},\cdots,c_{ijK}^{\mathrm{L}}\right)$，$\left(c_{ij}^{\mathrm{U}}\right)^{\mathrm{T}}=\left(c_{ij1}^{\mathrm{U}},c_{ij2}^{\mathrm{U}},\cdots,c_{ijK}^{\mathrm{U}}\right)$，$u=\int_T\varPhi(t)\mathrm{d}t$，$\varPhi(t)$ 为 $K$ 维基函数列向量。由于对于所有的函数形式，选择的基函数都是相同的，则无论是否为最值，$u$ 和 $l$ 在公式中不会因为是区间最大值函数或区间最小值函数而有形式上的差别。

## 二、离散数据函数化

函数拟合化是对具有函数变化特点的数据，利用一定的方法进行平滑处理，最后变成函数型数据形式，该类数据单元为曲线或者图像，其曲线形式较图像形式包含的内容更多。函数型数据分析是一种针对函数型数据搜集的统计技术，其数据单元为曲线或图像，由于曲线形式能够包含和表达更多的数据信息，通常使用曲线形式进行分析和预测。因此，先介绍基于曲线形式的函数型数据拟合的一般过程。

由于实际搜集数据多为离散数据，因此假定函数型数据的基本模式。

$$y_{ij}=x_i(t_h)+\varepsilon_i(t_h) \tag{3-13}$$

其中，$h$ 为观测点的个数，$\varepsilon_i(t_h)$ 为误差项。

然后要对数据进行平滑处理。函数型数据的平滑方法常用基函数平滑法，其中以傅里叶基函数和 B 样条基函数最为常见，根据其表现形式，傅里叶基函数适用于周期数据，B 样条基函数适用于非周期数据。令 $\left\{\phi_j\right\}$ 空间 $L^2$ 是一组基函数，那么存在唯一一组系数向量 $c_{ij}^{\mathrm{T}}=\left(c_{ij1},c_{ij2},\cdots,c_{ijK}\right)\in I^2$，则函数型数据具体表现形式如下所示：

$$\tilde{x}_{ij}(t)=\sum_{k=1}^{K}c_{ijk}\phi_k(t) \tag{3-14}$$

其中，$L^2$ 是二次可积函数空间，$I^2$ 是与之对应的序列空间，$\{x_{ij}(t),t\in T, i=1,2,\cdots,n;\ j=1,2,\cdots,m\}$ 是定义在 $T$ 上的随机过程，则观测曲线也可看作随机过程的实现。在实际应用中，$x_{ij}(t)$ 只能被看作在有限时间上的观测，因此，当 $\{\phi_k\}_{k=1}^K$ 作为该函数下的一组基向量，且假定为 B 样条基函数时，$\{c_{ijk}\}_{k=1}^K$ 就是其对应的一组系数。

拟合函数时为了使其形式最优，需要先确定基函数的个数和阶数，因此本书根据误差平方和与广义交叉验证值来进一步确定基函数个数和惩罚参数，则每一个拟合函数的误差平方和与广义交叉验证值可表示为

$$\mathrm{SSE}_{ij} = \sum_{l=1}^{T} \left[ x_{ij}(t_l) - \tilde{x}_{ij}(t_l) \right]^2 \tag{3-15}$$

$$\mathrm{GCV}(\lambda)_{ij} = \frac{\dfrac{\mathrm{SSE}_{ij}}{n}}{\left(\dfrac{n-\mathrm{df}}{n}\right)^2} = \left(\frac{n}{n-\mathrm{df}}\right) \times \left(\frac{\mathrm{SSE}_{ij}}{n-\mathrm{df}}\right) \tag{3-16}$$

其中，$\mathrm{df} = \mathrm{tr}(S_{\Phi,\lambda}) = \mathrm{tr}\left[ \Phi(\Phi^{\mathrm{T}}\Phi + \lambda R)^{-1}\Phi^{\mathrm{T}} \right]$。

进一步采用平均误差平方和与平均广义交叉验证值来确定基函数个数和惩罚参数，具体公式如下所示：

$$\mathrm{MSSE} = \frac{1}{m \times n \times T} \sum_{j=1}^{m} \sum_{i=1}^{n} \sum_{l=1}^{T} \left[ x_{ij}(t_l) - \tilde{x}_{ij}(t_l) \right]^2 \tag{3-17}$$

$$\mathrm{MGCV} = \frac{1}{m \times n} \sum_{j=1}^{m} \sum_{i=1}^{n} \mathrm{GCV}(\lambda)_{ij} \tag{3-18}$$

不同拟合函数过程中的惩罚参数（平滑参数）选择有所不同，一般为了简单起见，在拟合过程中选择相同基函数个数阶数和惩罚参数。本书的两种评价方法拟合过程中有所不同，因此惩罚参数按各自特点进行选取。

获得拟合函数后，通过最小化误差平方和或惩罚误差平方和获得变量系数，因此误差平方和如下所示：

$$\sum_{l=1}^{T} \left[ x_{ij}(t_l) - \sum_{k=1}^{K} c_{ijk}\phi_k(t) \right]^2 = (x_{ij} - \Phi c_{ij})^{\mathrm{T}}(x_{ij} - \Phi c_{ij}) = \left\| x_{ij} - \Phi c_{ij} \right\|_{R^{\mathrm{T}}}^2 \tag{3-19}$$

其中，$\tilde{x}_i^{\mathrm{T}} = \left( \tilde{x}_{ij}(t_1), \tilde{x}_{ij}(t_2), \cdots, \tilde{x}_{ij}(t_T) \right)$，$c_{ij}^{\mathrm{T}} = (c_{ij1}, c_{ij2}, \cdots, c_{ijK})$，$\Phi = \{\phi_k(t)\}_{k=1}^K$，$K$ 为基函数个数。变量系数通过解最小化问题可以得到，具体计算公式如下所示：

$$c_{ij} = (\Phi^{\mathrm{T}}\Phi)^{-1}\Phi^{\mathrm{T}} x_{ij} \tag{3-20}$$

惩罚误差平方和如下所示：

$$\sum_{l=1}^{T} \left[ x_{ij}(t_l) - \sum_{k=1}^{K} c_{ijk}\Phi_k(t) \right]^2 + \lambda \int \left[ Dx_{ij}^z(t) \right]^2 \mathrm{d}t \tag{3-21}$$

其中，第二项为粗糙惩罚项，用来衡量函数 $x_{ij}(t)$ 的平滑程度，$z$ 为导数的阶数（$Z$ 一般取 2，函数的二阶导数代表函数的曲率），$\lambda$ 为惩罚参数，在基函数的框架下，$\lambda$ 为一个参数向量，具体数值可以通过留一交叉验证（cross validation，CV）法则或留一广义交叉验证（generalized cross validation，GCV）法则进行选择，它们的具体表达形式如下所示：

$$\mathrm{CV}(\lambda) = \frac{1}{n}\sum_{i=1}^{n}\left[\frac{y_i - \hat{y}_i}{1 - s(\lambda)_{ii}}\right]^2 \tag{3-22}$$

$$\mathrm{GCV}(\lambda) = \frac{n\,\mathrm{trace}\left[Y^{\mathrm{T}}\left(I - S_{\Phi,\lambda}\right)^{-2}Y\right]}{\left[\mathrm{trace}\left(I - S_{\Phi,\lambda}\right)\right]^2} \tag{3-23}$$

其中，$S_{\Phi,\lambda} = \Phi M(\lambda)^{-1}\Phi^{\mathrm{T}}W$，$W$ 为用于处理残差项协方差矩阵的各种可能结构的加权矩阵，$M(\lambda)^{-1} = \Phi^{\mathrm{T}}W\Phi + \lambda R$，$R = \int D^z\Phi(t)D^z\Phi(t)^{\mathrm{T}}\mathrm{d}t$ 为粗糙惩罚矩阵。

# 第二节　区间函数型数据的综合评价定义

## 一、函数型数据综合评价定义

从指标个数出发，综合评价可以分为单变量的综合评价和多变量的综合评价，对于函数型数据综合评价来说，也可按照单变量和多变量进行分类。对于单变量函数型数据分析来说，首先定义单变量函数型数据，假设 $n$ 个评价对象 $s_1, s_2, \cdots, s_n$ 在时间区间 $t \in [t_1, t_T]$ 中可以得到关于时间 $t$ 的函数型数据，则具体表现形式如表 3-2 所示。

表 3-2　单变量函数型数据

| 评价对象 | 指标函数 |
| --- | --- |
| $s_1$ | $\tilde{x}_1(t)$ |
| $s_2$ | $\tilde{x}_2(t)$ |
| $\vdots$ | $\vdots$ |
| $s_n$ | $\tilde{x}_n(t)$ |

单变量函数型数据综合评价的一般表现形式如下：

$$y_i(t) = w(t) \times \tilde{x}_i(t),\ t \in T \tag{3-24}$$

对于多指标函数型数据分析来说，假定有 $n$ 个被评价对象（或系统）$s_1, s_2, \cdots, s_n$，

$m$ 个评价指标 $\tilde{X}_1, \tilde{X}_2, \cdots, \tilde{X}_m$，那么在时间区间 $T = [t_1, t_T]$ 中可以获取函数型数据关于时间 $t$ 的函数形式为 $\tilde{x}_{i1}(t), \tilde{x}_{i2}(t), \cdots, \tilde{x}_{im}(t)$，$i = 1, 2, \cdots, n$，则可以构成多变量函数型数据（表 3-3）。

表 3-3　多变量函数型数据

| 评价对象 | 指标函数 $\tilde{x}_1$ | 指标函数 $\tilde{x}_2$ | $\cdots$ | 指标函数 $\tilde{x}_m$ |
|---|---|---|---|---|
| $s_1$ | $\tilde{x}_{11}(t)$ | $\tilde{x}_{12}(t)$ | $\cdots$ | $\tilde{x}_{1m}(t)$ |
| $s_2$ | $\tilde{x}_{21}(t)$ | $\tilde{x}_{22}(t)$ | $\cdots$ | $\tilde{x}_{2m}(t)$ |
| $\vdots$ | $\vdots$ | $\vdots$ | | $\vdots$ |
| $s_n$ | $\tilde{x}_{n1}(t)$ | $\tilde{x}_{n2}(t)$ | $\cdots$ | $\tilde{x}_{nm}(t)$ |

**定义 3-1**　由多变量函数型数据表支持的综合评价问题,称为函数型数据综合评价。

可得多指标函数型数据综合评价的一般表现形式如下：

$$y_i(t) = F\left(w_1(t), w_2(t), \cdots, w_m(t); \tilde{x}_{i1}(t), \tilde{x}_{i2}(t), \cdots, \tilde{x}_{im}(t)\right), \ t \in T \qquad (3\text{-}25)$$

其中，$y_i(t)$ 为 $s_i$ 在时间区间 $T$ 内的综合评价函数，当 $T$ 为离散点集，为动态综合评价，若 $T$ 只作为一个时间点，则为静态综合评价。

函数型数据的综合评价可以从三个方面理解：①指标数据形态为函数型数据，但其权数呈现离散状态，此时的权数就可有两种，即时期内不变的时期权和随时间变化的时点权；②指标数据形态为函数型数据，权数也呈现函数特征，且各指标权数保持动态平衡；③指标数据和权数的形态都是离散的，但都呈现动态特征，对其通过集成等处理，其评价结果随时间的积累具有函数性。需要注意的是，评价结果需要通过评价值体现，因此当只表示为一个值时，需要对评价函数进行积分。在实际过程中，不同时间对同一对象的影响不同，理论上需要对评价函数各时间用不同的权重进行计算，如人们侧重于"现在"的影响，则"现在"的比重更大，但为了简单起见，这里使各时间的权重相同，得到平均评价值：

$$\bar{y}_i = \frac{1}{T} \int_T y_i(t) \mathrm{d}t = \frac{1}{T} \sum_{j=1}^{m} \int_T w_j \tilde{x}_{ij}(t) \mathrm{d}t \qquad (3\text{-}26)$$

## 二、区间函数型数据综合评价一般过程

区间函数型数据是函数型数据结合区间数的特点进行拓展的，可以理解为是区间数与函数型数据的结合体，既有区间数的特点，又有函数型数据的特点，因此，区间函数型数据的推导从区间形式的构造开始。区间数的确定最重要的是确定取值

区间和分布信息，并且其构造从两个方向切入：一是由点值构造区间；二是由区间变成区间（在点值基础上获得上下限区间数，然后通过公式构建新的区间数）。在实际生活中，一般是通过点值选取区间数的上限值和下限值。现有文献中对于区间的综合评价研究主要有两个角度：一是区间最大最小值；二是区间的中点-半径。基于此，本节给出了这两种区间形式的综合评价一般过程。

## （一）最大最小值形式的区间函数型数据

首先，讨论以最大值和最小值构成区间的形式。假定 $n$ 个评价对象 $s_1, s_2, \cdots, s_n$，$m$ 个区间评价指标 $\tilde{X}_1, \tilde{X}_2, \cdots, \tilde{X}_m$，在选定区间函数型数据的构造形式后，通过对数据的平滑拟合，可以得到如表 3-4 所示的最大最小值形式的区间函数型数据。

表 3-4　最大最小值形式的区间函数型数据

| 评价对象 | 指标函数 $\tilde{X}_1$ | 指标函数 $\tilde{X}_2$ | $\cdots$ | 指标函数 $\tilde{X}_m$ |
| --- | --- | --- | --- | --- |
| | 时间 $[t_1, t_T]$ | 时间 $[t_1, t_T]$ | $\cdots$ | 时间 $[t_1, t_T]$ |
| $s_1$ | $\left[\tilde{x}_{11}^{\mathrm{L}}(t), \tilde{x}_{11}^{\mathrm{U}}(t)\right]$ | $\left[\tilde{x}_{12}^{\mathrm{L}}(t), \tilde{x}_{12}^{\mathrm{U}}(t)\right]$ | $\cdots$ | $\left[\tilde{x}_{1m}^{\mathrm{L}}(t), \tilde{x}_{1m}^{\mathrm{U}}(t)\right]$ |
| $s_2$ | $\left[\tilde{x}_{21}^{\mathrm{L}}(t), \tilde{x}_{21}^{\mathrm{U}}(t)\right]$ | $\left[\tilde{x}_{22}^{\mathrm{L}}(t), \tilde{x}_{22}^{\mathrm{U}}(t)\right]$ | $\cdots$ | $\left[\tilde{x}_{2m}^{\mathrm{L}}(t), \tilde{x}_{2m}^{\mathrm{U}}(t)\right]$ |
| $\vdots$ | $\vdots$ | $\vdots$ | | $\vdots$ |
| $s_n$ | $\left[\tilde{x}_{n1}^{\mathrm{L}}(t), \tilde{x}_{n1}^{\mathrm{U}}(t)\right]$ | $\left[\tilde{x}_{n2}^{\mathrm{L}}(t), \tilde{x}_{n2}^{\mathrm{U}}(t)\right]$ | $\cdots$ | $\left[\tilde{x}_{nm}^{\mathrm{L}}(t), \tilde{x}_{nm}^{\mathrm{U}}(t)\right]$ |

其中，$\tilde{x}_{ij}^{\mathrm{L}}(t)$ 为第 $i$ 个评价对象第 $j$ 个指标在时间 $t$ 下的最小值函数型数据形式，$\tilde{x}_{ij}^{\mathrm{U}}(t)$ 为第 $i$ 个评价对象第 $j$ 个指标在时间 $t$ 下的最大值函数型数据形式。

根据函数型数据综合评价的定义，这里给出了区间函数型数据的综合评价定义。

**定义 3-2**　由多指标区间函数型数据表支持的综合评价问题，称为区间函数型数据综合评价。因此，可以得到综合评价的一般表达式为

$$y_i(t) = \left[w_1^{\mathrm{L}}(t)x_{i1}^{\mathrm{L}}(t), w_1^{\mathrm{U}}(t)x_{i1}^{\mathrm{U}}(t)\right] + \left[w_2^{\mathrm{L}}(t)x_{i2}^{\mathrm{L}}(t), w_2^{\mathrm{U}}(t)x_{i2}^{\mathrm{U}}(t)\right] + \cdots$$
$$+ \left[w_m^{\mathrm{L}}(t)x_{im}^{\mathrm{L}}(t), w_m^{\mathrm{U}}(t)x_{im}^{\mathrm{U}}(t)\right], \quad t \in T \tag{3-27}$$

因此，该时间段的平均评价值为

$$\bar{y}_i = \left[\frac{1}{T}\sum_{j=1}^{m}\int_T w_j^{\mathrm{L}} x_{ij}^{\mathrm{L}}(t)\mathrm{d}t, \frac{1}{T}\sum_{j=1}^{m}\int_T w_j^{\mathrm{U}} x_{ij}^{\mathrm{U}}(t)\mathrm{d}t\right] \tag{3-28}$$

以区间表示评价结果固然能获取更多的信息，但对于评价对象发展趋势的判

断不够直观，因此需要对区间进行处理，可以从整体上表示评价对象的发展情况，这里采用的处理方式是将区间评价结果进行均值化，以便于整体分析和预测。

## （二）中点-半径形式的区间函数型数据

在以中点-半径表示区间形式时，中点代表区间位置，半径代表区间的变化范围，对其进行综合评价方法的应用，最后得出的评价值也按区间形式表示，且围绕中点评价值变动。

基于最大最小值，可以通过计算得到中点值和半径值，具体如下所示：

$$x_{ij}^{c}(t) = \frac{x_{ij}^{L}(t) + x_{ij}^{U}(t)}{2} \qquad (3\text{-}29)$$

$$x_{ij}^{r}(t) = \frac{x_{ij}^{U}(t) - x_{ij}^{L}(t)}{2} \qquad (3\text{-}30)$$

进行平滑处理，得到中点函数型数据和半径函数型数据，将其构造成区间形式，由此便是中点-半径形式的区间函数型数据，如表 3-5 所示。

表 3-5　中点-半径形式的区间函数型数据

| 评价对象 | 指标函数 $\tilde{X}_1$ | 指标函数 $\tilde{X}_2$ | $\cdots$ | 指标函数 $\tilde{X}_m$ |
|---|---|---|---|---|
| | 时间段 $[t_1, t_T]$ | 时间段 $[t_1, t_T]$ | $\cdots$ | 时间段 $[t_1, t_T]$ |
| $s_1$ | $\left[\tilde{x}_{11}^{c}(t), \tilde{x}_{11}^{r}(t)\right]$ | $\left[\tilde{x}_{12}^{c}(t), \tilde{x}_{12}^{r}(t)\right]$ | $\cdots$ | $\left[\tilde{x}_{1m}^{c}(t), \tilde{x}_{1m}^{r}(t)\right]$ |
| $s_2$ | $\left[\tilde{x}_{21}^{c}(t), \tilde{x}_{21}^{r}(t)\right]$ | $\left[\tilde{x}_{22}^{c}(t), \tilde{x}_{22}^{r}(t)\right]$ | $\cdots$ | $\left[\tilde{x}_{2m}^{c}(t), \tilde{x}_{2m}^{r}(t)\right]$ |
| $\vdots$ | $\vdots$ | $\vdots$ | | $\vdots$ |
| $s_n$ | $\left[\tilde{x}_{n1}^{c}(t), \tilde{x}_{n1}^{r}(t)\right]$ | $\left[\tilde{x}_{n2}^{c}(t), \tilde{x}_{n2}^{r}(t)\right]$ | $\cdots$ | $\left[\tilde{x}_{nm}^{c}(t), \tilde{x}_{nm}^{r}(t)\right]$ |

其中，$\tilde{x}_{ij}^{c}(t)$ 为第 $i$ 个评价对象第 $j$ 个指标在时间 $t$ 下的中点函数型数据形式，$\tilde{x}_{ij}^{r}(t)$ 为第 $i$ 个评价对象第 $j$ 个指标在时间 $t$ 下的半径函数型数据形式。

根据中点和半径所表示的含义，可以得到该形式下综合评价的一般表现形式如下所示：

$$y_i(t) = \left[w_1^{c}(t)\tilde{x}_{i1}^{c}(t) - w_1^{r}(t)\tilde{x}_{i1}^{r}(t), w_1^{c}(t)\tilde{x}_{i1}^{c}(t) + w_1^{r}(t)\tilde{x}_{i1}^{r}(t)\right] + \cdots \\ + \left[w_m^{c}(t)\tilde{x}_{im}^{c}(t) - w_m^{r}(t)\tilde{x}_{im}^{r}(t), w_m^{c}(t)\tilde{x}_{im}^{c}(t) + w_m^{r}(t)\tilde{x}_{im}^{r}(t)\right], \ t \in T \qquad (3\text{-}31)$$

不考虑时间段内各时点对评价函数的影响，可以得到平均评价值：

$$\overline{y}_i = \left[\frac{1}{T}\left(\sum_{j=1}^{m}\int_T w_j^c \tilde{x}_{ij}^c(t) - w_j^r \tilde{x}_{ij}^r(t)dt\right), \frac{1}{T}\left(\sum_{j=1}^{m}\int_T w_j^c \tilde{x}_{ij}^c(t) + w_j^r \tilde{x}_{ij}^r(t)dt\right)\right] \quad (3\text{-}32)$$

与以最大最小值构造区间函数型数据不同，这里的中点评价函数就可以作为整体变化以分析和预测，半径评价函数是让我们了解对象变化过程中的范围及范围的趋势。

当然，区间形式的构造还会有不同类型，且区间函数型数据综合评价的一般表达式不止于两种，这只是就当前的对于区间数和区间函数研究所概括的两种形式，若出现新的基于区间函数型数据的综合评价一般表达式，可以进行相应的验证和补充。

## 第三节　区间函数型数据的"全局"拉开档次法研究

拉开档次法是根据各指标自身提供的原始信息量从整体上最大限度地突出各被评价对象之间的差异。本节主要分为三个部分：一是介绍函数型数据的"全局"拉开档次法的基本理论和计算公式，二是在"全局"拉开档次法的基础上拓展至区间函数型数据，并给出中点-半径法和最大最小值法的计算公式，三是结合义乌小商品景气指数对几种方法的应用进行对比分析。

### 一、函数型数据的"全局"拉开档次法

"全局"拉开档次法是在函数型数据的基础上对"纵横向"拉开档次法的拓展，且已验证该方法的可行性和合理性。通过实证分析来验证该方法与函数型数据的结合能够较好地凸显评价对象在变化过程中的发展，利于对评价对象未来的发展做出更为准确的判断和预测结果（苏为华等，2013）。本章采用基函数法对数据进行函数型数据的拟合，该方法在函数型数据中最为常见，且易于计算，下面介绍"全局"拉开档次法的计算过程。

假定有 $n$ 个评价对象 $s_1, s_2, \cdots, s_n$，并且有 $j$ 个评价指标，因此原始数据有 $\{\tilde{x}_{ij}(t)\}(i=1,2,\cdots,n; j=1,2,\cdots,m)$。为了确定权重 $W = (w_1, w_2, \cdots, w_m)^T$，需要在函数型数据表的基础上尽可能大地体现各评价对象之间的整体差异，因此这里采用函数型数据的总离差平方和 $\sigma^2$ 来体现，则总离差平方和的具体表达形式如下：

$$\sigma^2 = \int_T \left\{\sum_{i=1}^{n}(y_i(t))^2\right\}dt = \int_T W^T H(t)Wdt \quad (3\text{-}33)$$

其中，$H(t) = X(t)^T X(t)$ 为对称矩阵，$X(t)$ 为标准化后的函数型数据矩阵，具体表示为 $X(t) = \{\tilde{x}_{ij}(t), i=1,2,\cdots,n; j=1,2,\cdots,m\}$。

为了确定矩阵函数，需要确定基函数表现形式和平滑参数 $\lambda$。一般只在两种思路中考虑，第一种是使所有样本均采用相同的基函数和平滑参数 $\lambda$，虽然将算法处理得简单易操作，但在该种方法中，所得出的结论不能算最优解。第二种是对所有的指标及样本采用相同的基函数和不同的平滑参数 $\lambda$，其中相同基函数能在一定程度上降低算法的难度，而不同的平滑参数能够获取最优解，且基函数的阶数和个数由本章的离散函数化确定。因此矩阵函数的具体表现形式如下：

$$X(t) = C^{\mathrm{T}}\Phi(t) = \begin{bmatrix} c_{11}^{\mathrm{T}} & c_{12}^{\mathrm{T}} & \cdots & c_{1m}^{\mathrm{T}} \\ c_{21}^{\mathrm{T}} & c_{22}^{\mathrm{T}} & \cdots & c_{2m}^{\mathrm{T}} \\ \vdots & \vdots & \ddots & \vdots \\ c_{n1}^{\mathrm{T}} & c_{n2}^{\mathrm{T}} & \cdots & c_{nm}^{\mathrm{T}} \end{bmatrix} \begin{bmatrix} \phi_1(t) & & & \\ & \phi_2(t) & & \\ & & \ddots & \\ & & & \phi_m(t) \end{bmatrix}$$

$$= \left[ \tilde{X}_1(t), \tilde{X}_2(t), \cdots, \tilde{X}_m(t) \right] \tag{3-34}$$

其中，$\tilde{X}_j(t) = \left[ c_{1j}^{\mathrm{T}}\phi_j(t), c_{2j}^{\mathrm{T}}\phi_j(t), \cdots, c_{nj}^{\mathrm{T}}\phi_j(t) \right]^{\mathrm{T}} = \left[ \tilde{x}_{1j}(t), \tilde{x}_{2j}(t), \cdots, \tilde{x}_{nj}(t) \right]^{\mathrm{T}}$ 为矩阵列向量中的第 $j$ 个指标函数，$\tilde{x}_{ij}(t) = \sum_{k=1}^{K} c_{ijk}\phi_k(t) = c_{ij}^{\mathrm{T}}\Phi_j(t)$ 为函数型数据，$c_{ij}^{\mathrm{T}} = (c_{ij1}, c_{ij2}, \cdots, c_{ijK_j})$，$\Phi_j(t)$ 为基于 $K_j$ 维的 $j$ 个指标函数基函数。另外，$C^{\mathrm{T}}$ 为 $n \times \sum\limits_{j=1}^{m} K_j$ 阶的复合系数矩阵，$\Phi(t)$ 为 $\sum\limits_{j=1}^{m} K_j \times m$ 阶的复合矩阵基函数，$K_j$ 为基函数 $\Phi_j(t)$ 中所包含的基函数个数。

因此，在函数型数据表的基础上，对函数型数据进行标准化处理之后，评价对象 $y_i(t)$ 的总离差平方和可以由下列式子进行推导，具体计算公式如下：

$$\sigma^2 = \int_T W^{\mathrm{T}} H(t) W \mathrm{d}t = W^{\mathrm{T}} \left\{ \int_T \Phi(t)^{\mathrm{T}} H_C \Phi(t) \mathrm{d}t \right\} W = W^{\mathrm{T}} H W \tag{3-35}$$

根据上面的推导可知，其中的 $H_C = CC^{\mathrm{T}}$ 是一个 $\sum\limits_{j=1}^{m} K_j \times \sum\limits_{j=1}^{m} K_j$ 阶的对称矩阵，$H = \int_T \Phi(t)^{\mathrm{T}} CC^{\mathrm{T}} \Phi(t) \mathrm{d}t$ 则是一个 $m \times m$ 阶的对称矩阵。

**定理 3-1**　取 $W$ 为矩阵 $H$ 的最大特征值所对应的特征向量时，$\sigma^2$ 需要取最大值（孙利荣，2012）。

要注意，虽然在理论上和实际期望中权数为正值，但也可能会出现 $W$ 中的权数为负数，因此为了能够使得权数为正值，则选择降低评价对象之间的整体差异，并采用线性规划将 $W$ 求解出来，具体计算形式如下：

$$
\begin{cases}
\max \ W^{\mathrm{T}} H W \\
\text{s.t.} \ \|W\| = 1 \\
\quad W > 0
\end{cases}
\tag{3-36}
$$

最后将所求的权数进行归一化后得到调整后的 $W$，其中 $\|\cdot\|$ 中的范数从 $p \geqslant 2$ 开始选择，在实际问题中选择能够满足所需条件的最小值即可。

## 二、区间函数型数据的"全局"拉开档次法

本节内容从两个方面进行展示，即最大最小值法的区间函数型数据和中点-半径法的区间函数型数据。首先介绍"全局"拉开档次法在最大最小值法的区间函数型数据形式下的拓展，根据孙爱民（2020）对区间数进行熵值法的讨论，本节内容按照其权重计算形式，分别对区间最大值函数和最小值函数进行构权（孙利荣等，2024）。

假定有 $n$ 个评价对象 $s_1, s_2, \cdots, s_n$，$m$ 个区间指标数据 $\tilde{X}_1, \tilde{X}_2, \cdots, \tilde{X}_m$，其中 $\tilde{X}_j = \left[ \tilde{x}_{ij}^{\mathrm{L}}(t), \tilde{x}_{ij}^{\mathrm{U}}(t) \right]$，进而将最大值函数和最小值函数分别组成两个矩阵函数，具体如下所示：

$$
X_{\max}(t) = C_{\max}^{\mathrm{T}} \Phi(t) =
\begin{bmatrix}
c_{11\max}^{\mathrm{T}} & c_{12\max}^{\mathrm{T}} & \cdots & c_{1m\max}^{\mathrm{T}} \\
c_{21\max}^{\mathrm{T}} & c_{22\max}^{\mathrm{T}} & \cdots & c_{2m\max}^{\mathrm{T}} \\
\vdots & \vdots & \ddots & \vdots \\
c_{n1\max}^{\mathrm{T}} & c_{n2\max}^{\mathrm{T}} & \cdots & c_{nm\max}^{\mathrm{T}}
\end{bmatrix}
\begin{bmatrix}
\phi_1(t) & & & \\
& \phi_2(t) & & \\
& & \ddots & \\
& & & \phi_m(t)
\end{bmatrix}
\tag{3-37}
$$

$$
= \left[ \tilde{X}_{1\max}(t), \tilde{X}_{2\max}(t), \cdots, \tilde{X}_{m\max}(t) \right]
$$

和

$$
X_{\min}(t) = C_{\min}^{\mathrm{T}} \Phi(t) =
\begin{bmatrix}
c_{11\min}^{\mathrm{T}} & c_{12\min}^{\mathrm{T}} & \cdots & c_{1m\min}^{\mathrm{T}} \\
c_{21\min}^{\mathrm{T}} & c_{22\min}^{\mathrm{T}} & \cdots & c_{2m\min}^{\mathrm{T}} \\
\vdots & \vdots & \ddots & \vdots \\
c_{n1\min}^{\mathrm{T}} & c_{n2\min}^{\mathrm{T}} & \cdots & c_{nm\min}^{\mathrm{T}}
\end{bmatrix}
\begin{bmatrix}
\phi_1(t) & & & \\
& \phi_2(t) & & \\
& & \ddots & \\
& & & \phi_m(t)
\end{bmatrix}
\tag{3-38}
$$

$$
= \left[ \tilde{X}_{1\min}(t), \tilde{X}_{2\min}(t), \cdots, \tilde{X}_{m\min}(t) \right]
$$

其中，第 $j$ 个变量的最大值函数向量和最小值函数向量表示为 $\tilde{X}_{j\max}(t) = \left[ c_{1j\max}^{\mathrm{T}} \phi_j(t), c_{2j\max}^{\mathrm{T}} \phi_j(t), \cdots, c_{nj\max}^{\mathrm{T}} \phi_j(t) \right]^{\mathrm{T}} = \left[ \tilde{x}_{1j}^{\mathrm{U}}(t), \tilde{x}_{2j}^{\mathrm{U}}(t), \cdots, \tilde{x}_{nj}^{\mathrm{U}}(t) \right]^{\mathrm{T}}$，$\tilde{X}_{j\min}(t) = \left[ c_{1j\min}^{\mathrm{T}} \cdot \phi_j(t), c_{2j\min}^{\mathrm{T}} \phi_j(t), \cdots, c_{nj\min}^{\mathrm{T}} \phi_j(t) \right]^{\mathrm{T}} = \left[ \tilde{x}_{1j}^{\mathrm{L}}(t), \tilde{x}_{2j}^{\mathrm{L}}(t), \cdots, \tilde{x}_{nj}^{\mathrm{L}}(t) \right]^{\mathrm{T}}$。

而后，进行权重求解，这里选择的是评价对象的总离差平方和最大，即

$$\sigma_{max}^2 = \int_T W_{max}^T H_{max}(t) W_{max} \mathrm{d}t = W_{max}^T \left\{ \int_T \Phi(t)^T H_{C max} \Phi(t) \mathrm{d}t \right\} W_{max}$$

$$= W_{max}^T \left\{ \int_T \Phi(t)^T C_{max} C_{max}^T \Phi(t) \mathrm{d}t \right\} W_{max} = W_{max}^T H_{max} W_{max}$$

（3-39）

和

$$\sigma_{min}^2 = \int_T W_{min}^T H_{min}(t) W_{min} \mathrm{d}t = W_{min}^T \left\{ \int_T \Phi(t)^T H_{C min} \Phi(t) \mathrm{d}t \right\} W_{min}$$

$$= W_{min}^T \left\{ \int_T \Phi(t)^T C_{min} C_{min}^T \Phi(t) \mathrm{d}t \right\} W_{min} = W_{min}^T H_{min} W_{min}$$

（3-40）

由于在计算过程中可能会出现计算得到的权数是负数，而在实际情况中，各指标函数所得的权数或者权函数应为正值，且各时刻的权重相加等于 1，在此基础上，需要通过线性规划对其进行约束，并将最后所得到的权重进行归一化，具体计算公式如下：

$$\begin{cases} \max \ W_{max}^T H_{max} W_{max} \\ \mathrm{s.t.} \ \|W_{max}\| = 1 \\ \quad W_{max} > 0 \\ \quad w_j^{U^*}(t) = \dfrac{w_j^U(t)}{\sum\limits_{j=1}^m w_j^U(t)} \end{cases}$$

（3-41）

和

$$\begin{cases} \max \ W_{min}^T H_{min} W_{min} \\ \mathrm{s.t.} \ \|W_{min}\| = 1 \\ \quad W_{min} > 0 \\ \quad w_j^{L^*}(t) = \dfrac{w_j^L(t)}{\sum\limits_{j=1}^m w_j^L(t)} \end{cases}$$

（3-42）

下面介绍"全局"拉开档次法在中点-半径法的区间函数型数据形式下的拓展，具体计算公式按照中点函数型数据和半径函数型数据展示。

假定有 $n$ 个评价对象 $s_1, s_2, \cdots, s_n$，$m$ 个区间指标数据 $\tilde{X}_1, \tilde{X}_2, \cdots, \tilde{X}_m$，其中 $\tilde{X}_j = \left[ \tilde{x}_{ij}^c(t), \tilde{x}_{ij}^r(t) \right]$，进而将最大值函数和最小值函数分别组成两个矩阵函数，并用基函数形式表示，具体如下所示：

$$X_c(t) = C_c^{\mathrm{T}} \Phi(t) = \begin{bmatrix} c_{11\mathrm{center}}^{\mathrm{T}} & c_{12\mathrm{center}}^{\mathrm{T}} & \cdots & c_{1m\mathrm{center}}^{\mathrm{T}} \\ c_{21\mathrm{center}}^{\mathrm{T}} & c_{22\mathrm{center}}^{\mathrm{T}} & \cdots & c_{2m\mathrm{center}}^{\mathrm{T}} \\ \vdots & \vdots & \ddots & \vdots \\ c_{n1\mathrm{center}}^{\mathrm{T}} & c_{n2\mathrm{center}}^{\mathrm{T}} & \cdots & c_{nm\mathrm{center}}^{\mathrm{T}} \end{bmatrix} \begin{bmatrix} \phi_1(t) & & & \\ & \phi_2(t) & & \\ & & \ddots & \\ & & & \phi_m(t) \end{bmatrix} \quad (3\text{-}43)$$

$$= \left[ \tilde{X}_{1\mathrm{center}}(t), \tilde{X}_{2\mathrm{center}}(t), \cdots, \tilde{X}_{m\mathrm{center}}(t) \right]$$

和

$$X_r(t) = C_r^{\mathrm{T}} \Phi(t) = \begin{bmatrix} c_{11\mathrm{radius}}^{\mathrm{T}} & c_{12\mathrm{radius}}^{\mathrm{T}} & \cdots & c_{1m\mathrm{radius}}^{\mathrm{T}} \\ c_{21\mathrm{radius}}^{\mathrm{T}} & c_{22\mathrm{radius}}^{\mathrm{T}} & \cdots & c_{2m\mathrm{radius}}^{\mathrm{T}} \\ \vdots & \vdots & \ddots & \vdots \\ c_{n1\mathrm{radius}}^{\mathrm{T}} & c_{n2\mathrm{radius}}^{\mathrm{T}} & \cdots & c_{nm\mathrm{radius}}^{\mathrm{T}} \end{bmatrix} \begin{bmatrix} \phi_1(t) & & & \\ & \phi_2(t) & & \\ & & \ddots & \\ & & & \phi_m(t) \end{bmatrix} \quad (3\text{-}44)$$

$$= \left[ \tilde{X}_{1\mathrm{radius}}(t), \tilde{X}_{2\mathrm{radius}}(t), \cdots, \tilde{X}_{m\mathrm{radius}}(t) \right]$$

其中，第 $j$ 个区间中点函数向量和区间半径函数向量分别表示为 $\tilde{X}_{j\mathrm{center}}(t) = \left[ c_{1j\mathrm{center}}^{\mathrm{T}} \phi_j(t), c_{2j\mathrm{center}}^{\mathrm{T}} \phi_j(t), \cdots, c_{nj\mathrm{center}}^{\mathrm{T}} \phi_j(t) \right]^{\mathrm{T}} = \left[ \tilde{x}_{1j}^c(t), \tilde{x}_{2j}^c(t), \cdots, \tilde{x}_{nj}^c(t) \right]^{\mathrm{T}}$, $\tilde{X}_{j\mathrm{radius}}(t) = \left[ c_{1\mathrm{radius}}^{\mathrm{T}} \cdot \phi_j(t), c_{2j\mathrm{radius}}^{\mathrm{T}} \phi_j(t), \cdots, c_{nj\mathrm{radius}}^{\mathrm{T}} \phi_j(t) \right]^{\mathrm{T}} = \left[ \tilde{x}_{1j}^r(t), \tilde{x}_{2j}^r(t), \cdots, \tilde{x}_{nj}^r(t) \right]^{\mathrm{T}}$。

对权重求解过程中，要保证评价对象的中点函数和半径函数的总离差平方和达到最大，具体表达式如下所示：

$$\sigma_c^2 = \int_T W_{\mathrm{center}}^{\mathrm{T}} H_{\mathrm{center}}(t) W_{\mathrm{center}} \mathrm{d}t = W_{\mathrm{center}}^{\mathrm{T}} \left\{ \int_T \Phi(t)^{\mathrm{T}} H_{\mathrm{center}} \Phi(t) \mathrm{d}t \right\} W_{\mathrm{center}}$$
$$= W_{\mathrm{center}}^{\mathrm{T}} \left\{ \int_T \Phi(t)^{\mathrm{T}} C_{\mathrm{center}} C_{\mathrm{center}}^{\mathrm{T}} \Phi(t) \mathrm{d}t \right\} W_{\mathrm{center}} = W_{\mathrm{center}}^{\mathrm{T}} H_{\mathrm{center}} W_{\mathrm{center}} \quad (3\text{-}45)$$

和

$$\sigma_r^2 = \int_T W_{\mathrm{radius}}^{\mathrm{T}} H_{\mathrm{radius}}(t) W_{\mathrm{radius}} \mathrm{d}t = W_{\mathrm{radius}}^{\mathrm{T}} \left\{ \int_T \Phi(t)^{\mathrm{T}} H_{\mathrm{radius}} \Phi(t) \mathrm{d}t \right\} W_{\mathrm{radius}}$$
$$= W_{\mathrm{radius}}^{\mathrm{T}} \left\{ \int_T \Phi(t)^{\mathrm{T}} C_{\mathrm{radius}} C_{\mathrm{radius}}^{\mathrm{T}} \Phi(t) \mathrm{d}t \right\} W_{\mathrm{radius}} = W_{\mathrm{radius}}^{\mathrm{T}} H_{\mathrm{radius}} W_{\mathrm{radius}} \quad (3\text{-}46)$$

为了保证获得的权重都大于零且相加等于 1，对其进行线性约束，并将最后所得到的权重进行归一化，具体表现形式如下所示：

$$\begin{cases} \max \ W_{\mathrm{center}}^{\mathrm{T}} H_{\mathrm{center}} W_{\mathrm{center}} \\ \mathrm{s.t.} \ \|W_{\mathrm{center}}\| = 1 \\ \quad W_{\mathrm{center}} > 0 \\ \quad w_j^{c*}(t) = \dfrac{w_j^c(t)}{\sum\limits_{j=1}^{m} w_j^c(t)} \end{cases} \quad (3\text{-}47)$$

和

$$\begin{cases} \max\quad W_{\text{radius}}^{\text{T}} H_{\text{radius}} W_{\text{radius}} \\ \text{s.t.}\ \ \|W_{\text{radius}}\| = 1 \\ \quad\ \ W_{\text{radius}} > 0 \\ \quad\ \ w_j^{\text{r}^*}(t) = \dfrac{w_j^{\text{r}}(t)}{\displaystyle\sum_{j=1}^{m} w_j^{\text{r}}(t)} \end{cases} \quad (3\text{-}48)$$

## 三、实例分析

本章选择义乌·中国小商品指数数据作实证分析，从义乌·中国小商品指数（http://zs.ywindex.com）中收集了 2006.09-2020.12 期间 15 个类别（日用品类、工艺品类、电子电器类、箱包类、首饰类、玩具类、五金及电料类、钟表眼镜类、文化办公用品类、体育娱乐用品类、鞋类、针纺织品类、护理及美容用品类、辅料和包装类、服装服饰类）的市场规模指数、效益指数和市场信心指数，这三个指数都是经过多级指标汇总之后的结果，可以综合反映义乌小商品市场繁荣活跃程度，都为正向指标。

图 3-1 显示的是市场总指数的变化趋势，其中效益指数的变化波动较大，市场规模指数等指数数据的变化趋势虽然也会有起伏，但总体来看是平稳的，景气指数的变化波动与效益指数相似，且各转折点也相互对应，可以认为景气指数受效益指数的影响较大，其他因素对其影响不大。为了验证这个观点是否正确，下面对数据进行讨论。

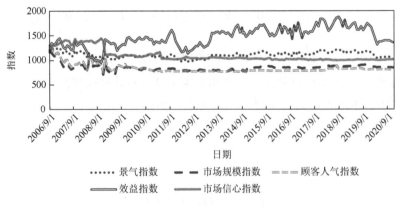

图 3-1　义乌·中国小商品市场总指数

（一）函数型数据的"全局"拉开档次法

本节通过计算不同基函数个数和阶数的误差平方和确定拟合函数需要的基函数个数和阶数。由图 3-2 可知，当基函数个数为 45 和阶数为 4 时，误差平方和小且处于转折点，因此选择 45 个 4 阶的基函数来拟合函数型数据。

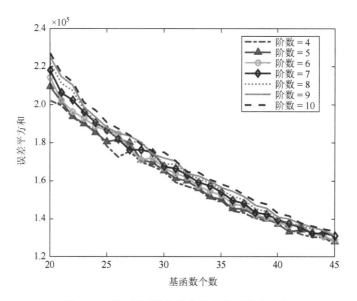

图 3-2　不同基函数个数和阶数的误差平方和

计算对称矩阵 $H$：

$$H = \begin{pmatrix} 1.0572 & 1.1306 & 0.9315 \\ 1.1306 & 1.3982 & 1.0544 \\ 0.9315 & 1.0544 & 0.9600 \end{pmatrix} \times 10^{7}$$

进而求得的权重为

$$W = (0.3310, 0.3428, 0.3262)$$

评价模型为

$$y_i(t) = 0.3310 \tilde{x}_{i1}(t) + 0.3428 \tilde{x}_{i2}(t) + 0.3262 \tilde{x}_{i3}(t)$$

评价函数选取其中的六个类别进行绘制，具体如图 3-3 所示。由图 3-3 可知，电子电器类在发展过程中的平均景气程度波动起伏大，在 2020 年前总体呈现上升趋势，而 2020 年一直下降。辅料和包装类的平均景气程度处于最低的位置，但其变化较为平稳，服装服饰类的平均景气程度从巅峰状态后回落至中间地位，虽然还是会出现大起伏变化，但不会变得较差。

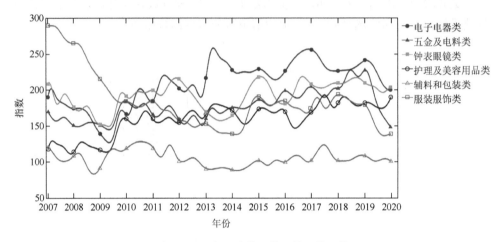

图 3-3　45 个 4 阶基函数下的评价函数

　　计算各类别 $s_i(i=1,2,\cdots,15)$ 在 2006 年 9 月至 2020 年 12 月的平均景气程度，即评价值为：152.6439，163.0647，209.5702，137.9301，146.3086，186.4491，177.7730，192.5915，130.9331，155.8615，154.1764，138.7746，159.7291，105.5756，185.4283。所以最后的评价结果是：$s_3 > s_8 > s_6 > s_{15} > s_7 > s_2 > s_{13} > s_{10} > s_{11} > s_1 > s_5 > s_{12} > s_4 > s_9 > s_{14}$。电子电器类的平均景气指数值最高，在所有类别中，该类别商品的市场活跃程度最高，发展前景相对最好。

## （二）最大最小值法的区间函数型数据"全局"拉开档次法

　　基于孙爱民（2020）对区间数进行熵权法的处理过程，本节对区间函数型数据的构权分别对区间最大值函数和区间最小值函数进行求取。为了简单起见，本书的区间函数型数据都先对原始数据进行无量纲化处理，再对区间数据进行平滑处理，拟合成函数形式。因此，要先确定拟合函数的基函数个数和阶数，计算区间最大值和区间最小值的误差平方和。

　　如图 3-4～图 3-6 所示，本节中区间函数型数据可选择 6 阶的基函数用于拟合函数。为了确定各区间数据的基函数个数，还需要提取 6 阶基函数在不同个数下的误差平方和，进一步确定基函数个数。

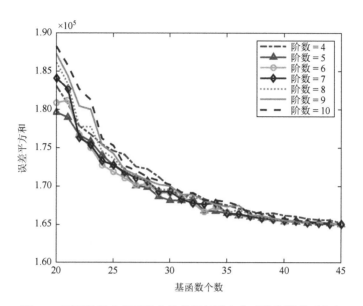

图 3-4　不同阶数和基函数个数的区间最大值函数的误差平方和

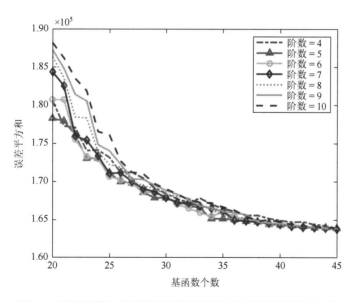

图 3-5　不同阶数和基函数个数的区间最小值函数的误差平方和

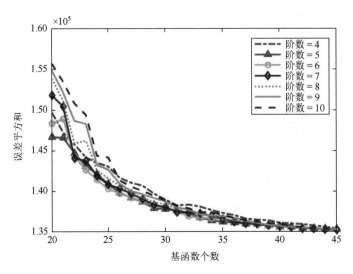

图 3-6　不同阶数和基函数个数的区间均值函数的误差平方和

由图 3-7 可知，本节选择 26 个基函数。因此选择 26 个 6 阶的基函数对区间数据进行拟合函数。

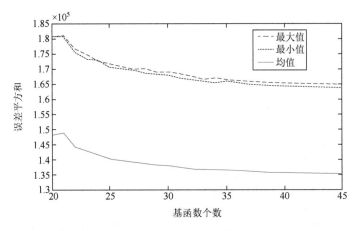

图 3-7　6 阶情况下不同基函数个数的误差平方和

拟合函数后，对其进行赋权处理。首先，计算出区间最大值函数对称矩阵 $H_{\max}$ 和区间最小值函数对称矩阵 $H_{\min}$。

$$H_{\max} = \begin{pmatrix} 0.1880 & 0.4687 & 0.1562 \\ 0.4687 & 1.3174 & 0.4014 \\ 0.1562 & 0.4014 & 0.1397 \end{pmatrix} \times 10^{7}$$

和

$$H_{\min} = \begin{pmatrix} 0.1670 & 0.3913 & 0.1424 \\ 0.3913 & 1.0280 & 0.3419 \\ 0.1424 & 0.3419 & 0.1297 \end{pmatrix} \times 10^7$$

然后根据线性规划约束条件得到了各指标函数的区间权重。

$$W_{\max} = (0.7164, 0.9190, 0.6894)$$

$$W_{\min} = (0.7240, 0.9125, 0.7002)$$

并对权重进行归一化处理，最后的区间权重为

$$W'_{\max} = (0.3081, 0.3953, 0.2966)$$

$$W'_{\min} = (0.3098, 0.3906, 0.2996)$$

不同指标的权重也表明了效益指数对于景气程度的影响最大，这和开始对原始数据作图得出的结果相同。并且，由于精确位数不同，区间权重不会显示上限和下限的权重是完全相同的，但若只看小数点前两位，则权重值可以认为是相同的，这也说明了在该方法下，区间函数型数据的时期权重不变，则区间函数型的评价模型可以表示为

$$y_i(t) = \left[ 0.3098 \tilde{x}_{i1}^{L}(t), 0.3081 \tilde{x}_{i1}^{U}(t) \right] + \left[ 0.3906 \tilde{x}_{i2}^{L}(t), 0.3953 \tilde{x}_{i2}^{U}(t) \right]$$
$$+ \left[ 0.2996 \tilde{x}_{i3}^{L}(t), 0.2966 \tilde{x}_{i1}^{U}(t) \right]$$

其中，$\tilde{x}_{i1}^{L}(t)$，$\tilde{x}_{i1}^{U}(t)$，$\tilde{x}_{i2}^{L}(t)$，$\tilde{x}_{i2}^{U}(t)$，$\tilde{x}_{i3}^{L}(t)$ 和 $\tilde{x}_{i3}^{U}(t)$，$i = 1, 2, \cdots, 15$，分别表示第 $i$ 类商品的市场规模指数、效益指数和市场信心指数。均值评价函数处于最大值评价函数和最小值评价函数之间，符合区间形式的特点，另外，在极个别时刻会出现最小值函数大于最大值函数的情况，是因为没有对不同时间段的评价离散值进行讨论。

通过对评价函数的积分平均处理，可得各类别区间综合评价值如表 3-6 所示。

表 3-6 各类别区间综合评价值

| 评价对象 | 区间综合评价值 |
| --- | --- |
| $s_1$（日用品类） | [7.4791, 8.2855] |
| $s_2$（工艺品类） | [6.4102, 7.0462] |
| $s_3$（电子电器类） | [8.8403, 9.5658] |
| $s_4$（箱包类） | [6.5032, 7.0633] |
| $s_5$（首饰类） | [4.8904, 5.5198] |
| $s_6$（玩具类） | [7.1181, 7.6914] |
| $s_7$（五金及电料类） | [8.1104, 8.8667] |

续表

| 评价对象 | 区间综合评价值 |
|---|---|
| $s_8$（钟表眼镜类） | [8.1298, 9.2954] |
| $s_9$（文化办公用品类） | [6.0248, 6.5420] |
| $s_{10}$（体育娱乐用品类） | [6.5417, 7.3302] |
| $s_{11}$（鞋类） | [6.3167, 7.0762] |
| $s_{12}$（针、纺织品类） | [5.3512, 5.9328] |
| $s_{13}$（护理及美容用品类） | [7.4003, 8.2040] |
| $s_{14}$（辅料和包装类） | [4.4009, 4.8012] |
| $s_{15}$（服装服饰类） | [6.3346, 7.0224] |

由于将评价函数按照各类进行展示，无法整体探究不同类别的变化，因此分别对区间最大值评价函数和区间最小值评价函数进行展示。由于类别过多，本节只选取了六种商品进行展示。由图 3-8 和图 3-9 可以看出，区间函数型数据的综合评价函数也是以区间形式进行展示的，但各类别的区间宽度不会一直不变，变化趋势大体相同。虽然利用区间形式对问题进行评价分析能够获得更多的信息，且其预测的结果也能够以区间形式展开，给我们更多的选择空间，但也需要从总体角度出发，观察整个问题的走向，因此需要对区间进行处理，获取总体趋势。

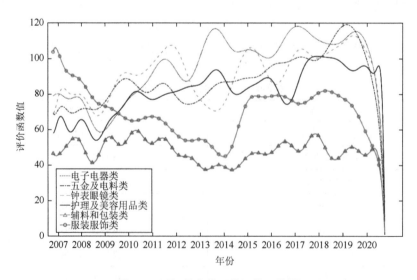

图 3-8　区间最大值函数评价函数图

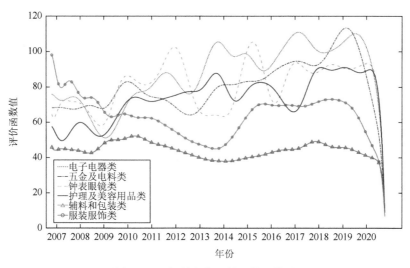

图 3-9　区间最小值函数评价函数图

　　为了简单计算，采取对区间均值进行相同处理，则可以得到区间均值形式的评价函数，这里与上述内容相同，只展示六种商品的评价函数，如图 3-10 所示。在这里，本书选取服装服饰类商品进行分析，从图中可以看出服装服饰类商品在 2014 年之前总体呈现出景气下降趋势，虽然穿是人们日常所需，但是服装服饰类商品使用年限较长，人们在这一方面的花销相对其他商品较少，大多数人对于装扮需求不大，因此该类市场的活跃程度不高，而之后国家扩大内需，网络媒体的渐渐兴起，市场察觉到该类商品的风向，人们对于服装服饰类的投入增加，市场景气指数也开始回升，但整体处于中等，且变化不大。在 2019 年之后又处于下降趋势，不仅是因为人们的

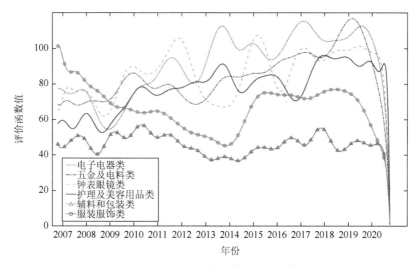

图 3-10　区间均值函数的评价函数

注意力转移，也是由于 2020 年的新冠疫情给各行各业造成损失，人们的可支配收入减少，对于外部投资减少，人们开始更愿意存储财富，以防再次出现相同类别的事情。

最后，获得各类别的综合评价值为：7.8566，6.7123，9.1761，6.7636，5.1994，7.3855，8.4612，8.6839，6.2670，6.9186，6.6793，5.6380，7.7775，4.5961，6.6649。所以最终评价结果是 $s_3 > s_8 > s_7 > s_1 > s_{13} > s_6 > s_{10} > s_4 > s_2 > s_{11} > s_{15} > s_9 > s_{12} > s_5 > s_{14}$，其中电子电器类的平均景气程度最高，说明在义乌小商品市场中，电子电器类的发展相较于其他类别更好，并且因为效益指数影响景气指数的程度最大，说明电子电器类的效益发展相对更好，如果有商家想在小商品市场发展，可优先选择电子电器类商品。辅料和包装类商品的景气指数的程度是最低的，其原因可能是该类商品主要是作为辅助产品或基础零件，因此其售卖的价格较低，销售数量较为稳定，因此与其他价格浮动大、需求较高的产品相比，景气程度整体不高且变化幅度稳定，若往这个方向发展，后续也不会出现很大的问题。

该方法下的评价结果与函数型数据的"全局"拉开档次法的结果做对比，评价函数的总体变化差别不大，但是评价结果发生了一点变化，但总体而言，平均景气指数程度最高的还是电子电器类商品，最低的是辅料和包装类商品。另外，区间函数型数据获得的评价函数相较于函数型数据包含了更多的信息，在对评价对象进行预测时，能有更多的可能性。

## （三）中点-半径法的区间函数型数据"全局"拉开档次法

这里对于数据处理和指标数据函数化处理过程相同，则不同阶数和基函数个数的中点-半径的误差平方和变化如图 3-11 和图 3-12 所示。由图 3-13 可知，本书选择 35 个 6 阶的基函数进行拟合函数。

根据区间函数型指标数据的拉开档次法计算公式，求出区间中点函数和区间半径函数的对称矩阵 $H_c$ 和 $H_r$。

$$H_c = \begin{pmatrix} 0.1763 & 0.4276 & 0.1485 \\ 0.4276 & 1.1627 & 0.3699 \\ 0.1485 & 0.3699 & 0.1340 \end{pmatrix} \times 10^7$$

和

$$H_r = \begin{pmatrix} 0.2009 & 0.6357 & 0.0736 \\ 0.6357 & 4.9866 & 0.3280 \\ 0.0736 & 0.3280 & 0.0908 \end{pmatrix} \times 10^7$$

由此可以计算出的区间中心权重和区间半径权重为

$$W_c = (0.7199, 0.9160, 0.6946)$$

$$W_r = (0.6011, 0.9761, 0.5122)$$

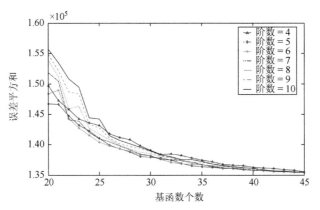

图 3-11　区间中点函数的误差平方和

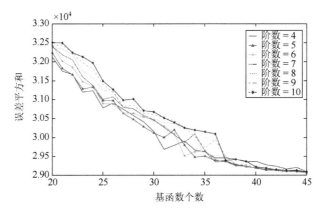

图 3-12　区间半径函数的误差平方和

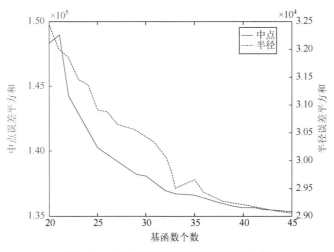

图 3-13　6 阶不同基函数下的误差平方和

修正后的区间中心权重和区间半径权重为

$$W_c' = (0.3089, 0.3930, 0.2981)$$

$$W_r' = (0.2875, 0.4671, 0.2454)$$

将权重代入评价模型：

$$y_i(t) = \left[ 0.3089\tilde{x}_{i1}^c(t) - 0.2875\tilde{x}_{i1}^r(t), 0.3089\tilde{x}_{i1}^c(t) + 0.2875\tilde{x}_{i1}^r(t) \right]$$

$$+ \left[ 0.3930\tilde{x}_{i2}^c(t) - 0.4671\tilde{x}_{i1}^r(t), 0.3930\tilde{x}_{i2}^c(t) + 0.4671\tilde{x}_{i1}^r(t) \right]$$

$$+ \left[ 0.2981\tilde{x}_{i3}^c(t) - 0.2454\tilde{x}_{i3}^r(t), 0.2981\tilde{x}_{i3}^c(t) + 0.2454\tilde{x}_{i3}^r(t) \right]$$

根据评价模型绘制随时间变化的评价函数，由图 3-14 可知，根据中点-半径法得到的区间评价函数相对最大最小值法得到的更为合理，弥补了最大最小值法的缺点，使得区间的两条评价函数不会出现交错的现象，就不需要分时段进行讨论。另外，对其进行总体趋势的判断，需要分别对区间的中点函数和半径函数绘制图像。

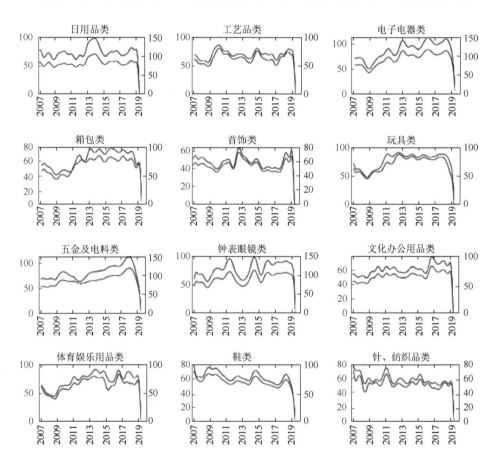

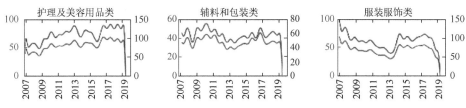

图 3-14 中点-半径下的区间评价函数

注：实线代表区间中点评价函数，虚线代表区间半径评价函数，横轴为年份，纵轴为函数值

由于类别个数较多，这里同样只选取 6 个类别商品的评价函数，观察不同商品在市场活跃程度的情况（以服装服饰类为例）。由图 3-15 可知，区间中点评价函数与前面的区间均值是一样的内容，因此这里不再对其展开。由图 3-16 可知，

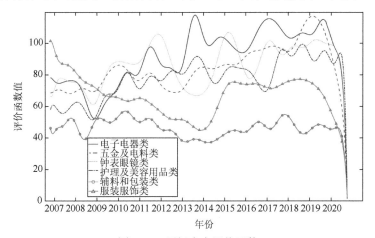

图 3-15 区间中点评价函数

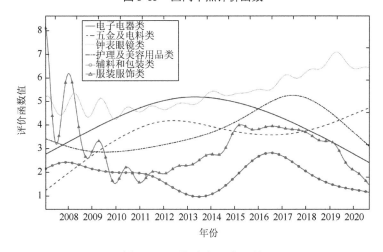

图 3-16 区间半径评价函数

服装服饰类商品在 2014 年之前的变化较为平稳，原因可能是当年物价相对较低，因此，该类商品的活跃变化浮动保持在一个较为稳定的范围内，之后几年服装产业在网络兴起，也有不同行业的人转行售卖该类商品，市场活跃变动开始变大，区间形式的评价函数变动也较为频繁。在 2017 年之后服装行业的区间变动范围变小，但是整体市场景气指数处于较为稳定的状态，直至 2019 年之后两者都一起下降，发展变差，后续需要相应的措施改善其发展状态。

通过对评价函数的积分，可以得到综合评价值。区间中点-半径评价值如表 3-7 所示。

**表 3-7　区间中点-半径评价值**

| 评价对象 | 中点评价值 | 半径评价值 | 综合评价值 |
|---|---|---|---|
| $s_1$（日用品类） | 7.8819 | 0.4431 | [7.4406，8.3250] |
| $s_2$（工艺品类） | 6.7263 | 0.3402 | [6.3861，7.0665] |
| $s_3$（电子电器类） | 9.2027 | 0.3860 | [8.8167，9.5887] |
| $s_4$（箱包类） | 6.7828 | 0.3020 | [6.4808，7.0848] |
| $s_5$（首饰类） | 5.2045 | 0.3461 | [4.8584，5.5507] |
| $s_6$（玩具类） | 7.4039 | 0.3072 | [7.0967，7.7111] |
| $s_7$（五金及电料类） | 8.4880 | 0.4085 | [8.0795，8.8965] |
| $s_8$（钟表眼镜类） | 8.7109 | 0.6391 | [8.0718，9.3500] |
| $s_9$（文化办公用品类） | 6.2828 | 0.2812 | [6.0016，6.5640] |
| $s_{10}$（体育娱乐用品类） | 6.9346 | 0.4284 | [6.5062，7.3630] |
| $s_{11}$（鞋类） | 6.6956 | 0.4102 | [6.2854，7.1058] |
| $s_{12}$（针、纺织品类） | 5.6468 | 0.3102 | [5.3366，5.9570] |
| $s_{13}$（护理及美容用品类） | 7.8008 | 0.4347 | [7.3661，8.2354] |
| $s_{14}$（辅料和包装类） | 4.6013 | 0.2156 | [4.3857，4.8169] |
| $s_{15}$（服装服饰类） | 6.6770 | 0.3697 | [6.3073，7.0467] |

最终综合评价结果为：$s_3 > s_8 > s_7 > s_1 > s_{13} > s_6 > s_{10} > s_{11} > s_4 > s_2 > s_{15} > s_9 > s_{12} > s_5 > s_{14}$，从评价结果来看，中点-半径的区间指标函数所得到的结论和最大最小值的区间指标函数的结论基本相同，结果受中点指标函数影响较大，其原因是中点和半径的数据有所差别，则其得到的评价函数值的大小也有较大的差别。

所得出的结果与最大最小值法的区间函数型数据拉开档次法对比，两者的评价结果相同，主要原因是对区间中点或均值的比较，不同点在于区间范围的大小，最大最小值法的区间函数型数据所得到的评价函数随时间发展可能会出现最小值的评价函数大于最大值的评价函数，会使该结果存在问题。中点-半径法所得到的评价函数则不出现这种情况，因为半径表示的是区间变动范围，这使得评价结果能有说服力，且在一个时点的可预测结果相较于最大最小值法有更多的可能性，能使其包含更多且更合理的信息。因此，中点-半径法的区间函数型数据与"全局"拉开档次法的结合更为科学、合理。

## 第四节　区间函数型数据评价结果的分析

对评价结果的分析可以从多个方面出发，如对于得到的评价函数进一步提取特征，挖掘其潜在的信息，也可以从原始数据拟合函数出发，对其绘制相平面图，观察评价对象每一年的变化情况或者某一年的变化情况。因此本节从三个内容出发，先介绍区间函数型评价函数的数据形式，再对通过"全局"拉开档次法的评价函数进行主成分分析，最后使用具有周期性的 2011 年的数据对各类别商品进行分析。

### 一、区间函数型评价函数的数据形式

本书构建的区间指标函数型数据是从两种形式进行展示的，即最大最小值函数构成的区间形式和中点-半径函数构成的区间形式，因此最终的评价函数和评价结果也以这两种区间形式进行展示。

（一）以最大最小值函数构成的评价函数

根据第二节区间函数型综合评价的评价模型，可以得到动态的区间评价函数，具体如表 3-8 所示。

表 3-8　动态的区间评价函数表

| 评价对象 | 评价函数 $\tilde{Y}$ |
|---|---|
| | 时间段 $[t_1, t_T]$ |
| $s_1$ | $\left[\tilde{y}_1^L(t), \tilde{y}_1^U(t)\right]$ |
| $s_2$ | $\left[\tilde{y}_2^L(t), \tilde{y}_2^U(t)\right]$ |
| $\vdots$ | $\vdots$ |
| $s_n$ | $\left[\tilde{y}_n^L(t), \tilde{y}_n^U(t)\right]$ |

若对各类别绘制评价函数图，则可以得到相应的随时间变化的曲线图。而将所有区间形式的评价函数绘制在一起时，不易于分析，因此会取区间均值的评价函数进行分析。另外，区间评价函数随时间的变化可能会出现在某时点上最大值评价值小于最小值评价值，这与函数构成、权重和系数有一定的关系。评价的最终结果需要以评价值体现，而在不同时点上会有不同的评价值，为了能够给出整体发展的趋势，一般是对评价函数进行积分处理，而不同时点对于同一个事物的影响程度不同，一般会对不同时间段赋上重要程度，但为了简单，实际生活中会假定各时间段的影响都相同，并以平均评价值对评价对象进行排序，给出合理的结论。

## （二）以中点-半径函数构成的评价函数

以中点-半径函数构成的区间函数型数据的评价函数表现形式不同，因为中点表示区间位置，而半径表示区间变动，因此评价函数具体如表 3-9 所示。

表 3-9　区间评价函数表

| 评价对象 | 评价函数 $\tilde{Y}$ |
|---|---|
| | 时间段 $[t_1, t_T]$ |
| $s_1$ | $\left[ \bar{y}_1^c(t) - \bar{y}_1^r(t), \bar{y}_1^c(t) + \bar{y}_1^r(t) \right]$ |
| $s_2$ | $\left[ \bar{y}_2^c(t) - \bar{y}_2^r(t), \bar{y}_2^c(t) + \bar{y}_2^r(t) \right]$ |
| $\vdots$ | $\vdots$ |
| $s_n$ | $\left[ \bar{y}_n^c(t) - \bar{y}_n^r(t), \bar{y}_n^c(t) + \bar{y}_n^r(t) \right]$ |

从评价函数表现形式来看，由于是对区间中点评价函数上的调整，因此不会出现在某个时点上区间最大值的评价值比区间最小值的评价值小的情况，对于评价函数的呈现较以最大最小值函数的区间形式更合理。因此在后续对评价函数的函数型分析时用中点-半径函数的区间形式进行研究。

## 二、评价函数的分析

## （一）数据说明和处理

本章数据选取自本章第三节区间函数型数据的"全局"拉开档次法对指标数据进行赋权之后的评价函数，主要选取的是中点-半径下的评价函数，则不需要对该数据进行数据无量纲化和函数拟合的处理。

### 1. 中点-半径数据拟合基函数个数和阶数的选取

图 3-17 显示平均误差平方和最小出现在阶数为 4 阶的基函数，并在图 3-18 中确定了当误差平方和需要最小时，基函数个数为 15 时是两个误差平方和的转折点，因此本节对于中点-半径的拟合函数选择 15 个 4 阶的基函数。

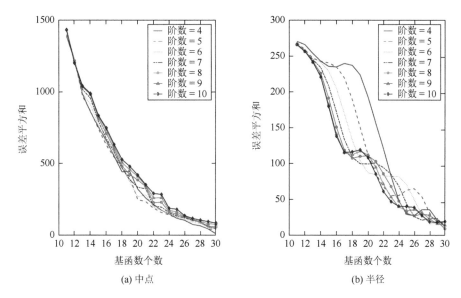

(a) 中点          (b) 半径

图 3-17 中点-半径拟合函数在不同基函数个数和阶数下的平均误差平方和

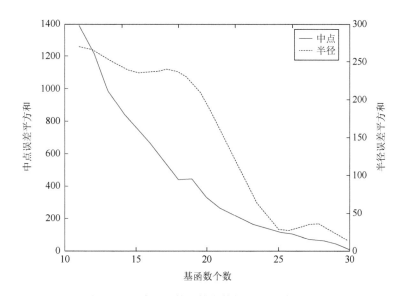

图 3-18 4 阶不同基函数个数的平均误差平方和

　　由于中点-半径的评价函数数据的广义交叉验证值没有出现拐点,因此参考误差平方和与广义交叉验证值的变化情况,将两者的交点作为 $\lambda$ 的取值,这时既能满足误差平方和的要求也能满足广义交叉验证值较小,因此选择 $\lambda = 0.6$ ,如图 3-19 所示。

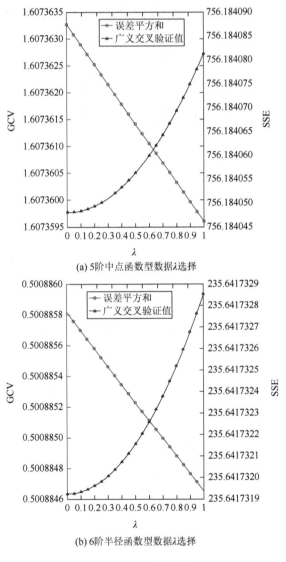

(a) 5阶中点函数型数据λ选择

(b) 6阶半径函数型数据λ选择

图 3-19　惩罚参数选择图

## 2. 绝对距离函数计算

　　根据基函数个数和阶数选取原则,本节绝对距离函数的基函数个数和阶数分别为 15 个和 4 阶，如图 3-20 和图 3-21 所示。在基函数阶数为 4、个数为 15 的情况下，绘制广义交叉验证值来确定惩罚参数。如图 3-22 所示，由于广义交叉验证值没有出现拐点，所以本书通过参考误差平方和与广义交叉验证值的变化情况，选择惩罚参数为 0.6 以平衡两者带来的影响。

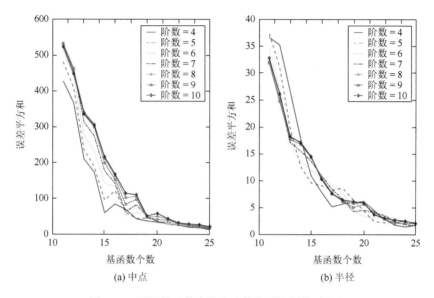

(a) 中点　　　　　　　　　　　　(b) 半径

图 3-20　不同基函数个数和阶数的平均误差平方和

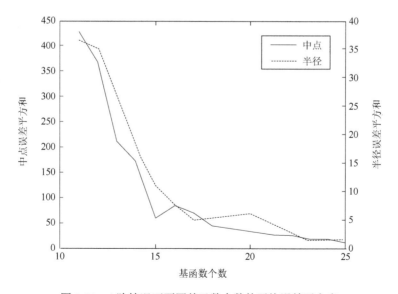

图 3-21　4 阶情况下不同基函数个数的平均误差平方和

　　将上述选择的惩罚参数值、基函数个数和阶数代入拟合函数中，生成了绝对距离函数，将其代替为本节所需要的时变距离函数。

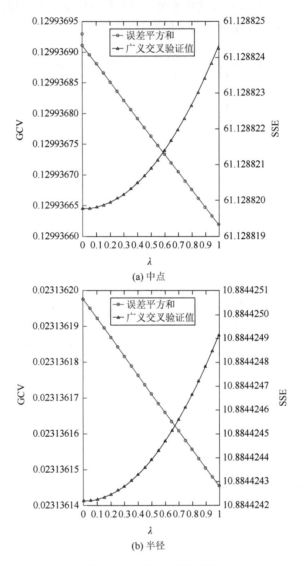

(a) 中点

(b) 半径

图 3-22　惩罚参数选择图

## （二）单变量区间函数型主成分分析

　　对义乌小商品各类别的平均景气指数程度变化进行评价，并提取物价的波动特征。由计算结果可知，前四个主成分的方差贡献率分别为 90.52%、2.83%、2.23%

和 1.30%，第一主成分反映了原始数据绝大部分的信息，而第四主成分所占比重可忽略不计，可直接选取前三个主成分的特征信息。由图 3-23 可知，第一主成分对中点、半径均值函数施加了一个正向影响，根据景气指数程度的影响因素来看，本节将第一主成分命名为效益综合水平。由图 3-24 可知，半径主成分得分最高的是钟表眼镜类、日用品类、体育娱乐用品类和护理及美容用品类。相对而言，电子电器类、钟表眼镜类、五金及电料类的效益综合水平较高，这三者的发展和收益在整个市场中所占比重较大。此外，电子电器类、钟表眼镜类、辅料和包装类也可分别代表效益变动的典型模式。其中，钟表眼镜类是高效益高波动，电子电器类是高效益波动较正常，辅料和包装类是低效益低波动。

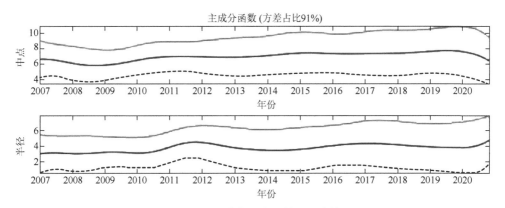

图 3-23　第一主成分偏离均值函数图（崔静，2021）

注：上面的实线代表加上主成分适当倍数后的变动情况，下面的虚线表示减去主成分适当倍数后的变动情况，中间的线表示均值

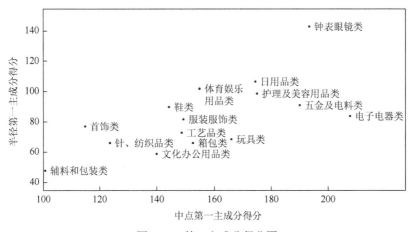

图 3-24　第一主成分得分图

从图 3-25 可知，电子电器类商品的中点景气程度在整体上高于钟表眼镜类、辅

料和包装类商品，因此造成了电子电器类商品的中点效益水平高于其他类别商品。该类商品本身不算完全意义上的必需品，在人们可支配收入增加的同时，可以满足对该类商品的需求，因此在 2009~2020 年呈现上升趋势，而 2020 年的新冠疫情使大部分产业前期处于停工停业状况，人们的收入相对受到影响，对于非必需品的购买有所下降，因此景气程度有所下降。由图 3-26 可知，钟表眼镜类商品的景气程度的波动程度显著高于电子电器类、辅料和包装类商品，这可能是因为佩戴眼镜的人越来越多，钟表眼镜类商品除了是生活必需品，还是装扮的重要工具，但该类商品的获利空间很大，销售价格不一，因此整体的波动程度最为显著。

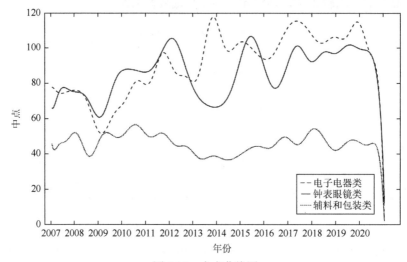

图 3-25　中点曲线图

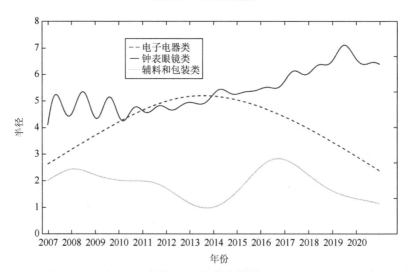

图 3-26　半径曲线图

为进一步挖掘中国·义乌小商品指数的波动特征，探究不同因素带给其的影响，本章对主成分特征函数进行方差最大化旋转，以突出各个主成分的特征，更好地解释主成分的含义（王国华，2017）。本节选择对前 4 个主成分进行方差最大化旋转，旋转后的各个主成分方差贡献率会发生变化。如图 3-27 所示，第一主成分的方差贡献率大幅度下降，已经不能够保持原始数据的大部分信息，而第三主成分的方差贡献率从原来的 2.23%大幅提升到 32.75%，在所有的主成分中体现了原始数据的相对大部分信息，第二主成分的方差贡献率上升至 28.15%，其主成分特征相应给出更多的显现，第四主成分的方差贡献率虽然上升到了 12.42%，但总体影响不大，变化过程也较平稳。因而，观察未旋转的方差贡献率不能够说明整体真正的变化，需要对各主成分进一步分析。

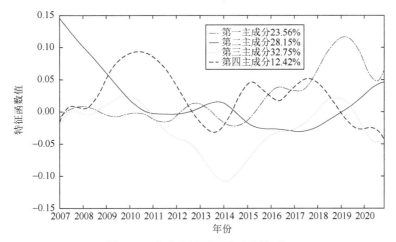

图 3-27 主成分特征函数（旋转后）

由图 3-28 可知，在整个发展过程中，第一主成分对中点和半径均值函数的影响是正向的，而对于施加或减弱主成分影响时，偏离情况较为多变，且相差的各自相同，因此第一主成分在旋转之后的方差贡献率降低，且不再保持原始数据的大部分信息。另外，在 2018 年的偏离程度最大，对于中点均值函数和半径均值函数的影响较大，可能是 2017～2019 年的影响造成第一主成分的方差贡献率大量减小。

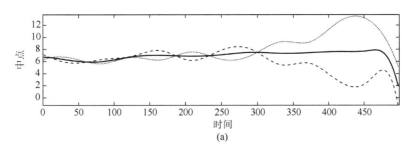

(a)

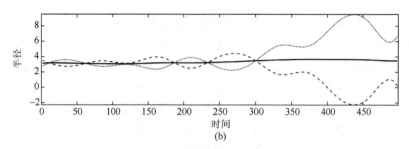

(b)

图 3-28　第一主成分偏离均值 op 函数图（旋转后）

注：上面的点线代表加主成分适当倍数后的变动情况，下面的虚线表示减去主成分适当倍数后的变动情况，中间的实线表示均值

　　由图 3-29 可知，第三主成分对中点均值函数施加的影响为正向影响，且波动程度较大，对半径函数所施加的影响变化较中点的起伏大，因此对其影响较为显著，使其方差贡献率升至四个主成分的最大。由图 3-30 可知，在 2013 年之前，第二主成分对于中点均值函数施加的影响为正向，且总体呈现上升趋势，同时半径函数在施加正向影响快速升高时略微有所下降，而后趋于总体稳定，第二主成分能包含原始数据的信息也较多。由图 3-31 可知，与第四主成分的中点函数和半径函数在主成分施加的影响也为正向，总体影响幅度较大，但从其特征信息来看，相对不大，因此可以将其舍弃。

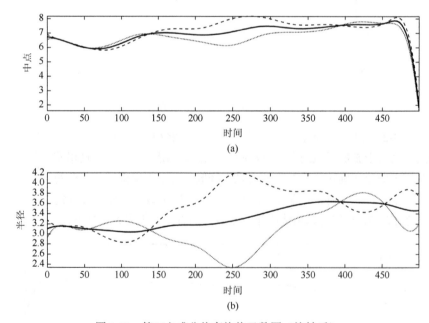

(a)

(b)

图 3-29　第三主成分偏离均值函数图（旋转后）

注：上面的点线代表加主成分适当倍数后的变动情况，下面的虚线表示减去主成分适当倍数后的变动情况，中间的实线表示均值

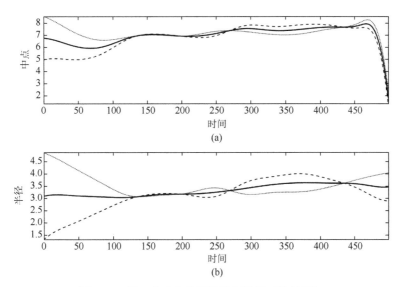

图 3-30　第二主成分偏离均值函数图（旋转后）

注：上面的点线代表加主成分适当倍数后的变动情况，下面的虚线表示减去主成分适当倍数后的变动情况，中间的实线表示均值

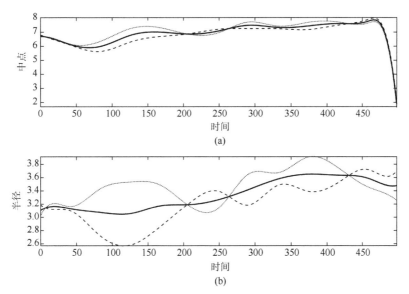

图 3-31　第四主成分偏离均值函数图（旋转后）

注：上面的点线代表加主成分适当倍数后的变动情况，下面的虚线表示减去主成分适当倍数后的变动情况，中间的实线表示均值

通过对平均景气程度的四个主成分分析，可只选择前三个旋转后的主成分并结合未旋转的信息与三个指标对应。另外，对中点主成分得分和半径主成分得分绘制图像可知，对于平均景气程度的单变量主成分分析和景气指数的多变量主成分分析，

其结果一致，说明先降维获取评价函数再进行主成分分析和直接从指标维的角度进行主成分分析在基于区间函数型数据的综合评价过程中均有效，且结果一致。

## 三、评价结果的分析

在函数型数据分析过程中，从"横向"和"纵向"两个角度，对研究对象的动态变化进行分析讨论最为全面和合理，能够进一步分析研究对象的动态变化模式，因此会将动态变化按照物理学中的受力分析分解为水平变化和垂直变化。具体做法是将原有拟合函数求解一阶导数，并将其作为横坐标，将求解出的二阶导数作为纵坐标，在同一个平面上绘制变化关系图，并称其为相平面图。相平面图最早应用于展示电力系统非线性振荡过程（鲍城志，1962），多数用于物理学展示中。在函数型数据产生后，Ramsay 等（2007）对相平面图进行了详细说明，将其应用于经济领域，如分析中国消费价格指数的季节变动（严明义和杜鹏，2010）和竞买者在网上拍卖的出价行为（严明义和贾嘉，2010）。

### （一）景气指数导数图

本书选取的是 15 个类别的义乌景气指数，分别对区间均值评价函数、区间均值和原始数据进行拟合函数求其一阶导数和二阶导数。对于经过评价方法计算其评价函数后的拟合函数，其整体变化较为平稳，不会有较大的波动，保持了一定程度的变化，且其二阶导数的变化也说明了一阶导数的变化稳定。因此，本节不再对评价函数进行进一步分析。

图 3-32 为义乌小商品总景气指数走势图。

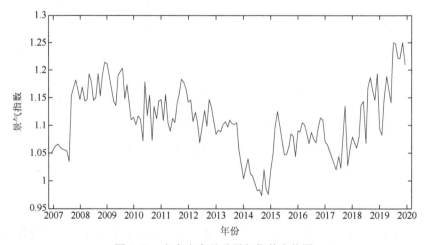

图 3-32　义乌小商品总景气指数走势图

（二）相平面分析

下面对总景气指数做相平面图，进而探索变化状态。义乌小商品总景气指数的相平面图反映了其运行变化的速度与加速度之间的关系，也反映了义乌小商品总景气指数交替变化规律。根据对总景气指数 2007～2020 年的数据拟合函数并绘制相平面图,本节只选择了景气指数呈现明显季节变动的 2011 年的数据（其中 3 月为缺失数据，1～12 代表了一年的 12 个月）（图 3-33）。由图 3-33 可知，2011 年的总发展可以依季度进行分解，从横向看，春季（1～2 月）和秋季（7～9 月）的一阶导数为正，则这几个月的销售趋势好，而夏季和冬季的商品销量则不算好，从纵向看，没有特别明显的季节变动，但从整体看，就有如同横向的结果，因此还可以对这一年份的其他商品类别做进一步分析。

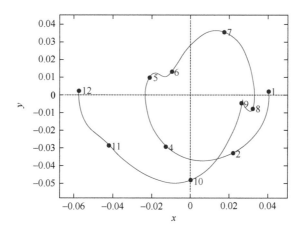

图 3-33　2011 年总景气指数相平面图

由于商品类别过多,本节不在此一一表示,因此选择了四种类别的商品——日用品类、电子电器类、钟表眼镜类和服装服饰类做进一步的分析讨论。由图 3-34 可知,日用品类的景气指数呈现微小的季节变动,和年总景气变动不一样,纵向来看,日用品类的存量一般为负,说明该类商品作为消耗品需要一直补货,虽然整年销量速度为负,但变化不大,特别是 10 月该种商品的销量速度最快。

图 3-35 显示电子电器类商品从纵向看呈现季节变动,春季和秋季总体存量为负,这两个时期有开学和春节的阶段,开学时期,学生购置电子设备用于学习和联络,春节多数人也会购买电子电器类商品,可能用于奖励自己一年的辛勤,也可能是为了家里有个新气象,因此存量减少得较多,可能出现供不应求的情况,而其他时期虽然有促销,但不一定有足够的资金购买,因此市场的存量较多。而

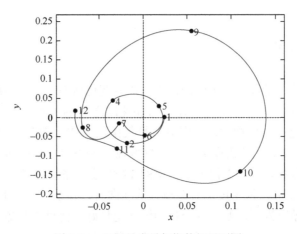

图 3-34　日用品类景气指数相平面图

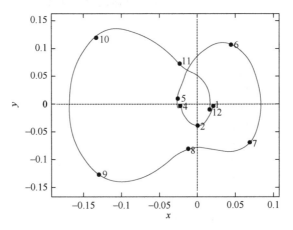

图 3-35　电子电器类景气指数相平面图

从横向看，则没有较大的季节变动，原因可能是这类商品的价格浮动相对不稳定，对于其销售速度也不稳定。

　　从图 3-36 和图 3-37 可知，钟表眼镜类商品和服装服饰类商品所呈现的变化没有季节特点。钟表眼镜类商品的销售速度一直为负，这不代表该商品的发展不好，作为一类大多数人都需要的商品来说，其销售还是较为稳定的，特别是该类商品的存量在 5 月之后为正，可能是前期售卖较多，存量较少，经过前期发展，该类商品的存量变多，一直有在补货，但可能售出的比存入的少，但整体还是在下降的过程。服装服饰类商品在整体变化过程中一直处于变化不太稳定的状态，这主要归功于服装服饰类商品的更新换代很快，每个季节的服饰都会不同，如夏季衣物简单，该类商户会在前期存入不算多的货品，售完查看欢迎度，会大量购进类似商品，进而存量变多。

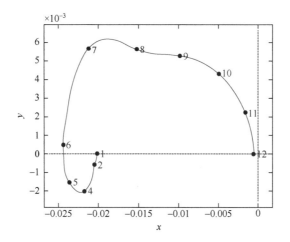

图 3-36　钟表眼镜类景气指数相平面图

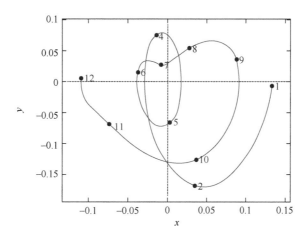

图 3-37　服装服饰类景气指数相平面图

从不同类别的相平面图可知，总景气指数的发展是需要结合不同类别的数据整合并观察的，总景气指数的变化呈季节变动，不代表其中的商品有季节变动的特点，并且不同商品的发展有各自的特点。

本书关于基于区间函数型数据的综合评价过程的展示如图 3-38 所示。

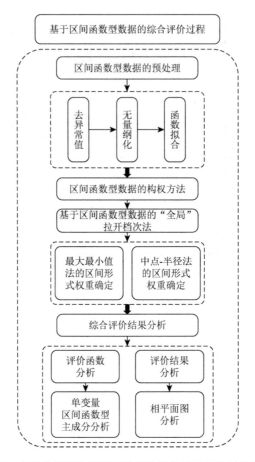

图 3-38　本书关于基于区间函数型数据的综合评价过程的展示

　　以上关于对评价函数的进一步分析，是指运用基于区间函数型数据的"全局"拉开档次法对多指标区间函数型数据进行降维，得到的一维评价函数，仍然是区间函数型数据，故可在此基础上对其使用基于时变距离函数的区间函数型主成分分析方法，对评价函数进一步挖掘信息。对评价结果的进一步分析是指不论什么方法得到的评价函数，仍然是区间函数型数据，那么可以对其中点函数或半径函数进行函数型数据分析，如绘制相平面图等研究。

# 第四章　区间函数型主成分评价方法

## 第一节　区间主成分分析

区间主成分分析是以区间数为研究对象的主成分分析方法，其与经典主成分分析的思路一致，主要通过协方差矩阵（或相关系数矩阵）的计算来获得相应的特征值和特征向量，从而达到降维的目的。区间主成分分析与经典主成分分析的差异主要在于区间数据协方差矩阵和区间主成分得分的计算。本章主要介绍现有区间时序立体数据表主成分分析和区间函数型主成分分析使用的区间主成分分析方法，即顶点主成分分析法、中点主成分分析法、基于中点-半径的区间主成分分析法和基于全信息的区间数据主成分分析法，并基于 Ichino 数据集进行多方面的比较（孙利荣等，2021）。

### 一、区间数据矩阵

现有区间主成分分析的区间数据矩阵主要有两种形式：一种是用下限观测值和上限观测值来描述一个区间，另一种是用中点值和半径值进行展现。若假定每个区间数服从均匀分布，则两种形式的区间数据矩阵所包含的信息一致。

现假定有 $m$ 个指标，$n$ 个观测样本，若以 $x_{ij}^{\mathrm{L}}$、$x_{ij}^{\mathrm{U}}$ 分别表示样本 $i$ 在指标 $j$ 上的下限观测值和上限观测值，则区间数据矩阵如下所示：

$$
[X]_{n\times m} = \left([X_1],[X_2],\cdots,[X_m]\right) = \begin{pmatrix} [O_1] \\ [O_2] \\ \vdots \\ [O_n] \end{pmatrix}
$$

$$
= \begin{pmatrix} \left[x_{11}^{\mathrm{L}},x_{11}^{\mathrm{U}}\right] & \left[x_{12}^{\mathrm{L}},x_{12}^{\mathrm{U}}\right] & \cdots & \left[x_{1m}^{\mathrm{L}},x_{1m}^{\mathrm{U}}\right] \\ \left[x_{21}^{\mathrm{L}},x_{21}^{\mathrm{U}}\right] & \left[x_{22}^{\mathrm{L}},x_{22}^{\mathrm{U}}\right] & \cdots & \left[x_{2m}^{\mathrm{L}},x_{2m}^{\mathrm{U}}\right] \\ \vdots & \vdots & \ddots & \vdots \\ \left[x_{n1}^{\mathrm{L}},x_{n1}^{\mathrm{U}}\right] & \left[x_{n2}^{\mathrm{L}},x_{n2}^{\mathrm{U}}\right] & \cdots & \left[x_{nm}^{\mathrm{L}},x_{nm}^{\mathrm{U}}\right] \end{pmatrix} \tag{4-1}
$$

其中，$\left[X_j\right] = \left(\left[x_{1j}^{\mathrm{L}},x_{1j}^{\mathrm{U}}\right],\left[x_{2j}^{\mathrm{L}},x_{2j}^{\mathrm{U}}\right],\cdots,\left[x_{nj}^{\mathrm{L}},x_{nj}^{\mathrm{U}}\right]\right)^{\mathrm{T}}$ 为指标 $j$ 下的区间观测值向量，$[O_i] =$

$\left(\left[x_{i1}^{L},x_{i1}^{U}\right],\left[x_{i2}^{L},x_{i2}^{U}\right],\cdots,\left[x_{im}^{L},x_{im}^{U}\right]\right)$ 为样本 $i$ 的区间观测值向量, $i=1,2,\cdots,n; j=1,2,\cdots,m$。

若以 $x_{ij}^{c}$、$x_{ij}^{r}$ 分别表示样本 $i$ 在指标 $j$ 上的中点值和半径值,则区间数据矩阵如下所示:

$$[X]_{n\times m}=\left[X^{c},X^{r}\right]=\left[\begin{pmatrix} x_{11}^{c} & x_{12}^{c} & \cdots & x_{1m}^{c} \\ x_{21}^{c} & x_{22}^{c} & \cdots & x_{2m}^{c} \\ \vdots & \vdots & \ddots & \vdots \\ x_{n1}^{c} & x_{n2}^{c} & \cdots & x_{nm}^{c} \end{pmatrix},\begin{pmatrix} x_{11}^{r} & x_{12}^{r} & \cdots & x_{1m}^{r} \\ x_{21}^{r} & x_{22}^{r} & \cdots & x_{2m}^{r} \\ \vdots & \vdots & \ddots & \vdots \\ x_{n1}^{r} & x_{n2}^{r} & \cdots & x_{nm}^{r} \end{pmatrix}\right] \quad (4\text{-}2)$$

其中, $x_{ij}^{c}=\dfrac{x_{ij}^{L}+x_{ij}^{U}}{2}$, $x_{ij}^{r}=\dfrac{x_{ij}^{U}-x_{ij}^{L}}{2}$, $X^{c}$、$X^{r}$ 分别为中点矩阵和半径矩阵。

## 二、顶点主成分分析法

顶点主成分分析法(vertices principal component analysis,VPCA)是由 Cazes 等于 1997 年提出的,其基本思想是将每一个样本的区间观测值向量 $[O_i]$ 构造成一个超矩形,并以超矩形的顶点作为样本代表点(Cazes et al.,1997)。基于此,一个 $m$ 维的区间观测值向量 $[O_i]$ 可以转化为一个 $2^m\times m$ 的实数矩阵 $M_i$。若对每个样本的区间观测值向量进行构造,则可以形成一个 $(n\times 2^m)\times m$ 阶的实数矩阵 $M$,如下所示:

$$M_i=\begin{pmatrix} x_{i1}^{L} & \cdots & x_{im}^{L} \\ \vdots & \ddots & \vdots \\ x_{i1}^{U} & \cdots & x_{im}^{U} \end{pmatrix}_{2^m\times m},M=\begin{pmatrix} M_1 \\ M_2 \\ \vdots \\ M_i \\ \vdots \\ M_n \end{pmatrix}_{(n\times 2^m)\times m} \quad (4\text{-}3)$$

区间数据矩阵展开为实数矩阵 $M$ 后,其主成分分析的步骤与经典主成分分析一致,即计算实数矩阵 $M$ 的协方差矩阵(或相关系数矩阵),并通过特征分解求得相应的特征值和特征向量。若令 $\rho_1\geqslant\rho_2\geqslant\cdots\geqslant\rho_p\geqslant 0(p\leqslant m)$ 为求得的特征值, $q_1,q_2,\cdots,q_p$ 为对应的特征向量,则样本 $i$ 在第 $g$ 个主成分上的区间取值 $\left[\underline{\text{score}_{ig}},\overline{\text{score}_{ig}}\right]$ 的计算步骤如下。

步骤 1:计算 $M_i$ 每一行数据的主成分得分,如下所示:

$$\text{score}_{ieg}=m_{ie}\times a_g,\ g=1,2,\cdots,p \quad (4\text{-}4)$$

其中, $m_{ie}$ 为 $M_i$ 的第 $e$ 行数据 $(e=1,2,\cdots,2^m)$, $\text{score}_{ieg}$ 为 $m_{ie}$ 在第 $g$ 个主成分上的得分。

步骤 2：计算 $M_i$ 的区间主成分得分，如下所示：

$$\underline{score_{ig}} = \min\left\{score_{ieg}\right\}, \ e = 1,2,\cdots,2^m \tag{4-5}$$

$$\overline{score_{ig}} = \max\left\{score_{ieg}\right\}, \ e = 1,2,\cdots,2^m \tag{4-6}$$

其中，$\underline{score_{ig}}$、$\overline{score_{ig}}$ 分别为样本 $i$ 在第 $g$ 个主成分上的下限得分和上限得分。

## 三、中点主成分分析法

顶点主成分分析法的计算量受指标个数 $m$ 影响，随着 $p$ 增大，计算量会呈指数级增长。为解决顶点主成分分析法计算量大的问题，Cazes 等（2000）提出了中点主成分分析法（center principal component analysis，CPCA）。该方法与顶点主成分分析法的思路一致，先将区间数据矩阵转化为实数矩阵，然后对实数矩阵实施经典主成分分析。中点主成分分析法与顶点主成分分析法的本质区别在于前者使用了 $[O_i]$ 所形成的高维超矩形的重心来替代区间观测值，而后者使用了超矩形的顶点。

基于中点主成分分析法的思路，先将区间数据矩阵转换成了中点矩阵 $X^c$，然后对中点矩阵 $X^c$ 实施经典主成分分析求得相应的特征值和特征向量。假定 $\rho_1 \geqslant \rho_2 \geqslant \cdots \geqslant \rho_p \geqslant 0 (p \leqslant m)$ 为求得的特征值，$q_1, q_2, \cdots, q_p$ 为对应的特征向量，则样本 $i$ 在第 $g$ 个特征向量上的中点主成分得分 $score_{ig}^c$ 如下所示：

$$score_{ig}^c = x_i^c \times q_g, \ g = 1,2,\cdots,p \tag{4-7}$$

其中，$x_i^c = \left(x_{i1}^c, x_{i2}^c, \cdots, x_{im}^c\right)$。

若要求样本 $i$ 在第 $g$ 个特征向量上的区间主成分得分 $\left[\underline{score_{ig}}, \overline{score_{ig}}\right]$，则需要借助区间数的下限观测值和上限观测值。当每个特征分量与对应的区间数相乘时，都要找到区间内的一个数使其达到最小或最大，从而使整体达到最小或最大，具体如下所示：

$$\underline{score_{ig}} = \sum_{j=1}^m \min\left\{x_{ij} \times q_{gj}\right\}, \ x_{ij}^L \leqslant x_{ij} \leqslant x_{ij}^U \tag{4-8}$$

$$\overline{score_{ig}} = \sum_{j=1}^m \max\left\{x_{ij} \times q_{gj}\right\}, \ x_{ij}^L \leqslant x_{ij} \leqslant x_{ij}^U \tag{4-9}$$

其中，$x_{ij}$ 为区间 $\left[x_{ij}^L, x_{ij}^U\right]$ 中的一个实数，$q_{gj}$ 为第 $g$ 个特征向量 $q_g$ 的第 $j$ 个分量。

## 四、基于中点-半径的区间主成分分析法

基于 Neumaier（1991）的研究成果，Palumbo 和 Lauro（2003）提出了一种

基于中点-半径的区间主成分分析法（a PCA for interval-valued data based on midpoints and radii，MRPCA）。该方法以中点代表区间位置，以半径代表区间变动，从而较中点主成分分析法包含了更完整的区间信息。基于中点-半径的区间主成分分析法的核心是距离与偏差的概念十分相近，因而可以采用距离来计算指标的方差和协方差。基于此，该方法使用了 Hausdorff 距离来计算区间偏差，并使用计算得到的方差对中点数据矩阵和半径数据矩阵进行了标准化，然后分别求出进行中点数据矩阵和半径数据矩阵的特征向量与主成分分析，最后通过旋转半径主成分得分获得区间主成分得分，具体步骤如下所示。

步骤 1：计算指标方差。区间 Hausdorff 距离的公式是 $d\left(\left[x_i\right],\left[x_j\right]\right)=\left|x_i^c-x_j^c\right|+\left|x_i^r-x_j^r\right|$，以距离来代替区间数值与对应指标均值的偏差，即可推导出指标方差公式如下所示：

$$\sigma\left(\left[X_j\right]\right)=\frac{1}{n}\sum_{i=1}^{n}d^2\left(\left[x_{ij}\right],\left[\overline{X_j}\right]\right)=\frac{1}{n}\sum_{i=1}^{n}\left(\left|x_{ij}^c-\overline{X_j^c}\right|+\left|x_{ij}^r-\overline{X_j^r}\right|\right)^2$$
$$=\frac{1}{n}\left[\sum_{i=1}^{n}\left(x_{ij}^c-\overline{X_j^c}\right)^2+\sum_{i=1}^{n}\left(x_{ij}^r-\overline{X_j^r}\right)^2+2\sum_{i=1}^{n}\left|x_{ij}^c-\overline{X_j^c}\right|\left|x_{ij}^r-\overline{X_j^r}\right|\right]$$ 　（4-10）

其中，$\left[x_{ij}\right]=\left[x_{ij}^c,x_{ij}^r\right]$ 为第 $i$ 个样本第 $j$ 个指标下的区间数，$\left[\overline{X_j}\right]=\left[\overline{X_j^c},\overline{X_j^r}\right]=\left[\frac{1}{n}\sum_{i=1}^{n}x_{ij}^c,\frac{1}{n}\sum_{i=1}^{n}x_{ij}^r\right]$。

步骤 2：计算总体方差-协方差矩阵。经典主成分分析的协方差矩阵公式为 $E\left[(X-EX)^T(X-EX)\right]$，将上述 Hausdorff 距离应用于矩阵偏差计算，则推导出总体方差-协方差矩阵如下所示：

$$V=\left\{\frac{1}{n}\left[(X^c)^TX^c\right]+\frac{1}{n}\left[(X^r)^TX^r\right]+\frac{1}{n}\left[\left|(X^c)^TX^r\right|+\left|(X^r)^TX^c\right|\right]\right\}$$ 　（4-11）

其中，$X^c$、$X^r$ 已进行中心化处理。

步骤 3：定义区间标准差矩阵。

$$\Sigma=\begin{pmatrix}\sigma_1 & \cdots & 0\\ \vdots & \ddots & \vdots\\ 0 & \cdots & \sigma_m\end{pmatrix}_{m\times m}$$ 　（4-12）

其中，$\Sigma$ 为区间标准差对角矩阵，$\sigma_j=\sqrt{\sigma_j^2}$ 为区间标准差，$\sigma_j^2$ 为总体方差-协方差矩阵 $V$ 中的第 $j$ 个对角元素值。

步骤 4：进行中点主成分分析和半径主成分分析。

$$X^c\Sigma^{-1}q_g^c=\rho_g^cq_g^c$$ 　（4-13）
$$X^r\Sigma^{-1}q_g^r=\rho_g^rq_g^r$$ 　（4-14）

其中，$q_g^c$、$q_g^r$ 分别为中点数据矩阵和半径数据矩阵的特征向量，$\rho_g^c$、$\rho_g^r$ 为其对应的特征值。

步骤 5：计算旋转矩阵。为最大化中点数据矩阵和半径数据之间的连接，可以通过 Procrustes 旋转公式推导出旋转矩阵 $A$ 为

$$\begin{aligned} R'^2 &= \min_A \left\{ \mathrm{tr}\left( (X^c - X^r A)(X^c - X^r A)^T \right) \right\} \\ &= \mathrm{tr}(X^c (X^c)^T) + \mathrm{tr}(X^r (X^r)^T) - 2\max_A \left( \mathrm{tr}(X^c)^T X^r A) \right) \end{aligned} \tag{4-15}$$

$$A = QP^T \tag{4-16}$$

其中，$Q$、$P$ 来自 $(X^c)^T X^r$ 的奇异值分解 $(X^c)^T X^r = P^{cr} Q^T$。

步骤 6：计算主成分得分。根据经典主成分分析的主成分得分计算方法，可以得到样本 $i$ 在第 $g$ 个特征向量上的中点主成分得分 $\mathrm{score}_{ig}^c$ 和半径主成分得分 $\mathrm{score}_{ig}^r$ 为

$$\mathrm{score}_{ig}^c = x_i^c \times q_g^c, \quad g = 1, 2, \cdots, p \tag{4-17}$$

$$\mathrm{score}_{ig}^r = x_i^r \times q_g^r \times aa_i, \quad g = 1, 2, \cdots, p \tag{4-18}$$

其中，$aa_i$ 为旋转矩阵 $A$ 的一个向量。

根据中点主成分得分 $\mathrm{score}_{ig}^c$ 和半径主成分 $\mathrm{score}_{ig}^r$ 得分，可以得到样本 $i$ 在第 $g$ 个特征向量上的区间主成分得分如下所示：

$$\left[ \underline{\mathrm{score}_{ig}}, \overline{\mathrm{score}_{ig}} \right] = \left[ \mathrm{score}_{ig}^c - \mathrm{score}_{ig}^r, \mathrm{score}_{ig}^c + \mathrm{score}_{ig}^r \right] \tag{4-19}$$

## 五、基于全信息的区间数据主成分分析法

由于顶点主成分分析法会增加额外的信息、中点主成分分析法在转换过程会导致区间数据信息的丢失，从而影响其分析结果的严谨性（邓登，2010），所以 Wang 等（2012）提出了基于全信息的区间数据主成分分析法（CIPCA）。该方法的核心思想是假定 $x_{ij}$ 是一个随机变量，并在区间 $\left[ x_{ij}^L, x_{ij}^U \right]$ 上服从均匀分布。基于此，可以推导出每个随机变量 $x_{ij}$ 的均值和方差，如下所示：

$$E(x_{ij}) = \int_{x_{ij}^L}^{x_{ij}^U} s \times \frac{1}{x_{ij}^U - x_{ij}^L} \, \mathrm{d}s = \frac{1}{2}\left( x_{ij}^L + x_{ij}^U \right) \tag{4-20}$$

$$\left\| x_{ij} \right\|^2 = \int_{x_{ij}^L}^{x_{ij}^U} s^2 \times \frac{1}{x_{ij}^U - x_{ij}^L} \, \mathrm{d}s = \frac{1}{3}\left( \left( x_{ij}^L \right)^2 + x_{ij}^L \times x_{ij}^U + \left( x_{ij}^U \right)^2 \right) \tag{4-21}$$

若假定同一个样本不同指标下的随机变量 $x_{ij}$、$x_{ij*}$ 相互独立，则 $x_{ij}$ 和 $x_{ij*}$ 服从二维均匀分布，其协方差计算公式如下所示：

$$\left\langle x_{ij}, x_{ij*} \right\rangle = \int_{x_{ij*}^{L}}^{x_{ij*}^{U}} \int_{x_{ij}^{L}}^{x_{ij}^{U}} s \times t \times \frac{1}{\left(x_{ij}^{U} - x_{ij}^{L}\right) \times \left(x_{ij*}^{U} - x_{ij*}^{L}\right)} \mathrm{d}s\mathrm{d}t$$

$$= \frac{1}{4}\left(x_{ij}^{U} + x_{ij}^{L}\right) \times \left(x_{ij*}^{U} + x_{ij*}^{L}\right) \tag{4-22}$$

若假定样本之间相互独立，则每个变量的总体均值、总体方差、总体协方差公式如下所示：

$$E(X_j) = \frac{1}{n}\sum_{i=1}^{n} E(x_{ij}) = \frac{1}{2n}\sum_{i=1}^{n}\left(x_{ij}^{L} + x_{ij}^{U}\right) \tag{4-23}$$

$$\|X_i\|^2 = \sum_{i=1}^{n}\|x_{ij}\|^2 = \frac{1}{3n}\sum_{i=1}^{n}\left(\left(x_{ij}^{L}\right)^2 + x_{ij}^{L} \times x_{ij}^{U} + \left(x_{ij}^{U}\right)^2\right) \tag{4-24}$$

$$\left\langle X_j, X_{j*} \right\rangle = \sum_{i=1}^{n}\left\langle x_{ij}, x_{ij*} \right\rangle = \frac{1}{4n}\sum_{i=1}^{n}\left(x_{ij}^{U} + x_{ij}^{L}\right) \times \left(x_{ij*}^{U} + x_{ij*}^{L}\right) \tag{4-25}$$

在获得每个变量的方差和协方差后，则可以得到协方差矩阵，如下所示：

$$\Sigma = \begin{pmatrix} \dfrac{1}{n}\|X_1\|^2 & \cdots & \dfrac{1}{n}\langle X_1, X_m \rangle \\ \vdots & \ddots & \vdots \\ \dfrac{1}{n}\langle X_m, X_1 \rangle & \cdots & \dfrac{1}{n}\|X_m\|^2 \end{pmatrix} \tag{4-26}$$

按照经典主成分分析步骤，根据协方差矩阵求得相应的特征值和特征向量。假定 $\rho_1 \geq \rho_2 \geq \cdots \geq \rho_p \geq 0 (p \leq m)$ 为求得的特征值，$q_1, q_2, \cdots, q_p$ 为对应的特征向量，则样本 $i$ 在第 $g$ 个特征向量上的区间主成分得分公式为

$$\underline{score_{ig}} = \sum_{j=1}^{m} q_{gj}\left(\tau x_{ij}^{L} + (1-\tau)x_{ij}^{U}\right) \tag{4-27}$$

$$\overline{score_{ig}} = \sum_{j=1}^{m} q_{gj}\left((1-\tau)x_{ij}^{L} + \tau x_{ij}^{U}\right) \tag{4-28}$$

其中，$\tau = \begin{cases} 0, & q_{gj} \leq 0 \\ 1, & q_{gj} > 0 \end{cases}$。

## 六、对比分析

现有文献中，区间主成分分析模型优劣对比较为常用的方法是效度对比和时空复杂度对比（赵青等，2021；刘清贤，2019）。其中，效度对比是基于模型保留原始数据信息量大小的思想，通过构建效度指标来对模型进行评价；时空复杂度对比是从计算时间和占用存储空间角度对模型优劣进行评价。为选择更好、更适

合的区间主成分分析方法应用于函数型主成分分析，本书使用 Ichino 数据集对多种区间主成分分析方法进行比较分析。其中 Ichino 数据集是一个关于各类油脂情况的经典区间数据集，包含密度、凝固点、碘值、皂化值四个变量，广泛应用于区间主成分分析实证分析和对比研究。

　　基于上述数据集，本章首先采用郭均鹏和李汶华（2008）提出了一种基于 Hausdorff 距离的效度指标对本章介绍的区间主成分分析模型进行效度对比。该效度指标取值在 0~1，效度越大，说明原始数据与主成分拟合值之间的距离越小，区间主成分分析模型越好。由表 4-1 可知，在 Ichino 数据集上，四种区间主成分分析的效度相差不大，其中基于中点-半径的区间主成分分析的模型有效性略优于其他三种方法。

$$r = 1 - \frac{d_H(X, X^*)}{d_H(X, 0) + d_H(X^*, 0)} \tag{4-29}$$

其中，$X_{n \times m}$ 为样本区间数据，$U_{m \times p}$ 为前 $p$ 个特征向量矩阵，$Y_{n \times p} = X_{n \times m} U_{m \times p}$ 为样本主成分得分矩阵，$X^* = YU^{\mathrm{T}}$ 为拟合区间数据。

　　本书基于上述数据集计算其时间复杂度和空间复杂度，发现顶点主成分分析空间复杂度（占用的存储空间）呈指数型增长，显著高于其他三种方法。受其矩阵维度的影响，其计算协方差和区间主成分得分的时间复杂度也呈指数型增长。因此，在时间和空间复杂度指标上，其他三种方法显著优于顶点主成分分析。除上述指标外，本节新增信息量指标（每个样本所含信息量），顶点主成分分析法较原始数据增加了新的信息，可能会对主成分分析结果造成干扰。中点主成分分析法则损失了一半的数据，数据缺失可能会造成主成分分析结果不精确。基于中点-半径的区间主成分分析法和基于全信息的区间数据主成分分析法保留了原有数据量。综合多个对比指标结果发现，基于中点-半径的区间主成分分析模型相对较优于其他模型。

**表 4-1　区间主成分分析对比**

| 评价指标 | 模型 VPCA | 模型 CPCA | 模型 MRPCA | 模型 CIPCA |
|---|---|---|---|---|
| 效度 | 0.6947 | 0.6946 | 0.7231 | 0.6947 |
| 空间复杂度 | $n \times 2^m \times m$ | $n \times m$ | $2 \times n \times m$ | $2 \times n \times m$ |
| 计算协方差 | $C_m^2 \times 2^m \times m$ 次乘法 | $C_m^2 \times n$ 次乘法 | $C_m^2 \times n \times 2$ 次乘法 | $C_m^2 \times n$ 次乘法 |
| 计算每个样本的第 $p$ 个主成分得分 | $2^m \times m$ 次乘法 | $2 \times m$ 次乘法 | $2 \times m$ 次乘法 | $2 \times m$ 次乘法 |
| 每个样本所含信息量 | $2^m \times m$ | $m$ | $2m$ | $2m$ |

注：$n = 8$，$m = 4$。

## 第二节　函数型主成分分析方法

函数型主成分分析是一种针对高频数据而提出的主成分分析方法，该方法的关键在于将离散数据转换成函数形式，并通过不同的基函数使函数适用于多种不同的应用场景，如通过 B 样条基函数使其适用于非周期数据，通过傅里叶基函数使其适用于周期数据。函数型主成分分析的数据形态与经典主成分分析和时序立体数据表主成分分析所使用的数据有一定相似性。其中单变量函数型主成分分析的原始数据形式与经典主成分分析一致，其多变量的原始数据形式则与时序立体数据表主成分分析一致，所以经典主成分分析和时序立体数据表主成分分析是函数型主成分分析的特殊化情形。同理，在三者基础上生成的区间主成分分析方法也具有一定的通用性。本节主要介绍函数型主成分分析方法和已有的区间函数型主成分分析方法的原理与推导过程。

### 一、离散数据函数化

离散数据函数化的方法主要有插值法和平滑法两种。由于现实中的数据基本上都存在误差，所以通常使用平滑法将离散数据转化为函数。本书选择基函数平滑法将离散数据函数化。由于基函数平滑法会导致不连续点的存在，所以本书增加粗糙惩罚项以解决该问题，并进一步减少拟合误差。

对于单指标数据的基函数平滑法，有三种构建原则，分别是每个样本使用不同的基函数和不同的惩罚参数，每个样本使用相同的基函数和不同的惩罚参数，每个样本使用相同的基函数和惩罚参数。对于多指标数据的基函数平滑法，构建原则更为复杂。王桂明（2010）曾对多指标数据的基函数平滑法进行分析，他认为所有指标使用相同的基函数和相同的惩罚参数虽然会使函数型数据的构建精度不足，但是可以降低计算和编程的复杂性，简化函数型分析。因此本书采用所有指标使用相同的基函数和相同的惩罚参数原则构建函数型数据，然后通过最小化具有惩罚项的误差平方和获得变量系数，具体过程如下所示。

### 二、基函数平滑及系数求解

基函数平滑法常用的基函数有傅里叶基函数和 B 样条基函数，傅里叶基函数适用于周期数据，B 样条基函数适用于非周期数据。现均用 $t - t_1$ 来表示第 $k$ 个基函数，则样本 $i$ 变量 $j$ 下数据的拟合函数 $\widetilde{x}_{ij}(t)$ 如式（4-30）所示。

$$\tilde{x}_{ij}(t) = \sum_{k=1}^{K} c_{ijk}\phi_k(t) = c_{ij}^{\mathrm{T}}\Phi(t) = \Phi^{\mathrm{T}}(t)c_{ij} \tag{4-30}$$

其中，$\phi_k$ 为样本 $i$ 变量 $j$ 的拟合函数的第 $k$ 个基函数，$K$ 为基函数个数，$\Phi(t) = \left(\phi_1(t), \phi_2(t), \cdots, \phi_K(t)\right)^{\mathrm{T}}$ 为基函数向量，$c_{ij} = \left(c_{ij1}, c_{ij2}, \cdots, c_{ijK}\right)^{\mathrm{T}}$ 为基函数系数向量。

获得拟合函数后，通过最小化具有惩罚项的误差平方和获得变量系数，具体如下所示：

$$\mathrm{PENSSE}_\lambda\left(\tilde{x}_{ij}(t)\middle|\ x_{ij}\right) = \sum_{l=1}^{T}\left(x_{ij}(t_l) - \tilde{x}_{ij}(t_l)\right)^2 + \lambda \times \int_{t_1}^{t_T}\left(D^2\tilde{x}_{ij}(t)\right)^2 \mathrm{d}t$$

$$= \sum_{l=1}^{T}\left(x_{ij}(t_l) - \sum_{k=1}^{K} c_{ijk}\phi_k(t_l)\right)^2 + \lambda \times c_{ij}^{\mathrm{T}}\int_{t_1}^{t_T} D^2\Phi(t)D^2\Phi^{\mathrm{T}}(t)\mathrm{d}t\ c_{ij}$$

$$= \left(\begin{pmatrix} x_{ij}(t_1) \\ \vdots \\ x_{ij}(t_T) \end{pmatrix} - \begin{pmatrix} \phi_1(t_1) & \cdots & \phi_K(t_1) \\ \vdots & \ddots & \vdots \\ \phi_1(t_T) & \cdots & \phi_K(t_T) \end{pmatrix}\begin{pmatrix} c_{ij1} \\ \vdots \\ c_{ijK} \end{pmatrix}\right)^{\mathrm{T}}$$

$$\left(\begin{pmatrix} x_{ij}(t_1) \\ \vdots \\ x_{ij}(t_T) \end{pmatrix} - \begin{pmatrix} \phi_1(t_1) & \cdots & \phi_K(t_1) \\ \vdots & \ddots & \vdots \\ \phi_1(t_T) & \cdots & \phi_K(t_T) \end{pmatrix} \times \begin{pmatrix} c_{ij1} \\ \vdots \\ c_{ijK} \end{pmatrix}\right)$$

$$+ \lambda \times \begin{pmatrix} c_{ij1} \\ \vdots \\ c_{ijK} \end{pmatrix}^{\mathrm{T}} \begin{pmatrix} \int_{t_1}^{t_T} D^2\phi_1(t)D^2\phi_1^{\mathrm{T}}(t)\mathrm{d}t & \cdots & \int_{t_1}^{t_T} D^2\phi_1(t)D^2\phi_K^{\mathrm{T}}(t)\mathrm{d}t \\ \vdots & \ddots & \vdots \\ \int_{t_1}^{t_T} D^2\phi_K(t)D^2\phi_1^{\mathrm{T}}(t)\mathrm{d}t & \cdots & \int_{t_1}^{t_T} D^2\phi_K(t)D^2\phi_K^{\mathrm{T}}(t)\mathrm{d}t \end{pmatrix} \begin{pmatrix} c_{ij1} \\ \vdots \\ c_{ijK} \end{pmatrix}$$

$$= \left(x_{ij} - \Phi c_{ij}\right)^{\mathrm{T}}\left(x_{ij} - \Phi c_{ij}\right) + \lambda \times c_{ij}^{\mathrm{T}}Rc_{ij} \tag{4-31}$$

其中，PENSSE（penalized sum of squared error）为具有惩罚项的误差平方和，又名惩罚误差平方和（sum of squared error，SSE）；$x_{ij}(t_1)$ 为样本 $i$ 变量 $j$ 在 $t_1$ 时刻的离散观测值，$\tilde{x}_{ij}(t_1)$ 为样本 $i$ 变量 $j$ 的拟合函数在 $t_1$ 时刻的值，$\lambda$ 为函数型数据的惩罚参数，$D^2\tilde{x}_{ij}(t)$ 为样本 $i$ 变量 $j$ 的拟合函数的二阶导数，$\phi_k(t_1)$ 为第 $k$ 个基函数在 $t_1$ 时刻的值，$x_{ij}^{\mathrm{T}} = \left(x_{ij}(t_1), x_{ij}(t_2), \cdots, x_{ij}(t_T)\right)$，$\Phi$ 为基函数矩阵，$R$ 为基函数二阶导数协方差矩阵，$i = 1, 2, \cdots, n, j = 1, 2, \cdots, m, l = 1, 2, \cdots, T$。

求 $\mathrm{PENSSE}_\lambda\left(\tilde{x}_{ij}(t)\middle|\ x_{ij}\right)$ 关于 $c_{ij}$ 的导数，并使其等于 0，则得到拟合函数的系数 $\hat{c}_{ij}$，如下所示：

$$\hat{c}_{ij} = (\Phi^{\mathrm{T}}\Phi + \lambda \times R)^{-1}\Phi^{\mathrm{T}}x_{ij} \tag{4-32}$$

由于采用所有指标使用相同的基函数和相同的惩罚参数的构建原则，所以变量 $j$ 下所有样本的系数为 $\hat{c}_j$，如下所示：

$$\hat{c}_j = (\boldsymbol{\Phi}^{\mathrm{T}}\boldsymbol{\Phi} + \lambda \times R)^{-1}\boldsymbol{\Phi}^{\mathrm{T}}X_j \qquad (4\text{-}33)$$

其中，$\hat{c}_j = \left(\hat{c}_{1j}, \hat{c}_{2j}, \cdots, \hat{c}_{nj}\right)$，$X_j = (x_{1j}, x_{2j}, \cdots, x_{nj})$。

## 三、函数型主成分分析

根据前面求得的拟合函数矩阵 $X(t)$，可以求得各个变量的均值和方差。由于本书假定所有变量均使用相同的基函数，所以均值和方差均可以用基函数形式表示，具体如下所示：

$$\overline{X}_j(t) = \frac{1}{n}\sum_{i=1}^{n}\tilde{x}_{ij}(t) = \left(\frac{1}{n}\sum_{i=1}^{n}c_{ij}\right)\boldsymbol{\Phi}(t) = \overline{c}_j\boldsymbol{\Phi}(t) \qquad (4\text{-}34)$$

$$\begin{aligned}
\mathrm{Var}_{X_j}(t) &= \frac{1}{n-1}\sum_{i=1}^{n}\left(\tilde{x}_{ij}(t) - \overline{X}_j(t)\right)^2 \\
&= \boldsymbol{\Phi}^{\mathrm{T}}(t)\left(\frac{1}{n-1}\sum_{i=1}^{n}\left(c_{ij} - \overline{c}_j\right)\left(c_{ij} - \overline{c}_j\right)^{\mathrm{T}}\right)\boldsymbol{\Phi}(t) \\
&= \boldsymbol{\Phi}^{\mathrm{T}}(t)\mathrm{Cov}_{X_j}(c)\boldsymbol{\Phi}(t) \qquad (4\text{-}35)
\end{aligned}$$

### （一）基函数个数选择和惩罚参数确定

由于一开始选择的基函数个数和惩罚参数是根据经验确定的，不一定会得到最优的基函数系数。所以本书根据误差平方和与广义交叉验证值来进一步确定基函数个数和惩罚参数，每一个拟合函数的误差平方和与广义交叉验证值的计算公式分别为

$$\mathrm{SSE}_{ij} = \sum_{l=1}^{T}\left(x_{ij}(t_l) - \tilde{x}_{ij}(t_l)\right)^2 \qquad (4\text{-}36)$$

$$\mathrm{GCV}(\lambda)_{ij} = \frac{\dfrac{\mathrm{SSE}_{ij}}{n}}{\left(\dfrac{n-\mathrm{df}}{n}\right)^2} = \left(\frac{n}{n-\mathrm{df}}\right) \times \left(\frac{\mathrm{SSE}_{ij}}{n-\mathrm{df}}\right) \qquad (4\text{-}37)$$

其中，$\mathrm{df} = \mathrm{tr}(S_{\boldsymbol{\Phi},\lambda}) = \mathrm{tr}\left(\boldsymbol{\Phi}(\boldsymbol{\Phi}^{\mathrm{T}}(\boldsymbol{\Phi} + \lambda R)^{-1}\boldsymbol{\Phi}^{\mathrm{T}}\right)$。

由于本书对所有指标使用相同的基函数和相同的惩罚参数原则构建函数型数据，所以进一步使用平均误差平方和与平均广义交叉验证值来确定基函数个数和惩罚参数，具体公式如下所示：

$$\text{MSSE} = \frac{1}{m \times n \times T} \sum_{j=1}^{m} \sum_{i=1}^{n} \sum_{l=1}^{T} \left( x_{ij}(t_l) - \tilde{x}_{ij}(t_l) \right)^2 \tag{4-38}$$

$$\text{MGCV} = \frac{1}{m \times n} \sum_{j=1}^{m} \sum_{i=1}^{n} \text{GCV}(\lambda)_{ij} \tag{4-39}$$

经过多次选择后，就能确认所需的基函数个数和惩罚参数，从而唯一确定拟合的形式，最后的拟合结果如下所示：

$$X(t) = \begin{pmatrix} \tilde{x}_{11}(t) & \cdots & \tilde{x}_{1m}(t) \\ \vdots & \ddots & \vdots \\ \tilde{x}_{n1}(t) & \cdots & \tilde{x}_{nm}(t) \end{pmatrix} \tag{4-40}$$

## （二）单变量函数型主成分分析

单变量函数型主成分分析主要是对协方差函数进行特征分解，并求得相应的特征函数和主成分得分，具体步骤如下所示。

步骤 1：计算单变量方差函数。

$$\begin{aligned} \text{Cov}_{X_j}(s,t) &= \frac{1}{n-1} \sum_{i=1}^{n} \left( \tilde{x}_{ij}(s) - \overline{X}_j(s) \right) \left( \tilde{x}_{ij}(t) - \overline{X}_j(t) \right) \\ &= \Phi^{\mathrm{T}}(s) \left( \frac{1}{n-1} \sum_{i=1}^{n} \left( c_{ij} - \overline{c}_j \right) \left( c_{ij} - \overline{c}_j \right)^{\mathrm{T}} \right) \Phi(t) \\ &= \Phi^{\mathrm{T}}(s) \text{Cov}_{X_j}(c) \Phi(t) \end{aligned} \tag{4-41}$$

步骤 2：求解特征向量函数和特征值。

假定特征函数可以由拟合函数的基函数表示，则第 $g$ 个主成分的特征函数可以表述为 $\xi_g(t) = \Phi^{\mathrm{T}}(t) b_g = b_g \Phi(t)$。若对特征方程 $\xi_g(t)$ 进行粗糙惩罚，则求解特征函数的公式为

$$\begin{aligned} \text{PCAPSV}(\xi_g) &= \frac{\text{Var}(F_g)}{\|\xi_g\|^2 + \lambda \times \text{PEN}_2(\xi_g)} \\ &= \frac{\iint \xi_g(s) \text{Cov}_{X_j}(s,t) \xi_g(t) \mathrm{d}s \mathrm{d}t}{\|\xi_g\|^2 + \lambda \times \text{PEN}_2(\xi_g)} \\ &= \frac{b_g^{\mathrm{T}} \left( \int_{t_1}^{t_T} \Phi(s) \Phi^{\mathrm{T}}(s) \mathrm{d}s \right) \times \text{Cov}_{X_j}(c) \times \left( \int_{t_1}^{t_T} \Phi(t) \Phi^{\mathrm{T}}(t) \mathrm{d}t \right) b_g}{b_g^{\mathrm{T}} \left( \int_{t_1}^{t_T} \Phi(t) \Phi^{\mathrm{T}}(t) \mathrm{d}t \right) b_g + \lambda b_g^{\mathrm{T}} R b_g} \end{aligned} \tag{4-42}$$

令 $J = \int_{t_1}^{t_T} \Phi(t)\Phi^{\mathrm{T}}(t)\mathrm{d}t$，则 $\mathrm{PCAPSV}(\xi_g) = \dfrac{b_g^{\mathrm{T}} J \operatorname{Cov}_{X_j}(c) J^{\mathrm{T}} b_g}{b_g^{\mathrm{T}} J b_g + \lambda b_g^{\mathrm{T}} R b_g}$。通过最大化

$\mathrm{PCAPSV}(\xi_g)$，即 $J \operatorname{Cov}_{X_j}(c) J^{\mathrm{T}} b_g = \rho_g (J + \lambda R) b_g$，就可求得特征函数系数 $b_g$ 及特征值 $\rho_g$。具体操作为对 $J + \lambda R$ 进行对称矩阵三角分解 $L^{\mathrm{T}} L = J + \lambda R$，然后在此基础上将 $J \operatorname{Cov}_{X_j}(c) J^{\mathrm{T}} b_g = \rho_g (J + \lambda R) b_g$ 变换为 $\left( SJ \operatorname{Cov}_{X_j}(c) J^{\mathrm{T}} S^{\mathrm{T}} \right)(L b_g) = \rho_g L b_g$，最后以 $L b_g$ 为整体，求解得到 $SJ \operatorname{Cov}_{X_j}(c) J^{\mathrm{T}} S^{\mathrm{T}}$ 矩阵的特征向量和特征值。假定求得的特征向量为 $bb_g$，特征值为 $\rho_g$，则原始特征函数基函数系数为

$$b_g = L^{-1} bb_g \tag{4-43}$$

其中，$L$ 为 $J + \lambda R$ 的上三角矩阵，$S = (L^{-1})^{\mathrm{T}}$。

步骤 3：计算主成分得分。由步骤 2 结果则可以获得具体的特征函数 $\xi_g(t) = \Phi_d^{\mathrm{T}}(t) b_g$，进一步计算第 $i$ 个样本的第 $g$ 个主成分得分为

$$\mathrm{score}_{ig} = \tilde{x}_{ij}(t) \xi_g(t) \tag{4-44}$$

## （三）多变量函数型主成分分析

多变量函数型主成分分析主要是对整体协方差函数进行特征分解，并求得相应的特征函数和主成分得分，具体步骤如下。

步骤 1：计算交叉协方差。

$$\begin{aligned}
\operatorname{Cov}_{X_j, X_{j*}}(s,t) &= \frac{1}{n-1} \sum_{i=1}^{n} \left( \tilde{x}_{ij}(s) - \bar{X}_j(s) \right) \left( \tilde{x}_{ij*}(t) - \bar{X}_{j*}(t) \right) \\
&= \Phi^{\mathrm{T}}(s) \left( \frac{1}{n-1} \sum_{i=1}^{n} \left( c_{ij} - \bar{c}_j \right) \left( c_{ij*} - \bar{c}_{j*} \right)^{\mathrm{T}} \right) \Phi(t) \\
&= \Phi^{\mathrm{T}}(s) \operatorname{Cov}\left( c_j, c_{j*} \right) \Phi(t)
\end{aligned} \tag{4-45}$$

步骤 2：获得整体协方差。

$$\begin{aligned}
V(s,t) &= \begin{pmatrix} \operatorname{Cov}_{X_1}(s,t) & \cdots & \operatorname{Cov}_{X_1, X_m}(s,t) \\ \vdots & \ddots & \vdots \\ \operatorname{Cov}_{X_m, X_1}(s,t) & \cdots & \operatorname{Cov}_{X_m}(s,t) \end{pmatrix} \\
&= \begin{pmatrix} \Phi^{\mathrm{T}}(s) & \cdots & 0 \\ \vdots & \ddots & \vdots \\ 0 & \cdots & \Phi^{\mathrm{T}}(s) \end{pmatrix} \begin{pmatrix} \operatorname{Cov}_{X_1}(c) & \cdots & \operatorname{Cov}(c_1, c_m) \\ \vdots & \ddots & \vdots \\ \operatorname{Cov}(c_m, c_1) & \cdots & \operatorname{Cov}_{X_m}(c) \end{pmatrix} \begin{pmatrix} \Phi(t) & \cdots & 0 \\ \vdots & \ddots & \vdots \\ 0 & \cdots & \Phi(t) \end{pmatrix} \\
&= G^{\mathrm{T}}(s) V G(t)
\end{aligned} \tag{4-46}$$

步骤 3：计算特征函数和特征值。假定每一个特征函数都使用拟合函数的基函数阶数及个数，则第 $g$ 个特征函数 $\xi_g(t)$ 的每个子特征函数为 $\xi_{ih}(t), h=1,2,\cdots,m$ 的基函数展开式为 $\xi_{gh}(t)=\Phi^{\mathrm{T}}(t)b_{gh}$。此时第 $g$ 个特征函数 $\xi_g(t)$ 的基函数可以表示为

$$\xi_g(t)=G^{\mathrm{T}}(t)B_g(t)=\begin{pmatrix}\Phi^{\mathrm{T}}(t) & \cdots & 0 \\ \vdots & \ddots & \vdots \\ 0 & \cdots & \Phi^{\mathrm{T}}(t)\end{pmatrix}\times\begin{pmatrix}b_{g1} \\ \vdots \\ b_{gm}\end{pmatrix} \tag{4-47}$$

其中，$b_{gh}$ 为第 $g$ 个特征函数的第 $h$ 个子特征函数的基函数系数向量。

若对特征方程 $\xi_g(t)$ 进行粗糙惩罚，则求解特征函数的公式为

$$\begin{aligned}\mathrm{PCAPSV}(\xi_g) &=\frac{\mathrm{Var}(F_g)}{\left\|\xi_g\right\|^2+\lambda\times\mathrm{PEN}_2(\xi_g)}=\frac{\iint\xi_g(s)V(s,t)\xi_g(t)\mathrm{d}s\mathrm{d}t}{\left\|\xi_g\right\|^2+\lambda\times\mathrm{PEN}_2(\xi_g)} \\ &=\frac{B_g^{\mathrm{T}}(s)\int_{t_1}^{t_T}G(s)G^{\mathrm{T}}(s)\mathrm{d}s\times V\times\int_{t_1}^{t_T}G(t)G^{\mathrm{T}}(t)\mathrm{d}t\times B_g(t)}{B_g^{\mathrm{T}}\left(\int_{t_1}^{t_T}G(t)G^{\mathrm{T}}(t)\mathrm{d}t\right)B_g+\lambda B_g^{\mathrm{T}}RB_g}\end{aligned} \tag{4-48}$$

若令 $J=\int_{t_1}^{t_T}G(t)G^{\mathrm{T}}(t)\mathrm{d}t$，则 $\mathrm{PCAPSV}(\xi_g)=\dfrac{B_g^{\mathrm{T}}JVJ^{\mathrm{T}}B_g}{B_g^{\mathrm{T}}JB_g+\lambda B_g^{\mathrm{T}}RB_g}$。通过最大化

$\mathrm{PCAPSV}(\xi_g)$，即 $JVJ^{\mathrm{T}}B_g=\rho_g(J+\lambda R)B_g$，就可求得特征函数系数 $B_g$ 及特征值 $\rho_g$。具体操作为对 $J+\lambda R$ 进行对称矩阵三角分解 $L^{\mathrm{T}}L=J+\lambda R$，然后在此基础上将 $JVJ^{\mathrm{T}}B_g=\rho_g(J+\lambda R)B_g$ 变换为 $(SJVJ^{\mathrm{T}}S^{\mathrm{T}})(LB_g)=\rho_g LB_g$，最后以 $LB_g$ 为整体，求解得到 $SJVJ^{\mathrm{T}}S^{\mathrm{T}}$ 矩阵的特征向量和特征值。假定求得的特征向量为 $BB_g$，特征值为 $\rho_g$，则原始特征函数基函数系数为

$$B_g=L^{-1}BB_g \tag{4-49}$$

其中，$L$ 为 $J+\lambda R$ 的上三角矩阵，$S=(L^{-1})^{\mathrm{T}}$。

步骤 4：计算主成分得分。由步骤 3 结果则可以获得具体的特征函数 $\xi_g(t)=G^{\mathrm{T}}(t)B_g(t)$，进一步计算第 $i$ 个样本的第 $g$ 个主成分得分为

$$\mathrm{score}_{ig}=\tilde{x}_i(t)\xi_g(t) \tag{4-50}$$

其中，$\tilde{x}_i(t)=\left(\tilde{x}_{11}(t),\tilde{x}_{12}(t),\cdots,\tilde{x}_{1m}(t)\right)$。

# 第三节　区间函数型主成分分析

函数型主成分分析为人们处理高频数据提供了一种新的思路，即离散数据函数化。但是随着数据的积累和深度挖掘的需求，高频数据区间化已成为一种必然

的趋势。高频数据区间化可以一定程度上节约存储空间，并能从全局上挖掘出重要的知识价值。面对高频的区间数据，孙钦堂（2012）和池田智康等（2010）提出了两种分析思路。

## 一、基于中点-半径的区间函数型主成分分析

孙钦堂（2012）在已有的区间主成分分析方法的基础上，借助函数型主成分分析去除异常值和增加可视化水平。该方法虽然是一种新的区间函数型主成分分析解法，但是其本质上是一种区间主成分分析方法。由于解法中需要借助区间主成分分析，所以该方法只适用于单变量函数型数据。若已获得数据如下所示：

$$[X(t)]_{n \times T} = \begin{pmatrix} \left[ x_1^L(t_1), x_1^U(t_1) \right] & \cdots & \left[ x_1^L(t_T), x_1^U(t_T) \right] \\ \vdots & \ddots & \vdots \\ \left[ x_n^L(t_1), x_n^U(t_1) \right] & \cdots & \left[ x_n^L(t_T), x_n^U(t_T) \right] \end{pmatrix} \tag{4-51}$$

则该方法的具体分析步骤如下。

步骤 1：计算获得中点矩阵和半径矩阵。

$$M(t) = \begin{pmatrix} x_1^c(t_1) & \cdots & x_1^c(t_T) \\ \vdots & \ddots & \vdots \\ x_n^c(t_1) & \cdots & x_n^c(t_T) \end{pmatrix} \tag{4-52}$$

$$R(t) = \begin{pmatrix} x_1^r(t_1) & \cdots & x_1^r(t_T) \\ \vdots & \ddots & \vdots \\ x_n^r(t_1) & \cdots & x_n^r(t_T) \end{pmatrix} \tag{4-53}$$

其中，$x_i^c(t_1) = \dfrac{x_i^L(t_1) + x_i^U(t_1)}{2}$，$x_i^r(t_1) = \dfrac{x_i^U(t_1) - x_i^L(t_1)}{2}$。

步骤 2：获得中点函数和半径函数。

采用本章第一节的离散数据函数化方法，分别拟合中点矩阵和半径矩阵中的数据，结果如下所示：

$$M(t) = \begin{pmatrix} \tilde{x}_1^c(t) \\ \tilde{x}_2^c(t) \\ \vdots \\ \tilde{x}_n^c(t) \end{pmatrix}, \quad R(t) = \begin{pmatrix} \tilde{x}_1^r(t) \\ \tilde{x}_2^r(t) \\ \vdots \\ \tilde{x}_n^r(t) \end{pmatrix} \tag{4-54}$$

步骤 3：将拟合后的函数离散化。中点函数和半径函数均为关于时间 $t$ 的函数，将原始的时间节点 $t_1, t_2, \cdots, t_T$ 代入上述两个函数中，即可获得函数离散中点矩阵 $M^*(t)$ 和函数离散半径矩阵 $R^*(t)$。

$$M^*(t) = \begin{pmatrix} x_1^{c*}(t_1) & \cdots & x_1^{c*}(t_T) \\ \vdots & \ddots & \vdots \\ x_n^{c*}(t_1) & \cdots & x_n^{c*}(t_T) \end{pmatrix} \tag{4-55}$$

$$R^*(t) = \begin{pmatrix} x_1^{r*}(t_1) & \cdots & x_1^{r*}(t_T) \\ \vdots & \ddots & \vdots \\ x_n^{r*}(t_1) & \cdots & x_n^{r*}(t_T) \end{pmatrix} \tag{4-56}$$

步骤 4：对函数离散中点矩阵 $M^*(t)$ 和半径矩阵 $R^*(t)$ 进行区间主成分分析。对 $M^*(t)$ 和 $R^*(t)$ 应用第二章所提及的基于中点-半径的区间主成分分析，假定令 $\rho_1 \geq \rho_2 \geq \cdots \geq \rho_p \geq 0(p \leq m)$ 为求得的特征值，$q_1^c, q_2^c, \cdots, q_p^c$、$q_1^r, q_2^r, \cdots, q_p^r$ 为对应的特征向量，则对特征向量 $a_g^c$、$a_g^r$ 进行离散数据函数化，得到特征函数 $\tilde{a}_g^c$、$\tilde{a}_g^r$。

## 二、基于中点法的区间函数型主成分分析

池田智康等（2010）认为区间函数型数据中，中点函数型数据拥有较多的信息，所以在中点法的基础上提出了基于中点法的区间函数型主成分分析。由于该方法在计算特征函数时只使用了中点函数型数据，所以其本质是一种典型的函数型主成分分析方法。同时，由于需要计算区间主成分得分而与函数型主成分分析存在一定的差别，具体计算步骤如下。

步骤 1：将下限观测值和上限观测值矩阵函数化。首先将区间数据分为下限观测值和上限观测值矩阵，如式（4-57）所示。然后采用本节离散数据函数化中的方法，将下限观测值和上限观测值矩阵分别拟合为下限函数和上限函数，如式（4-58）所示。

$$L(t) = \begin{pmatrix} x_1^L(t_1) & \cdots & x_1^L(t_T) \\ \vdots & \ddots & \vdots \\ x_n^L(t_1) & \cdots & x_n^L(t_T) \end{pmatrix}, \quad U(t) = \begin{pmatrix} x_1^U(t_1) & \cdots & x_1^U(t_T) \\ \vdots & \ddots & \vdots \\ x_n^U(t_1) & \cdots & x_n^U(t_T) \end{pmatrix} \tag{4-57}$$

$$\tilde{L}(t) = \begin{pmatrix} \tilde{x}_1^L(t) \\ \tilde{x}_2^L(t) \\ \vdots \\ \tilde{x}_n^L(t) \end{pmatrix}, \quad \tilde{U}(t) = \begin{pmatrix} \tilde{x}_1^U(t) \\ \tilde{x}_2^U(t) \\ \vdots \\ \tilde{x}_n^U(t) \end{pmatrix} \tag{4-58}$$

其中，$x_i^L(t_1)$、$x_i^U(t_1)$ 为 $t_1$ 时刻第 $i$ 个样本的离散下限数据和上限数据，$L(t)$、$U(t)$ 分别为下限观测值矩阵和上限观测值矩阵，$\tilde{x}_i^L(t)$、$\tilde{x}_i^U(t)$ 分别为第 $i$ 个样本的下限函数和上限函数，$\tilde{L}(t)$、$\tilde{U}(t)$ 分别为下限函数矩阵和上限函数矩阵。

步骤 2：计算中点函数矩阵及其均值函数、标准差函数。假定下限函数和上

限函数均使用相同的基函数及其个数，则拟合函数可以直接相加，从而可以获得中点函数 $\tilde{x}_i^c(t)$ 以及对应的中点函数矩阵 $\tilde{M}(t)$，如下所示：

$$\tilde{M}(t) = \left(\tilde{x}_1^c(t), \tilde{x}_2^c(t), \cdots, \tilde{x}_n^c(t)\right)^{\mathrm{T}} \tag{4-59}$$

其中，$\tilde{x}_i^c(t) = \dfrac{\tilde{x}_i^L(t) + \tilde{x}_i^U(t)}{2}$。

在获得中点函数矩阵后，计算获得相应的均值函数和标准差函数为

$$\overline{\tilde{x}_i^c(t)} = \frac{1}{n}\sum_{i=1}^n \tilde{x}_i^c(t) \tag{4-60}$$

$$S^c(t) = \sqrt{\frac{1}{n}\sum_{i=1}^n \left(\tilde{x}_i^c(t) - \overline{\tilde{x}_i^c(t)}\right)^2} \tag{4-61}$$

步骤3：对中点函数矩阵进行主成分分析。使用单变量函数型主成分分析的步骤求得中点函数矩阵的特征值和特征函数 $\xi_g(t)$，并在此基础上计算出区间主成分得分，具体如下所示：

$$\underline{\mathrm{fscore}_{ig}^c} = \int_{\{t\in T|\xi_g(t)<0\}} \xi_g(t)\frac{\tilde{x}_i^U(t) - \overline{\tilde{x}_i^c(t)}}{S^c(t)}\mathrm{d}t + \int_{\{t\in T|\xi_g(t)>0\}} \xi_g(t)\frac{\tilde{x}_i^L(t) - \overline{\tilde{x}_i^c(t)}}{S^c(t)}\mathrm{d}t \tag{4-62}$$

$$\overline{\mathrm{fscore}_{ig}^c} = \int_{\{t\in T|\xi_g(t)<0\}} \xi_g(t)\frac{\tilde{x}_i^L(t) - \overline{\tilde{x}_i^c(t)}}{S^c(t)}\mathrm{d}t + \int_{\{t\in T|\xi_g(t)>0\}} \xi_g(t)\frac{\tilde{x}_i^U(t) - \overline{\tilde{x}_i^c(t)}}{S^c(t)}\mathrm{d}t \tag{4-63}$$

其中，$\underline{\mathrm{fscore}_{ig}^c}$、$\overline{\mathrm{fscore}_{ig}^c}$ 分别为第 $i$ 个样本第 $g$ 个主成分的下限主成分得分和上限主成分得分。

根据第三章对区间主成分分析的对比研究结果，基于中点-半径的区间主成分分析是一种相对较为简单、有效的区间主成分模型，因此本书基于该方法将函数型主成分分析拓展至区间范畴。根据已经提出的两种区间函数型主成分思路，以函数型主成分分析为切合点使笔者拟提出的新方法——基于时变距离函数的区间函数型主成分分析（interval functional principal component analysis based on time-varying distance function）不仅能够适用于单变量区间函数型数据，而且能够处理多变量区间函数型数据。本章主要介绍基于时变距离函数的区间函数型主成分分析。

## 第四节　基于时变距离函数的区间函数型主成分分析

### 一、时变距离函数

函数型主成分分析的核心是通过拟合函数构建的方差和协方差函数。在基于中

点-半径的区间主成分分析中，以 Hausdorff 距离来计算两个区间之间的偏差，该距离公式的本质是中点绝对距离和半径绝对距离之和。若直接使用函数型绝对距离来测度两个函数区间之间的偏差，则无法体现出函数型方差（协方差）的动态性。

$$d_{ij} = \int_{t_1}^{t_T} \left| \tilde{x}_i(t) - \tilde{x}_j(t) \right| \mathrm{d}t \qquad (4\text{-}64)$$

其中，$\tilde{x}_i(t)$、$\tilde{x}_j(t)$ 分别为样本 $i$、$j$ 的拟合函数，$t_1$、$t_T$ 分别为时间变量 $t$ 在第 1、$T$ 个时间点的具体值，$d_{ij}$ 为样本 $i$ 拟合函数和样本 $j$ 拟合函数之间的函数型绝对距离。

同时，两个事物之间的差距是随时间发展而变化的，因此两个拟合函数之间的距离也应该随着时间的变化而变化。而且事物的发展会或多或少地受到其前期发展情况的影响，即在计算两个拟合函数距离时不能单纯地计算当时时间点上的距离。所以本书对式（4-64）进行推广，创新性地提出一种能体现变化性的区间函数距离公式——时变距离函数（time-varying distance function，TVDF）。

函数型绝对距离的结果是两个拟合函数在 $t_1 \sim t_T$ 时间段内所夹的面积总和，表达的是两个拟合函数在该时间段内的累积差距。若将公式的积分上限改为变动的时间点 $t$，则该距离表达的就是两个拟合函数在 $t_1 \sim t$ 时间段内的累计差距。上述变化使公式包含了事物前期差距的影响。若直接使用该公式则会发现两个拟合函数的差距会持续拉大，这显然是不符合事实的。故对公式所计算的累积差距除以时间段 $t - t_1$，通过平均化累积差距体现较为符合实际差距波动，最终公式如下所示：

$$\mathrm{tvd}_{ij}(t) = \frac{1}{t - t_1} \int_{t_1}^{t} \left| \tilde{x}_i(u) - \tilde{x}_j(u) \right| \mathrm{d}u \qquad (4\text{-}65)$$

其中，$\tilde{x}_i(u)$、$\tilde{x}_j(u)$ 分别为样本 $i$、$j$ 的拟合函数，$u$ 为时间变量，$t_1$ 为时间变量在第 1 个时间点的具体值，$\mathrm{tvd}_{ij}$ 为样本 $i$ 拟合函数和样本 $j$ 拟合函数之间的时变距离函数。

由式（4-65）可知，时变距离函数 $\mathrm{tvd}_{ij}$ 是一个反映拟合函数 $i$ 和 $j$ 在 $t_1 \sim t$ 时间段内平均距离的函数。随着时间 $t$ 的变动，其平均距离也会改变。

（一）时变距离函数计算

由于本书使用基函数对数据进行拟合，较难计算两个函数相交的点，从而对时变距离函数积分部分的计算造成了一定困难，所以本书对时变距离函数的计算进行简化。根据式（4-65），若 $t_1 \sim t$ 的时间点分布十分紧密，则时变距离函数的积分部分可以近似看成两个拟合函数在上述区间时间点上绝对距离的累积和。所以本书先通过计算两个拟合函数离散值之间的绝对距离，然后拟合成函数，计算其时变距离函数，具体步骤如下所示。

步骤 1：计算两条拟合函数在各个时点的绝对距离。首先将拟合函数的时间变量区间划分，生成 $T$ 个时间点，然后获得拟合函数在每个时间点的离散值，最后计算函数离散值在对应时间点上的绝对距离，如式（4-66）所示。为了下一步能够拟合出更加符合实际的绝对距离函数，可以在此步骤选择更大值的 $T$ 以获得更多的离散时间点。一般来说，$T$ 越大，后面的绝对距离函数拟合越精确。

$$d(t_l) = |u(t_l) - v(t_l)|, \quad l = 1, 2, \cdots, T \tag{4-66}$$

其中，$u(t)$、$v(t)$ 为拟合后的函数，$t_l$ 是第 $l$ 个时间点，$d(t_l)$ 为 $t_l$ 时刻两个拟合函数的绝对距离。

步骤 2：计算绝对距离函数。根据第三章第一节离散数据函数化中的方法，将时点绝对距离 $d(t_l)$ 数据拟合成函数形式，如式（4-67）所示。若绝对距离函数拟合较优，则其与 $x$ 轴所夹的面积能够有效代替两个拟合函数所夹的面积。

$$\tilde{d}(t) = \sum_{k=1}^{K} c_k \phi_k(t) \tag{4-67}$$

其中，$\tilde{d}(t)$ 为绝对距离函数，$\phi_k(t)$ 为第 $k$ 个基函数，$c_k$ 为第 $k$ 个基函数的系数。

步骤 3：计算时变距离函数。以变上限积分的绝对距离函数代替变上限积分的函数型绝对距离，并在此基础上构造时变距离函数，如下所示：

$$\widetilde{\text{tvd}}(t) = \frac{1}{t - t_1} \int_{t_1}^{t} \tilde{d}(x)\mathrm{d}x \tag{4-68}$$

其中，$t_1$ 为第一个时间点，$t$ 为变量，$\widetilde{\text{tvd}}(t)$ 为 $u(t)$ 和 $v(t)$ 的时变距离函数。

根据上述计算步骤，本节使用实际数据计算两个拟合函数之间的时变距离函数。相比于绝对距离表示的两者差距的急剧变化，时变距离函数可以表示包含前期差距影响的两者间更为真实的差距。如在第 1 期至第 3 期内，虚线拟合函数一直高于实线拟合函数，在第 4 期至第 5 期内则是实线拟合函数高于虚线拟合函数。在绝对距离上，两条曲线会一直保持着相对较小的差距，而在时变距离函数上，随着时间的推移，两种之间的差距会逐步减小，更加符合实际情况（见图 4-1，图 4-2）。

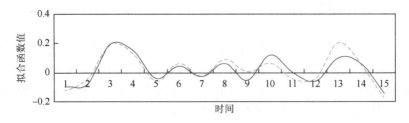

图 4-1　两个拟合函数展示

注：实线和虚线分别代表 2 个不同的拟合函数

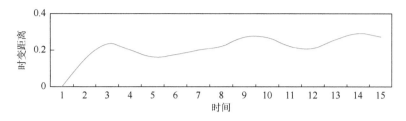

图 4-2　时变距离函数

## （二）区间时变距离函数计算

基于中点-半径的区间主成分分析的核心观点是以区间距离来代替区间偏差。由于本书提出的时变距离函数是在绝对距离的基础上提出的，所以在 Hausdorff 距离的框架拓展出区间时变距离函数概念。在基函数阶数相同的情况下，两个基函数是可加的。进一步地，在基函数阶数和个数相同的情况下，可以直接对两个拟合函数的系数进行相关的数学运算。基于基函数的上述特性，本书定义区间时变距离为中点时变距离函数和半径时变距离函数的和。

由于中点数据和半径数据的形式一致，所以本节仅展示中点函数与其均值函数之间的时变距离函数计算过程。首先通过第四章第二节离散数据函数化的步骤，将原始中点数据拟合成函数，进一步去除了数据的异常值、提高了数据的可视化水平。然后按照时变距离函数的定义，计算在多个时点的中点函数与均值函数的绝对距离 [式（4-69）]，并进一步拟合成绝对距离函数 [式（4-70）]。

$$d_{ij}^{c}(t_l) = \left| \tilde{x}_{ij}^{c}(t_l) - \overline{\tilde{x}_j^{c}(t_l)} \right| \tag{4-69}$$

$$\widetilde{d_{ij}^{c}}(t) = \left( \text{Coef}_{ij}^{c} \right)^{\text{T}} \varPhi_d(t) = \left( \text{coef}_{ij1}^{c} \quad \cdots \quad \text{coef}_{ijK}^{c} \right) \times \begin{pmatrix} \phi_1(t) \\ \vdots \\ \phi_K(t) \end{pmatrix} \tag{4-70}$$

其中，$d_{ij}^{c}(t_l)$ 为中点函数与均值函数之间的绝对距离，$\overline{x_j^{c}(t_l)}$ 为第 $j$ 个指标的均值函数在 $t_l$ 时刻的值，$\widetilde{d_{ij}^{c}}(t)$ 为对应绝对距离的拟合函数，$\text{coef}_{ijk}^{c}$ 为第 $k$ 个基函数的系数，$\phi_k(t)$ 为第 $k$ 个基函数，$i = 1, 2, \cdots, n, j = 1, 2, \cdots, m, l = 1, 2, \cdots, T, k = 1, 2, \cdots, K$。

在获得中点函数与均值函数之间绝对距离的拟合函数后，通过积分运算获得中点函数与均值函数之间的时变距离函数向量，具体如式（4-71）所示。假定半径函数与其均值函数之间的时变距离函数与中点函数及其均值函数之间的时变距离函数使用的基函数阶数和个数一致，则可以得到半径函数与其均值函数之间的时变绝对距离函数向量 $\widetilde{\mathrm{tvd}}_j^{\mathrm{r}}(t) = \dfrac{1}{t-t_1}\big(\mathrm{Coef}_j^{\mathrm{r}}\big)^{\mathrm{T}}\left(\displaystyle\int_{t_1}^{t}\Phi_d(t)\mathrm{d}t\right)$。在此基础上，可以获得区间时变距离函数 $\widetilde{\mathrm{tvd}}_{ij}^{\mathrm{c}}(t) + \widetilde{\mathrm{tvd}}_{ij}^{\mathrm{r}}(t)$。

$$
\begin{aligned}
\widetilde{\mathrm{tvd}}_j^{\mathrm{c}}(t) &= \begin{pmatrix} \widetilde{\mathrm{tvd}}_{1j}^{\mathrm{c}}(t) \\ \vdots \\ \widetilde{\mathrm{tvd}}_{nj}^{\mathrm{c}}(t) \end{pmatrix} = \begin{pmatrix} \dfrac{1}{t-t_1}\displaystyle\int_{t_1}^{t}\tilde{d}_{1j}^{\mathrm{c}}(t)\mathrm{d}t \\ \vdots \\ \dfrac{1}{t-t_1}\displaystyle\int_{t_1}^{t}\tilde{d}_{nj}^{\mathrm{c}}(t)\mathrm{d}t \end{pmatrix} \\[2mm]
&= \begin{pmatrix} \dfrac{1}{t-t_1}\big(\mathrm{coef}_{1j}^{\mathrm{c}}\big)^{\mathrm{T}} & \displaystyle\int_{t_1}^{t}\Phi_d(t)\mathrm{d}t \\ \vdots & \vdots \\ \dfrac{1}{t-t_1}\big(\mathrm{coef}_{nj}^{\mathrm{c}}\big)^{\mathrm{T}} & \displaystyle\int_{t_1}^{t}\Phi_d(t)\mathrm{d}t \end{pmatrix} \\[2mm]
&= \dfrac{1}{t-t_1}\big(\mathrm{Coef}_j^{\mathrm{c}}\big)^{\mathrm{T}}\left(\displaystyle\int_{t_1}^{t}\Phi_d(t)\mathrm{d}t\right) \\[2mm]
&= \dfrac{1}{t-t_1}\begin{pmatrix} \mathrm{coef}_{1j1}^{\mathrm{c}} & \cdots & \mathrm{coef}_{1jK}^{\mathrm{c}} \\ \vdots & \ddots & \vdots \\ \mathrm{coef}_{nj1}^{\mathrm{c}} & \cdots & \mathrm{coef}_{njK}^{\mathrm{c}} \end{pmatrix} \times \begin{pmatrix} \displaystyle\int_{t_1}^{t}\phi_1(t)\mathrm{d}t \\ \vdots \\ \displaystyle\int_{t_1}^{t}\phi_K(t)\mathrm{d}t \end{pmatrix}
\end{aligned}
\tag{4-71}
$$

其中，$\widetilde{\mathrm{tvd}}_{ij}^{\mathrm{c}}(t)$ 为第 $j$ 个指标下第 $i$ 个样本与其均值函数之间的中点时变距离函数，$\widetilde{\mathrm{tvd}}_j^{\mathrm{c}}(t)$ 为第 $j$ 个指标下的中点时变距离函数向量。

## 二、基于时变距离函数的单变量区间函数型主成分分析

### （一）方差函数计算

在获得区间函数型数据的区间时变距离函数后，根据基于中点-半径的区间主成分分析距离可以近似替代偏差的思想，将函数型主成分分析的单变量方差函数中偏差函数更改为区间时变距离函数，即可推导出区间方差函数，如下所示：

$$
\begin{aligned}
V_{ij}(s,t) &= \dfrac{1}{n}\sum_{i=1}^{n}\left(\widetilde{\mathrm{tvd}}_{ij}^{\mathrm{c}}(s) + \widetilde{\mathrm{tvd}}_{ij}^{\mathrm{r}}(s)\right) \times \left(\widetilde{\mathrm{tvd}}_{ij}^{\mathrm{c}}(t) + \widetilde{\mathrm{tvd}}_{ij}^{\mathrm{r}}(t)\right) \\[2mm]
&= \dfrac{1}{n}\left(\widetilde{\mathrm{tvd}}_j^{\mathrm{c}}(s) + \widetilde{\mathrm{tvd}}_j^{\mathrm{r}}(s)\right)^{\mathrm{T}} \times \left(\widetilde{\mathrm{tvd}}_j^{\mathrm{c}}(t) + \widetilde{\mathrm{tvd}}_j^{\mathrm{r}}(t)\right)
\end{aligned}
$$

$$= \frac{1}{n} \frac{1}{s-t_1} \left( \int_{t_1}^{s} \varPhi_d(x) \mathrm{d}x \right)^{\mathrm{T}} \times \left( \mathrm{Coef}_j^{\mathrm{c}} + \mathrm{Coef}_j^{\mathrm{r}} \right)$$

$$\times \left( \mathrm{Coef}_j^{\mathrm{c}} + \mathrm{Coef}_j^{\mathrm{r}} \right)^{\mathrm{T}} \times \frac{1}{t-t_1} \left( \int_{t_1}^{t} \varPhi_d(x) \mathrm{d}x \right) \tag{4-72}$$

## （二）特征函数和主成分得分计算

假定区间函数型主成分分析的特征向量可以由时变距离函数的基函数表示，则第 $g$ 个主成分的特征函数可以表述为 $\xi_g(t) = \varPhi_d^{\mathrm{T}}(t) b_g = b_g^{\mathrm{T}} \varPhi_d(t)$。将单变量下的区间方差函数代入方差函数部分，则求解特征函数的公式如下：

$$\mathrm{PCAPSV}(\xi_g) = \frac{\mathrm{Var}(F_g)}{\left\| \xi_g \right\|^2 + \lambda \times \mathrm{PEN}_2(\xi_g)} = \frac{\iint \xi_g(s) V_{jj}(s,t) \xi_g(t) \mathrm{d}s \mathrm{d}t}{\left\| \xi_g \right\|^2 + \lambda \times \mathrm{PEN}_2(\xi_g)}$$

$$= \frac{b_g^{\mathrm{T}} \left( \int_{t_1}^{t_T} \varPhi_d(s) \frac{\left( \int_{t_1}^{s} \varPhi_d(x) \mathrm{d}x \right)^{\mathrm{T}}}{s-t_1} \mathrm{d}s \right) \times \frac{1}{n} \left( \mathrm{Coef}_j^{\mathrm{c}} + \mathrm{Coef}_j^{\mathrm{r}} \right) \times \left( \mathrm{Coef}_j^{\mathrm{c}} + \mathrm{Coef}_j^{\mathrm{r}} \right)^{\mathrm{T}} \times \left( \int_{t_1}^{t_T} \left( \frac{\int_{t_1}^{t} \varPhi_d(x) \mathrm{d}x}{t-t_1} \right) \varPhi_d(t) \mathrm{d}t \right) b_g}{b_g^{\mathrm{T}} \left( \int_{t_1}^{t_T} \varPhi_d(t) \varPhi_d^{\mathrm{T}}(t) \mathrm{d}t \right) b_g + \lambda b_g^{\mathrm{T}} R_d b_g}$$

$$\tag{4-73}$$

令 $J = \int_{t_1}^{t_T} \varPhi_d(t) \dfrac{\left( \int_{t_1}^{t} \varPhi_d(x) \mathrm{d}x \right)^{\mathrm{T}}}{t-t_1} \mathrm{d}t$ ， $V = \dfrac{1}{n} \left( \left( \mathrm{Coef}_j^{\mathrm{c}} + \mathrm{Coef}_j^{\mathrm{r}} \right) \right) \times \left( \left( \mathrm{Coef}_j^{\mathrm{c}} + \mathrm{Coef}_j^{\mathrm{r}} \right) \right)^{\mathrm{T}}$ ，

$W = \int_{t_1}^{t_T} \varPhi_d(t) \varPhi_d^{\mathrm{T}}(t) \mathrm{d}t$ ， 则 $\mathrm{PCAPSV}(\xi_g) = \dfrac{b_g^{\mathrm{T}} J V J^{\mathrm{T}} b_g}{b_g^{\mathrm{T}} W b_g + \lambda b_g^{\mathrm{T}} R_d b_g}$ 。 通 过 最 大 化

$\mathrm{PCAPSV}(\xi_g)$ ，即 $J V J^{\mathrm{T}} b_g = \rho_g (W + \lambda R_d) b_g$ ，就可求得特征函数系数 $b_g$ 及特征值 $\rho_g$ ，具体解法如下所示：

$$L^{\mathrm{T}} L = W + \lambda R_d \tag{4-74}$$

$$\left( S J V J^{\mathrm{T}} S^{\mathrm{T}} \right) \left( L b_g \right) = \rho_g L b_g \tag{4-75}$$

其中，$L$ 为 $W + \lambda R_d$ 的上三角矩阵，$S = (L^{-1})^{\mathrm{T}}$ 。

获得特征函数 $\xi_g(t) = \varPhi_d^{\mathrm{T}}(t) b_m$ 后，即可计算第 $i$ 个样本的第 $g$ 个主成分得分为

$$\mathrm{score}_{ig} = \left[ \mathrm{score}_{ig}^{\mathrm{c}}, \mathrm{score}_{ig}^{\mathrm{r}} \right] = \left[ \tilde{x}_{ij}^{\mathrm{c}}(t) \times \xi_g(t), \tilde{x}_{ij}^{\mathrm{r}}(t) \times \xi_g(t) \right] \tag{4-76}$$

## 三、基于时变距离函数的多变量区间函数型主成分分析

### （一）协方差函数计算

在原有交叉协方差函数的基础上，将原有函数与其均值之间偏差改为区间时变距离函数，从而推导出两个不同变量间区间交叉协方差函数公式为

$$V_{ij*}(s,t) = \frac{1}{n}\sum_{i=1}^{n}\left(\widetilde{\text{tvd}}_{ij}^{c}(s) + \widetilde{\text{tvd}}_{ij}^{r}(s)\right) \times \left(\widetilde{\text{tvd}}_{ij*}^{c}(t) + \widetilde{\text{tvd}}_{ij*}^{r}(t)\right)$$

$$= \frac{1}{n}\left(\widetilde{\text{tvd}}_{j}^{c}(s) + \widetilde{\text{tvd}}_{j}^{r}(s)\right)^{\text{T}} \times \left(\widetilde{\text{tvd}}_{j*}^{c}(t) + \widetilde{\text{tvd}}_{j*}^{r}(t)\right)$$

$$= \frac{1}{n}\frac{1}{s-t_1}\left(\int_{t_1}^{s}\Phi_d(x)\mathrm{d}x\right)^{\text{T}} \times \left(\text{Coef}_j^{c} + \text{Coef}_j^{r}\right)$$

$$\times \left(\text{Coef}_{j*}^{c} + \text{Coef}_{j*}^{r}\right)^{\text{T}} \times \frac{1}{t-t_1}\left(\int_{t_1}^{t}\Phi_d(x)\mathrm{d}x\right) \tag{4-77}$$

参考 Ramsay 和 Silverman（2005）的多变量函数型数据的协方差函数矩阵写法，结合已计算出来的区间方差函数和区间交叉协方差函数，区间函数型数据的总体协方差矩阵写法如下所示：

$$V(s,t) = \begin{pmatrix} V_{11}(s,t) & \cdots & V_{1m}(s,t) \\ \vdots & \ddots & \vdots \\ V_{m1}(s,t) & \cdots & V_{mm}(s,t) \end{pmatrix}$$

$$= \frac{1}{n}F^{\text{T}}(s) \times \begin{pmatrix} \text{Cov}_{11} & \cdots & \text{Cov}_{1m} \\ \vdots & \ddots & \vdots \\ \text{Cov}_{m1} & \cdots & \text{Cov}_{mm} \end{pmatrix} \times F(t) \tag{4-78}$$

其中

$$F(t) = \begin{pmatrix} \dfrac{1}{t-t_1}\int_{t_1}^{t}\Phi_d(x)\mathrm{d}x & \cdots & 0 \\ \vdots & \ddots & \vdots \\ 0 & \cdots & \dfrac{1}{t-t_1}\int_{t_1}^{t}\Phi_d(x)\mathrm{d}x \end{pmatrix},$$

$$\begin{pmatrix} \text{Cov}_{11} & \cdots & \text{Cov}_{1m} \\ \vdots & \ddots & \vdots \\ \text{Cov}_{m1} & \cdots & \text{Cov}_{mm} \end{pmatrix} = \begin{pmatrix} \text{Coef}_1^{c} + \text{Coef}_1^{r} \\ \vdots \\ \text{Coef}_m^{c} + \text{Coef}_m^{r} \end{pmatrix} \times \begin{pmatrix} \text{Coef}_1^{c} + \text{Coef}_1^{r} \\ \vdots \\ \text{Coef}_m^{c} + \text{Coef}_m^{r} \end{pmatrix}^{\text{T}}$$

## （二）特征函数和主成分得分计算

假定每一个特征函数都使用时变距离函数的基函数阶数及个数，则第 $g$ 个特征函数 $\xi_g(t)$ 的每个子特征函数为 $\xi_{gh}(t), h=1,2,\cdots,p$ 的基函数展开式为 $\xi_{gh}(t)=\boldsymbol{\Phi}_d^{\mathrm{T}}(t)b_{gh}$。此时第 $g$ 个特征函数 $\xi_g(t)$ 的基函数可以表示为

$$\xi_g(t)=G^{\mathrm{T}}(t)B_g(t)=\begin{pmatrix}\boldsymbol{\Phi}_d^{\mathrm{T}}(t) & \cdots & 0 \\ \vdots & \ddots & \vdots \\ 0 & \cdots & \boldsymbol{\Phi}_d^{\mathrm{T}}(t)\end{pmatrix}\times\begin{pmatrix}b_{i1} \\ \vdots \\ b_{im}\end{pmatrix} \tag{4-79}$$

其中，$b_{gh}$ 为第 $g$ 个特征函数的第 $h$ 个子特征函数的基函数系数。

若对特征方程 $\xi_g(t)$ 进行粗糙惩罚，则求解特征函数的公式为

$$\mathrm{PCAPSV}(\xi_g)=\frac{\mathrm{Var}(F_g)}{\|\xi_g\|^2+\lambda\times\mathrm{PEN}_2(\xi_g)}=\frac{\iint\xi_g(s)V(s,t)\xi_g(t)\mathrm{d}s\mathrm{d}t}{\|\xi_g\|^2+\lambda\times\mathrm{PEN}_2(\xi_g)}$$

$$=\frac{B_g^{\mathrm{T}}(s)\int_{t_1}^{t_T}G(s)F^{\mathrm{T}}(s)\mathrm{d}s\times\frac{1}{n}\begin{pmatrix}\mathrm{Cov}_{11} & \cdots & \mathrm{Cov}_{1m} \\ \vdots & \ddots & \vdots \\ \mathrm{Cov}_{m1} & \cdots & \mathrm{Cov}_{mm}\end{pmatrix}\times\int_{t_1}^{t_T}F(t)G^{\mathrm{T}}(t)\mathrm{d}t\times B_g(t)}{B_g^{\mathrm{T}}\left(\int_{t_1}^{t_T}G(t)G^{\mathrm{T}}(t)\mathrm{d}t\right)B_g+\lambda B_g^{\mathrm{T}}RG_dB_g} \tag{4-80}$$

若令 $J=\int_{t_1}^{t_T}F(t)G^{\mathrm{T}}(t)\mathrm{d}t$，$V=\frac{1}{n}\begin{pmatrix}\mathrm{Cov}_{11} & \cdots & \mathrm{Cov}_{1m} \\ \vdots & \ddots & \vdots \\ \mathrm{Cov}_{m1} & \cdots & \mathrm{Cov}_{mm}\end{pmatrix}$，$W=\int_{t_1}^{t_T}G(t)G^{\mathrm{T}}(t)\mathrm{d}t$，则公

式 $\mathrm{PCAPSV}(\xi_g)=\frac{B_g^{\mathrm{T}}JVJ^{\mathrm{T}}B_g}{B_g^{\mathrm{T}}WB_g+\lambda B_g^{\mathrm{T}}RG_dB_g}$。通过最大化 $\mathrm{PCAPSV}(\xi_g)$，即 $JVJ^{\mathrm{T}}B_g$

$=\rho_g(W+\lambda RG_d)B_g$，就可求得特征函数系数 $B_g$ 及特征值 $\rho_g$，具体如下：

$$L^{\mathrm{T}}L=W+\lambda RG_d \tag{4-81}$$

$$(SJVJ^{\mathrm{T}}S^{\mathrm{T}})(LB_g)=\rho_g LB_g \tag{4-82}$$

其中，$L$ 为 $W+\lambda RG_d$ 的上三角矩阵，$S=(L^{-1})^{\mathrm{T}}$。

获得特征函数 $\xi_g(t)=G^{\mathrm{T}}(t)B_g(t)$ 后，即可计算第 $i$ 个样本的第 $g$ 个主成分得分为

$$\mathrm{score}_{ig}=\left[\mathrm{score}_{ig}^c,\mathrm{score}_{ig}^r\right]=\left[\tilde{x}_i^c(t)\times\xi_g(t),\tilde{x}_i^r(t)\times\xi_g(t)\right] \tag{4-83}$$

其中，$\tilde{x}_i^c(t)=\left(\tilde{x}_{i1}^c(t),\tilde{x}_{i2}^c(t),\cdots,\tilde{x}_{im}^c(t)\right)$。

基于中点-半径函数的 IFPCA 算法如图 4-3 所示。

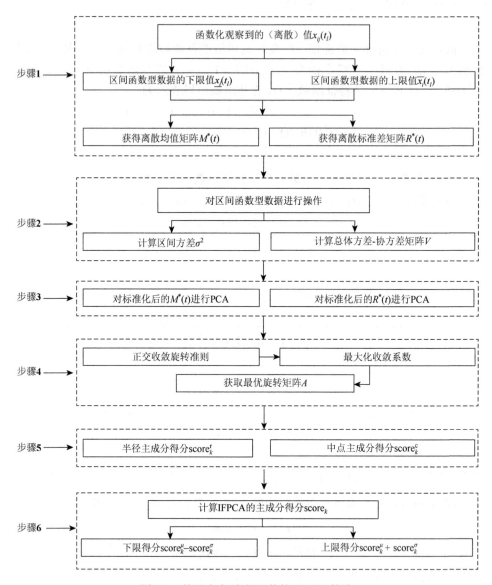

图 4-3　基于中点-半径函数的 IFPCA 算法

# 第五章 一般分布下的区间函数型主成分评价方法

## 第一节 一般分布下的区间函数型数据及其预处理

### 一、一般分布下的区间函数型数据

设 $x_i(t) = [x_i^L(t), x_i^U(t)]; i = 1, 2, \cdots, n; t = t_1, t_2, \cdots, t_T$ 为在时间点 $t$ 处观测第 $i$ 个对象所记录下来的区间值。如果按照一定规律进行观测，可以得到区间函数型数据 $x_i(t)$ 对应的区间数存储矩阵 $X$：

$$X = [x_i(t)]_{(n*T)} = \begin{pmatrix} [x_1^L(t_1), x_1^U(t_1)] & [x_2^L(t_1), x_2^U(t_1)] & \cdots & [x_n^L(t_1), x_n^U(t_1)] \\ [x_1^L(t_2), x_1^U(t_2)] & [x_2^L(t_2), x_2^U(t_2)] & \cdots & [x_n^L(t_2), x_n^U(t_2)] \\ \vdots & \vdots & \ddots & \vdots \\ [x_1^L(t_T), x_1^U(t_T)] & [x_2^L(t_T), x_2^U(t_T)] & \cdots & [x_n^L(t_T), x_n^U(t_T)] \end{pmatrix} \quad (5\text{-}1)$$

对于 $x_i(t) = [x_i^L(t), x_i^U(t)](i = 1, 2, \cdots, n)$，记 $x_i^c(t) = \dfrac{x_i^L(t) + x_i^U(t)}{2}$，$x_i^r(t) = \dfrac{x_i^U(t) - x_i^L(t)}{2}$。$x_i^c(t)$ 和 $x_i^r(t)$ 分别为区间数的中点值和半径值，分别代表该区间数的中点位置信息和波动信息。如果在式（5-1）中每个区间数的内部信息已知，还可以得到每个区间数据的均值和方差信息。假设区间数 $x_i(t) = [x_i^L(t), x_i^U(t)]$ 的内部信息已知，可以分别计算出区间数 $x_i(t)$ 的均值和标准差，记为 $x_i^\mu(t)$，$x_i^\sigma(t)$。将所有区间数的均值数据和标准差数据分别表示为矩阵形式：

$$X^\mu = [x_i^\mu(t)]_{(n*T)} = \begin{pmatrix} x_1^\mu(t_1) & x_2^\mu(t_1) & \cdots & x_n^\mu(t_1) \\ x_1^\mu(t_2) & x_2^\mu(t_2) & \cdots & x_n^\mu(t_2) \\ \vdots & \vdots & \ddots & \vdots \\ x_1^\mu(t_T) & x_2^\mu(t_T) & \cdots & x_n^\mu(t_T) \end{pmatrix} \quad (5\text{-}2)$$

$$X^\sigma = [x_i^\sigma(t)]_{(n*T)} = \begin{pmatrix} x_1^\sigma(t_1) & x_2^\sigma(t_1) & \cdots & x_n^\sigma(t_1) \\ x_1^\sigma(t_2) & x_2^\sigma(t_2) & \cdots & x_n^\sigma(t_2) \\ \vdots & \vdots & \ddots & \vdots \\ x_1^\sigma(t_T) & x_2^\sigma(t_T) & \cdots & x_n^\sigma(t_T) \end{pmatrix} \quad (5\text{-}3)$$

当观测次数充分，即 $t_T$ 足够大且区间数内部信息已知时，将数据以式（5-1）所示的形式称为一般分布下的区间函数型数据（李文诚，2022）。

## 二、一般分布下的区间函数型数据预处理

对于每个观测样本的一般分布下的区间函数型数据向量，对其区间数的下上限、均值和标准差数据可使用第三章第一节介绍的函数型数据预处理方法，通过基函数平滑法将其转化为光滑的区间函数曲线。这种预处理方法能够有效地消除噪声和波动，使得区间函数曲线更加连续和平滑，从而提升数据的可视化和分析质量。

对于第 $i$ 个区间函数的下限函数，有 $x_i^L(t) = \sum_{k=1}^{K^L} c_{ik}^L \phi_k^L(t)$ ，其中 $c_{ik}^L$ 表示第 $i$ 个区间函数的下限函数的第 $k$ 个基函数系数，$\phi_k^L(t)$ 为第 $k$ 个基函数，$K^L$ 为基函数个数；对于第 $i$ 个区间函数的上限函数，有 $x_i^U(t) = \sum_{k=1}^{K^U} c_{ik}^U \phi_k^U(t)$ ，其中 $c_{ik}^U$ 表示第 $i$ 个区间函数的上限函数的第 $k$ 个基函数系数，$\phi_k^U(t)$ 为第 $k$ 个基函数，$K^U$ 为基函数个数；对于第 $i$ 个区间函数的均值函数，有 $x_i^\mu(t) = \sum_{k=1}^{K^\mu} c_{ik}^\mu \phi_k^\mu(t)$ ，其中 $c_{ik}^\mu$ 表示第 $i$ 个区间函数的均值函数的第 $k$ 个基函数系数，$\phi_k^\mu(t)$ 为第 $k$ 个基函数，$K^\mu$ 为基函数个数；对于第 $i$ 个区间函数的标准差函数，有 $x_i^\sigma(t) = \sum_{k=1}^{K^\sigma} c_{ik}^\sigma \phi_k^\sigma(t)$ ，其中 $c_{ik}^\sigma$ 表示第 $i$ 个区间函数的标准差函数的第 $k$ 个基函数系数，$\phi_k^\sigma(t)$ 为第 $k$ 个基函数，$K^\sigma$ 为基函数个数。

为了保持一般性的目的，往往需要寻找一种特定的基函数 $\Phi(t) = (\phi_1(t), \phi_2(t), \cdots, \phi_k(t))^T$ ，使其同时能够适用于区间函数的下上限、均值和标准差函数，表示为：$x_i^L(t) = \sum_{k=1}^{K} c_{ik}^L \phi_k(t)$ ，$x_i^U(t) = \sum_{k=1}^{K} c_{ik}^U \phi_k(t)$ ，$x_i^\mu(t) = \sum_{k=1}^{K} c_{ik}^\mu \phi_k(t)$ ，$x_i^\sigma(t) = \sum_{k=1}^{K} c_{ik}^\sigma \phi_k(t)$ 。

## 第二节　一般分布下的区间函数型数据描述性统计量

设 $x^\mu(t)$ 为经过预处理后的区间函数型数据的区间均值函数，设该区间函数型的样本容量为 $n$，那么这 $n$ 个样本的区间函数型数据的均值函数可以表示为 $x_i^\mu(t)$ ，其中 $t \in T, i = 1, 2, \cdots, n$，则该区间函数型数据的描述性统计量可表示如下（李文诚，2022）。

总体均值函数为

$$\overline{x}^{\mu}(t) = \frac{1}{n} \sum_{i=1}^{n} x_i^{\mu}(t) , \ \forall t \in T \tag{5-4}$$

总体方差函数为

$$\mathrm{var}_{x^{\mu}}(t) = \frac{1}{n-1} \sum_{i=1}^{n} \left( x_i^{\mu}(t) - \overline{x}^{\mu}(t) \right)^2 , \ \forall t \in T \tag{5-5}$$

对于 $t$ 的取值范围中的任意 $t_1, t_2$，总体协方差函数为

$$\mathrm{cov}_{x^{\mu}}(t_1, t_2) = \frac{1}{n-1} \sum_{i=1}^{n} \left( x_i^{\mu}(t_1) - \overline{x}^{\mu}(t_1) \right)\left( x_i^{\mu}(t_2) - \overline{x}^{\mu}(t_2) \right), \ \forall t_1, t_2 \in T \tag{5-6}$$

总体相关系数函数定义为

$$\mathrm{corr}_{x^{\mu}}(t_1, t_2) = \frac{\mathrm{cov}_{x^{\mu}}(t_1, t_2)}{\sqrt{\mathrm{var}_{x^{\mu}}(t_1)\mathrm{var}_{x^{\mu}}(t_2)}}, \ \forall t_1, t_2 \in T \tag{5-7}$$

在这种情况下，观察到总体协方差函数和总体相关系数函数关于 $t_1$ 和 $t_2$ 具有对称性，即满足以下关系：

$$\mathrm{cov}_{x^{\mu}}(t_1, t_2) = \mathrm{cov}_{x^{\mu}}(t_2, t_1), \ \mathrm{corr}_{x^{\mu}}(t_1, t_2) = \mathrm{corr}_{x^{\mu}}(t_2, t_1) \tag{5-8}$$

当存在成对的区间函数型数据样本时，可以得到它们之间的互协方差函数，用来度量它们之间的相互依赖关系：

$$\mathrm{cov}_{x^{\mu}, y^{\mu}}(t_1, t_2) = \frac{1}{n-1} \sum_{i=1}^{n} \left( x_i^{\mu}(t_1) - \overline{x}^{\mu}(t_1) \right)\left( y_i^{\mu}(t_2) - \overline{y}^{\mu}(t_2) \right), \ \forall t_1, t_2 \in T \tag{5-9}$$

接着能够得出两者的互相关函数为

$$\mathrm{corr}_{x^{\mu}, y^{\mu}}(t_1, t_2) = \frac{\mathrm{cov}_{x^{\mu}, y^{\mu}}(t_1, t_2)}{\sqrt{\mathrm{var}_{x^{\mu}}(t_1)\mathrm{var}_{y^{\mu}}(t_2)}}, \ \forall t_1, t_2 \in T \tag{5-10}$$

通常情况下，互协方差函数和互相关函数不再具有关于 $t_1$ 和 $t_2$ 的对称性，即在一般情况下可表示为

$$\mathrm{cov}_{x^{\mu}, y^{\mu}}(t_1, t_2) \neq \mathrm{cov}_{x^{\mu}, y^{\mu}}(t_2, t_1), \ \mathrm{corr}_{x^{\mu}, y^{\mu}}(t_1, t_2) \neq \mathrm{corr}_{x^{\mu}, y^{\mu}}(t_2, t_1) \tag{5-11}$$

# 第三节　一般分布下的区间函数型主成分分析

## 一、基于均值-标准差的区间函数型主成分分析

对孙钦堂（2012）提出的基于中点-半径的 IFPCA 扩展至区间分布，该方法以均值代表区间位置，以标准差代表区间变动，从而较中点-半径法包含了更完整的区间信息。

基于均值-标准差的 IFPCA 具体计算步骤如下。

步骤 1：计算获得均值矩阵和标准差矩阵。

$$\mu(t) = \begin{pmatrix} x_1^\mu(t_1) & \cdots & x_1^\mu(t_T) \\ \vdots & \ddots & \vdots \\ x_n^\mu(t_1) & \cdots & x_n^\mu(t_T) \end{pmatrix} \qquad (5\text{-}12)$$

$$\sigma(t) = \begin{pmatrix} x_1^\sigma(t_1) & \cdots & x_1^\sigma(t_T) \\ \vdots & \ddots & \vdots \\ x_n^\sigma(t_1) & \cdots & x_n^\sigma(t_T) \end{pmatrix} \qquad (5\text{-}13)$$

步骤 2：获得均值函数和标准差函数。根据第四章第二节的离散数据函数化方法，分别对均值矩阵和标准差矩阵进行拟合，结果如下所示：

$$\tilde{\mu}(t) = \begin{pmatrix} \tilde{x}_1^\mu(t) \\ \tilde{x}_2^\mu(t) \\ \vdots \\ \tilde{x}_n^\mu(t) \end{pmatrix}, \quad \tilde{\sigma}(t) = \begin{pmatrix} \tilde{x}_1^\sigma(t) \\ \tilde{x}_2^\sigma(t) \\ \vdots \\ \tilde{x}_n^\sigma(t) \end{pmatrix} \qquad (5\text{-}14)$$

步骤 3：将拟合后的函数离散化。均值函数和标准差函数都是关于时间 $t$ 的函数，通过将原始的时间节点 $t_1, t_2, \cdots, t_T$，代入这两个函数中，可以获得函数离散均值矩阵 $\mu^*(t)$ 和函数离散标准差矩阵 $\sigma^*(t)$。

$$\mu^*(t) = \begin{pmatrix} x_1^{\mu^*}(t_1) & \cdots & x_1^{\mu^*}(t_T) \\ \vdots & \ddots & \vdots \\ x_n^{\mu^*}(t_1) & \cdots & x_n^{\mu^*}(t_T) \end{pmatrix} \qquad (5\text{-}15)$$

$$\sigma^*(t) = \begin{pmatrix} x_1^{\sigma^*}(t_1) & \cdots & x_1^{\sigma^*}(t_T) \\ \vdots & \ddots & \vdots \\ x_n^{\sigma^*}(t_1) & \cdots & x_n^{\sigma^*}(t_T) \end{pmatrix} \qquad (5\text{-}16)$$

步骤 4：对函数离散均值矩阵 $\mu^*(t)$ 和标准差矩阵 $\sigma^*(t)$ 进行 IPCA。对 $\mu^*(t)$ 和 $\sigma^*(t)$ 进行主成分分析，若假定求得的特征值 $\rho_1 \geq \rho_2 \geq \cdots \geq \rho_m \geq 0 (p \leq m)$，则 $q_1^\mu, q_2^\mu, \cdots, q_p^\mu$、$q_1^\sigma, q_2^\sigma, \cdots, q_p^\sigma$ 为对应的特征向量，通过对特征向量 $a_g^\mu$、$a_g^\sigma$ 进行离散数据函数化，从而得到特征函数 $\tilde{a}_g^\mu$、$\tilde{a}_g^\sigma$。

## 二、一般分布下的基于时变距离函数的单指标区间函数型主成分分析

对 Sun 等（2022）提出的区间时变距离函数扩展至一般分布下的区间时变距离函数，用一般分布下的区间时变距离函数替换 FPCA 的单指标协方差函数中的

偏差函数，从而获得一般分布下的区间方差函数，然后对一般分布下的区间方差函数进行单指标 FPCA，通过求解特征函数来计算样本的区间主成分得分。

一般分布下的区间时变距离函数具体计算步骤如下。

一般分布下的区间时变距离函数是一般分布下的均值时变距离函数和一般分布下的标准差时变距离函数的总和。由于均值数据和标准差数据的形式一致，所以本书只计算均值函数与总体均值函数之间的时变距离函数。

步骤 1：计算基于一般分布下的绝对距离。

$$d_{ij}^{\mu}(t_l) = |\tilde{x}_{ij}^{\mu}(t_l) - \overline{\tilde{x}_j^{\mu}(t_l)}| \tag{5-17}$$

其中，$d_{ij}^{\mu}(t_l)$ 为均值函数与总体均值函数之间的绝对距离，$\overline{\tilde{x}_j^{\mu}(t_l)}$ 为第 $j$ 个指标的总体均值函数在 $t_l$ 时刻的值。

步骤 2：计算一般分布下的绝对距离函数。

$$\widetilde{d_{ij}^{\mu}}(t_l) = (\text{coef}_{ij}^{\mu})^{\text{T}} \Phi_d(t) = (\text{coef}_{ij1}^{\mu} \quad \cdots \quad \text{coef}_{ijK}^{\mu}) \times \begin{pmatrix} \phi_1(t) \\ \vdots \\ \phi_K(t) \end{pmatrix} \tag{5-18}$$

其中，$\widetilde{d_{ij}^{\mu}}(t)$ 为一般分布下的绝对距离的拟合函数，$\text{coef}_{ijk}^{\mu}$ 为第 $k$ 个基函数的系数，$\phi_k(t)$ 为第 $k$ 个基函数。

步骤 3：计算一般分布下的时变距离函数。

$$\widetilde{\text{tvd}_j^{\mu}}(t) = \begin{pmatrix} \widetilde{\text{tvd}_{1j}^{\mu}}(t) \\ \cdots \\ \widetilde{\text{tvd}_{nj}^{\mu}}(t) \end{pmatrix} = \begin{pmatrix} \dfrac{1}{t-t_1} \displaystyle\int_{t_1}^{t} \tilde{d}_{1j}^{\mu}(x)\mathrm{d}x \\ \cdots \\ \dfrac{1}{t-t_1} \displaystyle\int_{t_1}^{t} \tilde{d}_{nj}^{\mu}(x)\mathrm{d}x \end{pmatrix}$$

$$= \begin{pmatrix} \dfrac{1}{t-t_1} \displaystyle\int_{t_1}^{t} (\text{coef}_{1j}^{\mu})^{\text{T}} \Phi_d(t)\mathrm{d}x \\ \cdots \\ \dfrac{1}{t-t_1} \displaystyle\int_{t_1}^{t} (\text{coef}_{nj}^{\mu})^{\text{T}} \Phi_d(t)\mathrm{d}x \end{pmatrix}$$

$$= \dfrac{1}{t-t_1} (\text{Coef}_j^{\mu})^{\text{T}} \left( \int_{t_1}^{t} \Phi_d(t)\mathrm{d}x \right)$$

$$= \dfrac{1}{t-t_1} \begin{pmatrix} \text{coef}_{1j1}^{\mu} & \cdots & \text{coef}_{1jK}^{\mu} \\ \vdots & \ddots & \vdots \\ \text{coef}_{nj1}^{\mu} & \cdots & \text{coef}_{njK}^{\mu} \end{pmatrix} \times \begin{pmatrix} \displaystyle\int_{t_1}^{t} \phi_1(t)\mathrm{d}x \\ \cdots \\ \displaystyle\int_{t_1}^{t} \phi_K(t)\mathrm{d}x \end{pmatrix} \tag{5-19}$$

假设均值函数与总体均值函数之间的时变距离函数与标准差函数及其均值函数之间的时变距离函数所使用的基函数阶数和个数保持一致，可以计算出标准差函数与其均值函数之间的时变绝对距离函数 $\widetilde{\mathrm{tvd}}_j^\sigma(t) = \dfrac{1}{t-t_1}(\mathrm{Coef}_j^\sigma)^{\mathrm{T}}\left(\int_{t_1}^t \Phi_d(x)\mathrm{d}x\right)$。

在此基础上，能够进一步获得一般分布下的区间时变距离函数为 $\widetilde{\mathrm{tvd}}_{ij}^\mu(t) + \widetilde{\mathrm{tvd}}_{ij}^\sigma(t)$。

一般分布下的时变距离函数的单指标 IFPCA 具体计算步骤如下。

步骤 1：计算一般分布下的协方差函数。

$$
\begin{aligned}
V_{ij}(s,t) &= \frac{1}{n}\sum_{i=1}^n \left(\widetilde{\mathrm{tvd}}_{ij}^\mu(s) + \widetilde{\mathrm{tvd}}_{ij}^\sigma(s)\right) \times \left(\widetilde{\mathrm{tvd}}_{ij}^\mu(t) + \widetilde{\mathrm{tvd}}_{ij}^\sigma(t)\right) \\
&= \frac{1}{n}\left(\widetilde{\mathrm{tvd}}_{j}^\mu(s) + \widetilde{\mathrm{tvd}}_{j}^\sigma(s)\right)^{\mathrm{T}} \times \left(\widetilde{\mathrm{tvd}}_{j}^\mu(t) + \widetilde{\mathrm{tvd}}_{j}^\sigma(t)\right) \\
&= \frac{1}{n}\frac{1}{s-t_1}\left(\int_{t_1}^s \Phi_d(x)\mathrm{d}x\right)^{\mathrm{T}} \times \left(\mathrm{Coef}_j^\mu + \mathrm{Coef}_j^\sigma\right) \\
&\quad \times \left(\mathrm{Coef}_j^\mu + \mathrm{Coef}_j^\sigma\right)^{\mathrm{T}} \times \frac{1}{t-t_1}\left(\int_{t_1}^t \Phi_d(x)\mathrm{d}x\right)
\end{aligned}
\tag{5-20}
$$

步骤 2：计算一般分布下的特征函数。

$$
\mathrm{PCAPSV}(\xi_g) = \frac{\mathrm{Var}(F_g)}{\|\xi_g\|^2 + \lambda \times \mathrm{PEN}_2(\xi_g)} = \frac{\iint \xi_g(s)\,V_{ij}(s,t)\,\xi_g(t)\mathrm{d}s\mathrm{d}t}{\|\xi_g\|^2 + \lambda \times \mathrm{PEN}_2(\xi_g)}
$$

$$
= \frac{b_g^{\mathrm{T}}\left(\displaystyle\int_{t_1}^{t_T}\Phi_d(s)\frac{\left(\int_{t_1}^s \Phi_d(x)\mathrm{d}x\right)^{\mathrm{T}}}{s-t_1}\mathrm{d}s\right) \times \frac{1}{n}(\mathrm{Coef}_j^\mu + \mathrm{Coef}_j^\sigma) \times (\mathrm{Coef}_j^\mu + \mathrm{Coef}_j^\sigma)^{\mathrm{T}}\left(\displaystyle\int_{t_1}^{t_T}\left(\frac{\int_{t_1}^t \Phi_d(x)\mathrm{d}x}{t-t_1}\right)\Phi_d^{\mathrm{T}}(t)\mathrm{d}t\right) b_g}{b_g^{\mathrm{T}}\left(\displaystyle\int_{t_1}^{t_T}\Phi_d(t)\Phi_d^{\mathrm{T}}(t)\mathrm{d}t\right)b_g + \lambda b_g^{\mathrm{T}}R_d b_g}
$$

$$\tag{5-21}$$

令 $J = \displaystyle\int_{t_1}^{t_T}\Phi_d(t)\frac{\left(\int_{t_1}^t \Phi_d(x)\mathrm{d}x\right)^{\mathrm{T}}}{t-t_1}$，$V = \dfrac{1}{N}(\mathrm{Coef}_j^\mu + \mathrm{Coef}_j^\sigma) \times (\mathrm{Coef}_j^\mu + \mathrm{Coef}_j^\sigma)^{\mathrm{T}}$，

$W = \displaystyle\int_{t_1}^{t_T}\Phi_d(t)\Phi_d^{\mathrm{T}}(t)\mathrm{d}t$，得 $\mathrm{PCAPSV}(\xi_g) = \dfrac{b_g^{\mathrm{T}}JVJ^{\mathrm{T}}b_g}{b_g^{\mathrm{T}}Wb_g + \lambda b_g^{\mathrm{T}}R_d b_g}$。通过最大化 $\mathrm{PCAPSV}(\xi_g)$，即 $JVJ^{\mathrm{T}}b_g = \rho_g(W + \lambda R_d)b_g$，求出特征函数系数 $b_g$ 及特征值 $\rho_g$，具体解法如下所示：

$$
L^{\mathrm{T}}L = W + \lambda R_d
\tag{5-22}
$$

$$
(SJVJ^{\mathrm{T}}S^{\mathrm{T}})(Lb_g) = \rho_g Lb_g
\tag{5-23}
$$

其中，$L$ 为 $W + \lambda R_d$ 的上三角矩阵，$S = (L^{-1})^{\mathrm{T}}$。

步骤3：计算主成分得分。

$$\mathrm{score}_{ig} = [\mathrm{score}_{ig}^{\mu}, \mathrm{score}_{ig}^{\sigma}] = [\tilde{x}_{ij}^{\mu}(t) \times \xi_g(t), \tilde{x}_{ij}^{\sigma}(t) \times \xi_g(t)] \qquad （5\text{-}24）$$

## 三、一般分布下的时变距离函数的多指标区间函数型主成分分析

基于孙利荣等（2021a）的研究，将一般分布下的区间时变距离函数替换为 FPCA 的多指标交叉协方差函数与其均值之间偏差函数，得到两个不同指标间的区间交叉协方差函数，再将一般分布下的区间方差函数和一般分布下的区间交叉协方差函数相结合，构建基于一般分布总体协方差函数，对其进行多指标 FPCA，从而获得相应的特征函数和区间主成分得分。

基于一般分布下的时变距离函数的多指标 IFPCA 具体计算步骤如下。

步骤1：计算一般分布下的协方差函数。

$$
\begin{aligned}
V_{ij*}(s,t) &= \frac{1}{n}\sum_{i=1}^{n}\left(\widetilde{\mathrm{tvd}}_{ij}^{\mu}(s) + \widetilde{\mathrm{tvd}}_{ij}^{\sigma}(s)\right) \times \left(\widetilde{\mathrm{tvd}}_{ij*}^{\mu}(t) + \widetilde{\mathrm{tvd}}_{ij*}^{\sigma}(t)\right) \\
&= \frac{1}{n}\left(\widetilde{\mathrm{tvd}}_{j}^{\mu}(s) + \widetilde{\mathrm{tvd}}_{j}^{\sigma}(s)\right)^{\mathrm{T}} \times \left(\widetilde{\mathrm{tvd}}_{j*}^{\mu}(t) + \widetilde{\mathrm{tvd}}_{j*}^{\sigma}(t)\right) \\
&= \frac{1}{n}\frac{1}{s-t_1}\left(\int_{t_1}^{s}\Phi_d(x)\mathrm{d}x\right)^{\mathrm{T}} \times \left(\mathrm{Coef}_{j}^{\mu} + \mathrm{Coef}_{j}^{\sigma}\right) \\
&\quad \times \left(\mathrm{Coef}_{j*}^{\mu} + \mathrm{Coef}_{j*}^{\sigma}\right)^{\mathrm{T}} \times \frac{1}{t-t_1}\int_{t_1}^{t}\Phi_d(x)\mathrm{d}x
\end{aligned}
\qquad （5\text{-}25）
$$

结合已求出的一般分布下的区间方差函数和一般分布下的区间交叉协方差函数，可得到一般分布下的区间函数型数据的总体协方差矩阵为

$$
\begin{aligned}
V(s,t) &= \begin{pmatrix} V_{11}(s,t) & \cdots & V_{1m}(s,t) \\ \vdots & \ddots & \vdots \\ V_{m1}(s,t) & \cdots & V_{mm}(s,t) \end{pmatrix} \\
&= \frac{1}{n}F^{\mathrm{T}}(s) \times \begin{pmatrix} \mathrm{Cov}_{11} & \cdots & \mathrm{Cov}_{1m} \\ \vdots & \ddots & \vdots \\ \mathrm{Cov}_{m1} & \cdots & \mathrm{Cov}_{mm} \end{pmatrix} \times F(t)
\end{aligned}
\qquad （5\text{-}26）
$$

其中，$F(t) = \begin{pmatrix} \dfrac{1}{t-t_1}\displaystyle\int_{t_1}^{t}\Phi_d(x)\mathrm{d}x & \cdots & 0 \\ \vdots & \ddots & \vdots \\ 0 & \cdots & \dfrac{1}{t-t_1}\displaystyle\int_{t_1}^{t}\Phi_d(x)\mathrm{d}x \end{pmatrix},$

$$\begin{pmatrix} \text{Cov}_{11} & \cdots & \text{Cov}_{1m} \\ \vdots & \ddots & \vdots \\ \text{Cov}_{m1} & \cdots & \text{Cov}_{mm} \end{pmatrix} = \begin{pmatrix} \text{Coef}_1^{\mu} + \text{Coef}_1^{\sigma} \\ \vdots \\ \text{Coef}_m^{\mu} + \text{Coef}_m^{\sigma} \end{pmatrix} \times \begin{pmatrix} \text{Coef}_1^{\mu} + \text{Coef}_1^{\sigma} \\ \vdots \\ \text{Coef}_m^{\mu} + \text{Coef}_m^{\sigma} \end{pmatrix}^{\text{T}} 。$$

步骤 2：计算特征函数。在假定每个特征函数都使用一般分布下的时变距离函数的基函数阶数及个数的情况下，第 $g$ 个特征函数 $\xi_g(t)$ 的每个子特征函数为 $\xi_{gh}(t), h=1,2,\cdots,m$ 的基函数展开式为 $\xi_{gh}(t) = \varPhi_d^{\text{T}}(t)b_{gh}$。此时第 $g$ 个特征函数 $\xi_g(t)$ 的基函数可以表示为

$$\xi_g(t) = G^{\text{T}}(t)B_g(t) = \begin{pmatrix} \varPhi_d^{\text{T}}(t) & \cdots & 0 \\ \vdots & \ddots & \vdots \\ 0 & \cdots & \varPhi_d^{\text{T}}(t) \end{pmatrix} \times \begin{pmatrix} b_{i1} \\ \vdots \\ b_{im} \end{pmatrix} \tag{5-27}$$

其中，$b_{gh}$ 为第 $g$ 个特征函数的第 $h$ 个子特征函数的基函数系数向量。

假设对特征方程 $\xi_g(t)$ 进行粗糙惩罚，可以得到特征函数的公式为

$$\text{PCAPSV}(\xi_g) = \frac{\text{Var}(F_g)}{\left\| \xi_g \right\|^2 + \lambda \times \text{PEN}_2(\xi_g)} = \frac{\iint \xi_g(s)V(s,t)\xi_g(t)\text{d}s\text{d}t}{\left\| \xi_g \right\|^2 + \lambda \times \text{PEN}_2(\xi_g)}$$

$$= \frac{B_g^{\text{T}}(s)\int_{t_1}^{t_T} G(s)F^{\text{T}}(s)\text{d}s \times \dfrac{1}{n}\begin{pmatrix} \text{Cov}_{11} & \cdots & \text{Cov}_{1m} \\ \vdots & \ddots & \vdots \\ \text{Cov}_{m1} & \cdots & \text{Cov}_{mm} \end{pmatrix} \times \int_{t_1}^{t_T} F(t)G^{\text{T}}(t)\text{d}t \times B_g(t)}{B_g^{\text{T}}\left( \int_{t_1}^{t_T} G(t)G^{\text{T}}(t)\text{d}t \right)B_g + \lambda B_g^{\text{T}}RG_dB_g}$$

$$\tag{5-28}$$

令 $J = \int_{t_1}^{t_T} F(t)G^{\text{T}}(t)\text{d}t$，$V = \dfrac{1}{n}\begin{pmatrix} \text{Cov}_{11} & \cdots & \text{Cov}_{1m} \\ \vdots & \ddots & \vdots \\ \text{Cov}_{m1} & \cdots & \text{Cov}_{mm} \end{pmatrix}$，$W = \int_{t_1}^{t_T} G(t)G^{\text{T}}(t)\text{d}t$，得

$\text{PCAPSV}(\xi_g) = \dfrac{B_g^{\text{T}}(s)JVJ^{\text{T}}B_g}{B_g^{\text{T}}WB_g + \lambda B_g^{\text{T}}RG_dB_g}$。通过最大化 $\text{PCAPSV}(\xi_g)$，即 $JVJ^{\text{T}}B_g = \rho_g$

$(W + \lambda RG_d)B_g$，求出特征函数系数 $B_g$ 及特征值 $\rho_g$ 如下：

$$L^{\text{T}}L = W + \lambda RG_d \tag{5-29}$$

$$(SJVJ^{\text{T}}S^{\text{T}})(LB_g) = \rho_g LB_g \tag{5-30}$$

其中，$L$ 为 $W + \lambda RG_d$ 的上三角矩阵，$S = (L^{-1})^{\text{T}}$。

步骤 3：计算主成分得分。

$$\text{score}_{ig} = [\text{score}_{ig}^{\mu}, \text{score}_{ig}^{\sigma}] = [\tilde{x}_i^{\mu}(t) \times \xi_g(t), \tilde{x}_i^{\sigma}(t) \times \xi_g(t)] \tag{5-31}$$

基于均值-标准差函数的 IFPCA 算法如图 5-1 所示。

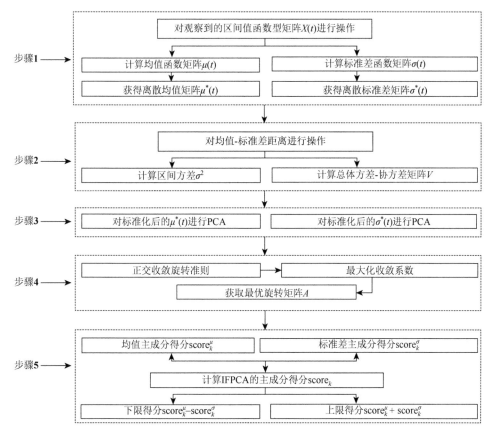

图 5-1　基于均值-标准差函数的 IFPCA 算法

# 第四节　模 拟 实 验

本节将生成五种不同的情形，在这五种情形上验证本书提出方法的有效性，并与已有的 IFPCA 进行对比，因为目前没有文献提供 IFPCA 的效度对比指标，所以本书使用方差贡献率作为评价主成分结果好坏的衡量指标。主成分分析的目的是找到能最大限度地解释原始数据方差的主成分，当方差贡献率较高时，意味着相应的主成分能够较好地捕捉和解释原始数据的变异性，因此主成分结果较好。相反，当方差贡献率较低时，说明相应主成分对数据的解释能力较弱，主成分结果较差。因此，通过主成分的方差贡献率可以对主成分结果的好坏进行评估，选择具有较高方差贡献率的主成分，可以保留更多原始数据的信息，并在降维过程中减少信息的损失。

## 一、模拟数据的生成

首先生成一系列的离散数据，初步的离散数据采用以下模型生成：

$$Y^i(t_l) = X^{il}(t_l) + \varepsilon_j^i, \ l = 1, 2, \cdots, T \quad (5\text{-}32)$$

其中，$t_l, l = 1, 2, \cdots, 1000$ 为在范围 $\left[0, \dfrac{\pi}{2}\right]$ 等距生成的数据。

在式（5-32）的基础上，模拟出五种不同的情形，结果如下。

情形1：

$$X^{il}(t_l) = a_i + b_l + c_i \cos(1.2t_l) + t_l^2, \ l = 1, 2, 3 \quad (5\text{-}33)$$

其中，$a_i \sim U\left(-\dfrac{1}{2}, \dfrac{1}{2}\right), \varepsilon_i^i \sim N(2, 0.3^2), b_1 = 0.2, b_2 = 0.6, b_3 = 0.9, c_1 = \dfrac{1}{1.2}, c_2 = \dfrac{1}{1.5}, \ c_3 = \dfrac{1}{1.7}$。

情形2：

$$X^{il}(t_l) = a_i + b_l + \sin(c_i \pi t_l^2) + \cos(\pi t_l^3), \ l = 1, 2, 3, 4 \quad (5\text{-}34)$$

其中，$a_i \sim U\left(-\dfrac{1}{3}, \dfrac{1}{3}\right), \varepsilon_i^i \sim N(2, 0.8^2), b_1 = 1.4, b_2 = 1.8, b_3 = 2.3, b_4 = 2.5, c_1 = 1.6, \ c_2 = 2.1, c_3 = 2.7, c_4 = 3.4$。

情形3：

$$X^{il}(t_l) = a_i + b_l + \sin(c_i \pi t_l) + t_l^3, \ l = 1, 2, 3, 4, 5 \quad (5\text{-}35)$$

其中，$a_i \sim U\left(-\dfrac{1}{4}, \dfrac{1}{4}\right), \varepsilon_i^i \sim N(2, 0.5^2), b_1 = 0.3, b_2 = 0.6, b_3 = 0.8, b_4 = 1.1, b_5 = 1.4, c_1 = 1.7, c_2 = 2.4, c_3 = 2.7, c_4 = 3.2, c_5 = 3.4$。

情形4：

$$X^{il}(t_l) = a_i + b_l + \cos(c_i \pi t_l^2) + \cos(\pi t_l^3), \ l = 1, 2, 3, 4, 5, 6 \quad (5\text{-}36)$$

其中，$a_i \sim U\left(-\dfrac{1}{2}, \dfrac{1}{2}\right), \varepsilon_i^i \sim N(2, 0.7^2), b_1 = 1.3, b_2 = 1.8, b_3 = 2.6, b_4 = 3.4, \ b_5 = 3.8, \ b_6 = 4.1, c_1 = 1.1, c_2 = 1.5, c_3 = 1.7, c_4 = 1.3, c_5 = 1.4, c_6 = 1.2$。

情形5：

$$X^{il}(t_l) = a_i + \sin(b_l \pi t_l) - t_l^3, \ l = 1, 2, 3, 4, 5, 6, 7 \quad (5\text{-}37)$$

其中，$a_i \sim U\left(-\dfrac{1}{3}, \dfrac{1}{3}\right), \varepsilon_i^i \sim N(2, 0.5^2), b_1 = 1.2, b_2 = 1.3, b_3 = 1.5, b_4 = 1.7, \ b_5 = 2.1, \ b_6 = 2.3, b_7 = 2.5$。

根据情形 1 到情形 5 生成一系列的数据,在每个情形下重复 50 次且每次生成 1000 个数据,然后按照每 25 个数值数据为 1 组,构成 1 个区间数据,并计算每个区间数据内部的均值和标准差,即情形 1 生成了 150 组数据,每组数据包含 40 个区间函数型数据;情形 2 生成了 200 组数据,每组数据包含 40 个区间函数型数据;情形 3 生成了 250 组数据,每组数据包含 40 个区间函数型数据;情形 4 生成了 300 组数据,每组数据包含 40 个区间函数型数据;情形 5 生成了 350 组数据,每组数据包含 40 个区间函数型数据。在进行主成分分析时,已知每个区间函数型数据的内部信息,符合本书针对区间信息分布下的区间函数型数据的要求。

## 二、模拟实验的对比

接下来按各种情形获得模拟数据并处理得到区间函数型数据,比较在不同 IFPCA、不同基函数阶数 $n$ 和不同基函数个数 $k$ 下的前四个主成分的方差贡献率。在 IFPCA 中,IFPCA1 表示的是基于区间信息分布的时变距离函数的 IFPCA,IFPCA2 表示的是基于均值-标准差的 IFPCA,IFPCA3 表示的是基于时变距离函数的 IFPCA,IFPCA4 表示的是基于中点法的 IFPCA,IFPCA5 表示的是基于中点-半径的 IFPCA。对于基函数阶数,选择 $n=4$ 和 $n=8$ 这两种情况,对于基函数个数,选择 $k=20$,$k=30$ 和 $k=40$ 这三种情况,数据拟合时统一选择增加惩罚参数为 0.55 以减少拟合误差。

对情形 1 到情形 5 的模拟数据进行五种不同的 IFPCA,得到前四个主成分的方差贡献率和其累计方差贡献率,结果如表 5-1~表 5-5 所示。

表 5-1　情形 1 不同 IFPCA 的方差贡献率

| | | | IFPCA1 | IFPCA2 | IFPCA3 | IFPCA4 | IFPCA5 |
|---|---|---|---|---|---|---|---|
| $n=4$ | $k=20$ | PC1 | 91.24% | 58.03% | 88.93% | 71.19% | 48.65% |
| | | PC2 | 1.36% | 7.65% | 1.55% | 3.26% | 7.51% |
| | | PC3 | 1.21% | 6.92% | 1.45% | 2.94% | 6.79% |
| | | PC4 | 1.01% | 5.31% | 1.24% | 2.83% | 6.06% |
| | | 累计 | 94.83% | 77.92% | 93.18% | 80.22% | 69.01% |
| | $k=30$ | PC1 | 90.87% | 56.61% | 88.62% | 69.28% | 46.74% |
| | | PC2 | 1.30% | 7.02% | 1.40% | 3.21% | 6.88% |
| | | PC3 | 1.17% | 6.36% | 1.37% | 2.93% | 6.28% |
| | | PC4 | 1.00% | 4.95% | 1.15% | 2.79% | 5.71% |
| | | 累计 | 94.34% | 74.94% | 92.55% | 78.21% | 65.62% |
| | $k=40$ | PC1 | 90.77% | 56.39% | 88.50% | 68.95% | 46.42% |
| | | PC2 | 1.30% | 6.89% | 1.39% | 3.20% | 6.77% |

续表

| | | | IFPCA1 | IFPCA2 | IFPCA3 | IFPCA4 | IFPCA5 |
|---|---|---|---|---|---|---|---|
| $n=4$ | $k=40$ | PC3 | 1.14% | 6.26% | 1.33% | 2.92% | 6.22% |
| | | PC4 | 1.00% | 4.90% | 1.13% | 2.78% | 5.66% |
| | | 累计 | 94.20% | 74.44% | 92.35% | 77.85% | 65.06% |
| $n=8$ | $k=20$ | PC1 | 91.48% | 58.90% | 89.14% | 72.14% | 49.29% |
| | | PC2 | 1.43% | 8.22% | 1.70% | 3.27% | 8.27% |
| | | PC3 | 1.22% | 7.33% | 1.51% | 2.93% | 7.15% |
| | | PC4 | 1.02% | 5.62% | 1.23% | 2.86% | 6.46% |
| | | 累计 | 95.15% | 80.07% | 93.58% | 81.21% | 71.16% |
| | $k=30$ | PC1 | 90.92% | 56.56% | 88.66% | 69.22% | 46.67% |
| | | PC2 | 1.29% | 7.00% | 1.43% | 3.21% | 6.88% |
| | | PC3 | 1.16% | 6.37% | 1.40% | 2.93% | 6.31% |
| | | PC4 | 1.00% | 4.99% | 1.14% | 2.79% | 5.70% |
| | | 累计 | 94.38% | 74.91% | 92.62% | 78.15% | 65.55% |
| | $k=40$ | PC1 | 90.80% | 56.32% | 88.57% | 68.87% | 46.35% |
| | | PC2 | 1.30% | 6.86% | 1.39% | 3.19% | 6.75% |
| | | PC3 | 1.14% | 6.24% | 1.34% | 2.92% | 6.20% |
| | | PC4 | 0.99% | 4.90% | 1.12% | 2.78% | 5.65% |
| | | 累计 | 94.23% | 74.32% | 92.41% | 77.77% | 64.94% |

**表 5-2　情形 2 不同 IFPCA 的方差贡献率**

| | | | IFPCA1 | IFPCA2 | IFPCA3 | IFPCA4 | IFPCA5 |
|---|---|---|---|---|---|---|---|
| $n=4$ | $k=20$ | PC1 | 97.19% | 82.73% | 95.48% | 93.88% | 74.12% |
| | | PC2 | 0.82% | 3.61% | 1.25% | 0.66% | 4.48% |
| | | PC3 | 0.31% | 2.79% | 0.52% | 0.61% | 3.80% |
| | | PC4 | 0.27% | 2.22% | 0.44% | 0.56% | 3.37% |
| | | 累计 | 98.59% | 91.34% | 97.69% | 95.71% | 85.77% |
| | $k=30$ | PC1 | 97.02% | 81.64% | 95.27% | 93.31% | 72.54% |
| | | PC2 | 0.84% | 3.51% | 1.23% | 0.66% | 4.38% |
| | | PC3 | 0.31% | 2.65% | 0.50% | 0.61% | 3.58% |
| | | PC4 | 0.26% | 2.23% | 0.45% | 0.56% | 3.23% |
| | | 累计 | 98.43% | 90.02% | 97.44% | 95.14% | 83.73% |
| | $k=40$ | PC1 | 97.00% | 81.46% | 95.24% | 93.22% | 72.28% |
| | | PC2 | 0.83% | 3.50% | 1.20% | 0.66% | 4.36% |
| | | PC3 | 0.31% | 2.64% | 0.49% | 0.61% | 3.56% |

续表

|  |  |  | IFPCA1 | IFPCA2 | IFPCA3 | IFPCA4 | IFPCA5 |
|---|---|---|---|---|---|---|---|
| $n=4$ | $k=40$ | PC4 | 0.26% | 2.22% | 0.45% | 0.56% | 3.21% |
|  |  | 累计 | 98.40% | 89.82% | 97.38% | 95.05% | 83.41% |
| $n=8$ | $k=20$ | PC1 | 97.24% | 83.20% | 95.58% | 94.19% | 74.96% |
|  |  | PC2 | 0.83% | 3.56% | 1.28% | 0.67% | 4.47% |
|  |  | PC3 | 0.32% | 2.75% | 0.53% | 0.60% | 3.77% |
|  |  | PC4 | 0.28% | 2.23% | 0.46% | 0.56% | 3.36% |
|  |  | 累计 | 98.66% | 91.75% | 97.85% | 96.02% | 86.56% |
|  | $k=30$ | PC1 | 97.03% | 81.60% | 95.28% | 93.31% | 72.49% |
|  |  | PC2 | 0.84% | 3.52% | 1.24% | 0.66% | 4.38% |
|  |  | PC3 | 0.31% | 2.64% | 0.50% | 0.61% | 3.57% |
|  |  | PC4 | 0.26% | 2.22% | 0.45% | 0.56% | 3.24% |
|  |  | 累计 | 98.45% | 89.98% | 97.47% | 95.14% | 83.69% |
|  | $k=40$ | PC1 | 97.01% | 81.42% | 95.25% | 93.19% | 72.23% |
|  |  | PC2 | 0.83% | 3.50% | 1.21% | 0.66% | 4.36% |
|  |  | PC3 | 0.31% | 2.62% | 0.49% | 0.61% | 3.54% |
|  |  | PC4 | 0.26% | 2.21% | 0.45% | 0.56% | 3.20% |
|  |  | 累计 | 98.42% | 89.75% | 97.40% | 95.02% | 83.33% |

**表 5-3　情形 3 不同 IFPCA 的方差贡献率**

|  |  |  | IFPCA1 | IFPCA2 | IFPCA3 | IFPCA4 | IFPCA5 |
|---|---|---|---|---|---|---|---|
| $n=4$ | $k=20$ | PC1 | 97.35% | 92.49% | 96.90% | 95.25% | 89.29% |
|  |  | PC2 | 1.77% | 4.35% | 1.61% | 2.61% | 4.57% |
|  |  | PC3 | 0.12% | 0.51% | 0.24% | 0.33% | 0.96% |
|  |  | PC4 | 0.12% | 0.44% | 0.17% | 0.20% | 0.84% |
|  |  | 累计 | 99.36% | 97.79% | 98.93% | 98.38% | 95.67% |
|  | $k=30$ | PC1 | 97.25% | 92.23% | 96.77% | 95.06% | 88.75% |
|  |  | PC2 | 1.78% | 4.34% | 1.62% | 2.60% | 4.55% |
|  |  | PC3 | 0.12% | 0.52% | 0.23% | 0.33% | 0.97% |
|  |  | PC4 | 0.11% | 0.44% | 0.18% | 0.20% | 0.84% |
|  |  | 累计 | 99.27% | 97.53% | 98.78% | 98.19% | 95.11% |
|  | $k=40$ | PC1 | 97.22% | 92.18% | 96.72% | 95.02% | 88.65% |
|  |  | PC2 | 1.79% | 4.34% | 1.62% | 2.60% | 4.55% |
|  |  | PC3 | 0.12% | 0.52% | 0.22% | 0.33% | 0.97% |
|  |  | PC4 | 0.11% | 0.44% | 0.18% | 0.20% | 0.85% |
|  |  | 累计 | 99.25% | 97.47% | 98.74% | 98.16% | 95.01% |

| | | | IFPCA1 | IFPCA2 | IFPCA3 | IFPCA4 | IFPCA5 |
|---|---|---|---|---|---|---|---|
| | | PC1 | 97.41% | 92.61% | 96.99% | 95.37% | 89.51% |
| | | PC2 | 1.77% | 4.35% | 1.61% | 2.61% | 4.58% |
| | $k=20$ | PC3 | 0.13% | 0.51% | 0.25% | 0.33% | 0.96% |
| | | PC4 | 0.12% | 0.44% | 0.17% | 0.20% | 0.85% |
| | | 累计 | 99.42% | 97.91% | 99.03% | 98.50% | 95.89% |
| | | PC1 | 97.27% | 92.22% | 96.79% | 95.06% | 88.73% |
| | | PC2 | 1.77% | 4.34% | 1.61% | 2.60% | 4.55% |
| $n=8$ | $k=30$ | PC3 | 0.12% | 0.52% | 0.23% | 0.33% | 0.97% |
| | | PC4 | 0.11% | 0.44% | 0.17% | 0.20% | 0.84% |
| | | 累计 | 99.28% | 97.51% | 98.80% | 98.19% | 95.09% |
| | | PC1 | 97.23% | 92.17% | 96.74% | 95.02% | 88.63% |
| | | PC2 | 1.78% | 4.34% | 1.61% | 2.60% | 4.54% |
| | $k=40$ | PC3 | 0.12% | 0.52% | 0.22% | 0.33% | 0.97% |
| | | PC4 | 0.11% | 0.44% | 0.18% | 0.20% | 0.85% |
| | | 累计 | 99.25% | 97.46% | 98.75% | 98.15% | 94.99% |

表 5-4   情形 4 不同 IFPCA 的方差贡献率

| | | | IFPCA1 | IFPCA2 | IFPCA3 | IFPCA4 | IFPCA5 |
|---|---|---|---|---|---|---|---|
| | | PC1 | 94.02% | 90.04% | 93.60% | 89.92% | 86.67% |
| | | PC2 | 4.34% | 6.68% | 3.80% | 6.55% | 6.78% |
| | $k=20$ | PC3 | 0.41% | 0.50% | 0.50% | 0.48% | 0.76% |
| | | PC4 | 0.18% | 0.32% | 0.33% | 0.34% | 0.68% |
| | | 累计 | 98.95% | 97.54% | 98.22% | 97.29% | 94.89% |
| | | PC1 | 93.74% | 89.74% | 93.31% | 89.61% | 86.10% |
| | | PC2 | 4.47% | 6.66% | 3.88% | 6.53% | 6.74% |
| $n=4$ | $k=30$ | PC3 | 0.41% | 0.50% | 0.49% | 0.48% | 0.76% |
| | | PC4 | 0.18% | 0.32% | 0.31% | 0.34% | 0.68% |
| | | 累计 | 98.81% | 97.22% | 98.00% | 96.97% | 94.28% |
| | | PC1 | 93.65% | 89.69% | 93.21% | 89.56% | 86.00% |
| | | PC2 | 4.53% | 6.66% | 3.93% | 6.53% | 6.73% |
| | $k=40$ | PC3 | 0.41% | 0.50% | 0.49% | 0.48% | 0.76% |
| | | PC4 | 0.18% | 0.32% | 0.31% | 0.35% | 0.68% |
| | | 累计 | 98.77% | 97.16% | 97.94% | 96.91% | 94.17% |
| $n=8$ | $k=20$ | PC1 | 94.18% | 90.23% | 93.76% | 90.10% | 87.06% |
| | | PC2 | 4.25% | 6.69% | 3.74% | 6.57% | 6.82% |

|  |  |  | IFPCA1 | IFPCA2 | IFPCA3 | IFPCA4 | IFPCA5 |
|---|---|---|---|---|---|---|---|
| $n=8$ | $k=20$ | PC3 | 0.41% | 0.50% | 0.50% | 0.48% | 0.76% |
|  |  | PC4 | 0.19% | 0.32% | 0.35% | 0.34% | 0.68% |
|  |  | 累计 | 99.03% | 97.74% | 98.35% | 97.49% | 95.32% |
|  | $k=30$ | PC1 | 93.80% | 89.73% | 93.37% | 89.60% | 86.08% |
|  |  | PC2 | 4.42% | 6.66% | 3.84% | 6.53% | 6.74% |
|  |  | PC3 | 0.41% | 0.50% | 0.49% | 0.48% | 0.76% |
|  |  | PC4 | 0.18% | 0.32% | 0.31% | 0.35% | 0.68% |
|  |  | 累计 | 98.82% | 97.21% | 98.01% | 96.96% | 94.26% |
|  | $k=40$ | PC1 | 93.68% | 89.68% | 93.24% | 89.54% | 85.97% |
|  |  | PC2 | 4.50% | 6.65% | 3.91% | 6.53% | 6.73% |
|  |  | PC3 | 0.41% | 0.50% | 0.49% | 0.48% | 0.76% |
|  |  | PC4 | 0.18% | 0.32% | 0.31% | 0.35% | 0.68% |
|  |  | 累计 | 98.78% | 97.15% | 97.95% | 96.90% | 94.14% |

**表 5-5　情形 5 不同 IFPCA 的方差贡献率**

|  |  |  | IFPCA1 | IFPCA2 | IFPCA3 | IFPCA4 | IFPCA5 |
|---|---|---|---|---|---|---|---|
| $n=4$ | $k=20$ | PC1 | 93.83% | 72.36% | 93.40% | 89.09% | 68.93% |
|  |  | PC2 | 3.90% | 15.95% | 3.59% | 7.90% | 15.46% |
|  |  | PC3 | 1.07% | 4.02% | 1.14% | 0.44% | 4.62% |
|  |  | PC4 | 0.32% | 2.67% | 0.38% | 0.28% | 2.76% |
|  |  | 累计 | 99.12% | 95.00% | 98.50% | 97.71% | 91.77% |
|  | $k=30$ | PC1 | 93.77% | 71.87% | 93.31% | 88.82% | 68.13% |
|  |  | PC2 | 3.88% | 15.80% | 3.55% | 7.88% | 15.25% |
|  |  | PC3 | 1.05% | 3.86% | 1.11% | 0.44% | 4.38% |
|  |  | PC4 | 0.32% | 2.66% | 0.36% | 0.28% | 2.71% |
|  |  | 累计 | 99.02% | 94.19% | 98.33% | 97.42% | 90.47% |
|  | $k=40$ | PC1 | 93.75% | 71.77% | 93.28% | 88.78% | 68.00% |
|  |  | PC2 | 3.88% | 15.77% | 3.55% | 7.88% | 15.18% |
|  |  | PC3 | 1.04% | 3.86% | 1.09% | 0.44% | 4.38% |
|  |  | PC4 | 0.32% | 2.63% | 0.36% | 0.28% | 2.69% |
|  |  | 累计 | 98.99% | 94.02% | 98.28% | 97.37% | 90.25% |
| $n=8$ | $k=20$ | PC1 | 93.88% | 72.40% | 93.49% | 89.22% | 69.17% |
|  |  | PC2 | 3.90% | 16.02% | 3.60% | 7.92% | 15.57% |
|  |  | PC3 | 1.09% | 3.90% | 1.16% | 0.44% | 4.47% |

续表

|  |  |  | IFPCA1 | IFPCA2 | IFPCA3 | IFPCA4 | IFPCA5 |
|---|---|---|---|---|---|---|---|
| $n=8$ | $k=20$ | PC4 | 0.33% | 2.68% | 0.39% | 0.28% | 2.78% |
|  |  | 累计 | 99.19% | 95.00% | 98.63% | 97.85% | 91.99% |
|  | $k=30$ | PC1 | 93.78% | 71.81% | 93.33% | 88.82% | 68.09% |
|  |  | PC2 | 3.87% | 15.79% | 3.54% | 7.88% | 15.21% |
|  |  | PC3 | 1.05% | 3.85% | 1.11% | 0.44% | 4.38% |
|  |  | PC4 | 0.32% | 2.64% | 0.36% | 0.28% | 2.70% |
|  |  | 累计 | 99.03% | 94.10% | 98.35% | 97.42% | 90.37% |
|  | $k=40$ | PC1 | 93.76% | 71.75% | 93.29% | 88.77% | 67.96% |
|  |  | PC2 | 3.88% | 15.76% | 3.55% | 7.88% | 15.18% |
|  |  | PC3 | 1.04% | 3.83% | 1.10% | 0.44% | 4.36% |
|  |  | PC4 | 0.32% | 2.63% | 0.36% | 0.28% | 2.68% |
|  |  | 累计 | 99.00% | 93.97% | 98.29% | 97.36% | 90.18% |

从表 5-1~表 5-5 可以看出,在相同的基函数阶数中,随着基函数个数的增加,五种不同 IFPCA 的主成分的方差贡献率不断减小。在相同的基函数阶数和基函数个数下,IFPCA1 的第一主成分的方差贡献率和前四个主成分的累计方差贡献率始终高于另外四种 IFPCA,IFPCA5 的第一主成分的方差贡献率和前四个主成分的累计方差贡献率是五种方法中最低的,且 IFPCA1 和 IFPCA2 的第一主成分的方差贡献率和前四个主成分的累计方差贡献率分别高于 IFPCA3 和 IFPCA5。在情形 4 中,当基函数阶数和基函数个数相同时,五种方法的第一主成分的方差贡献率和前四个主成分的累计方差贡献率排名是 IFPCA1>IFPCA3>IFPCA2>IFPCA4>IFPCA5。在其他情形中,当基函数阶数和基函数个数相同时,五种方法的第一主成分的方差贡献率和前四个主成分的累计方差贡献率排名是 IFPCA1>IFPCA3>IFPCA4>IFPCA2>IFPCA5。当 $n=8$,$k=20$ 时,五种方法的第一主成分的方差贡献率和前四个主成分的累计方差贡献率高于其他情况。

从以上分析可知,在五种不同情形中,一般分布下的时变距离函数的 IFPCA 的第一主成分的方差贡献率和前四个主成分的累计方差贡献率始终高于其他四种方法,对原始数据信息的提取较为充分,同时一般分布下的 IFPCA 的第一主成分的方差贡献率和前四个主成分的累计方差贡献率始终高于与之对应的均匀分布 IFPCA,说明本书提出的一般分布下的 IFPCA 要比均匀分布 IFPCA 更具普适性,主成分分析效果更好。基于中点法的 IFPCA 的方差贡献率虽然在大多数情形中高于基于中点-半径的 IFPCA 和基于均值-标准差的 IFPCA,但它只关注中点函数型数据,缺失对数据的波动分析,无法体现数据内部的波动差异。基于中点-半径的 IFPCA 的方差贡献率低于其他四种方法，提取原始数据的信息量不充分。

本书中关于区间函数型主成分方法的框架图如图 5-2 所示。

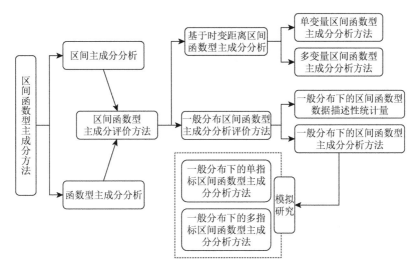

图 5-2　本书中关于区间函数型主成分方法的框架图

# 第六章　区间函数型聚类评价方法

在第六章及第七章的聚类分析章节中，根据需要调整了使用的变量集，以便更好地适应区间函数型数据聚类分析的特点，如表 6-1 所示。这种灵活的变量调整使我们能够更准确地捕捉和解释数据中的群体结构，从而提高分析的实用性和相关性。我们的目标是通过这种方法，获得更多的操作性洞见。

**表 6-1　第六、七章使用的主要变量符号及其说明**

| 符号 | 说明 |
|---|---|
| $x_{ipl}$ | 第 $i$ 个观测对象在时刻 $l$ 对于第 $p$ 个指标的离散观测值 $i=1,2,\cdots,n; p=1,2,\cdots,q; l=1,2,\cdots,T$ |
| $x_i(t)$ | 第 $i$ 个观测对象在时间区间 $t$ 中的函数序列 |
| $x_{ip}(t)$ | 第 $i$ 个观测对象在时间区间 $t$ 中对于第 $p$ 个指标的函数序列 |
| $x_i^c(t)$ | 第 $i$ 个观测对象在时间区间 $t$ 中的中点函数序列 |
| $x_i^r(t)$ | 第 $i$ 个观测对象在时间区间 $t$ 中的半径函数序列 |
| $x_i^{\mathrm{mean}}(t)$ | 第 $i$ 个观测对象在时间区间 $t$ 中的均值函数序列 |
| $x_i^{\mathrm{std}}(t)$ | 第 $i$ 个观测对象在时间区间 $t$ 中的标准差函数序列 |
| $X_{ip}=\left[x_{ip}^l, x_{ip}^u\right]$ | 第 $i$ 个观测对象在第 $p$ 个指标上的离散区间数据矩阵，$x_{ip}^l$ 为下限离散观测值，$x_{ij}^u$ 为上限离散观测值 |
| $\left[X_p\right]$ | 第 $p$ 个指标的离散区间观测向量 |
| $\left[O_i\right]$ | 第 $i$ 个观测对象的离散区间观测向量 |
| $X_{ip}(t)=\left[x_{ip}^l(t), x_{ip}^u(t)\right]$ | 第 $i$ 个观测对象在第 $p$ 个指标上的区间函数序列，$x_{ip}^l(t)$ 为下限函数序列，$x_{ip}^u(t)$ 为上限函数序列 |
| $\Phi(t)=(\phi_1(t),\phi_2(t),\cdots,\phi_K(t))$ | $K$ 维基函数列向量 $k=1,2,\cdots,K$ |
| $c_i=(c_{i1},c_{i2},\cdots,c_{iK})$ | $K$ 维函数 $\Phi(t)$ 对应的系数向量 |
| $Dx_i(t)$ | $x_i(t)$ 的一阶导函数曲线 |
| $r_k^i$ | $x_i(t)$ 在偏差区间内的极大值点 |
| $g_k^i$ | $x_i(t)$ 在偏差区间内的极小值点 |

续表

| 符号 | 说明 |
|---|---|
| $\pi_{ip}(t)$ | 第 $p$ 个指标下第 $i$ 个函数样本占该指标的比重函数 |
| $e_p$ | 第 $p$ 个指标的熵值 |
| $w_p$ | 第 $p$ 个指标的权重 |
| $y_i(t)$ | 第 $i$ 个样本的综合指标函数 |
| $L^2$ | 二次可积函数空间 |
| $I^2$ | 二次可积函数空间对应的序列空间 |
| $\Delta_p$ | 离散观测值修正量 |
| sc | 轮廓系数衡量聚类分析效果 |

# 第一节 区间数聚类分析相似性度量

区间聚类分析是指指标值为区间信息的聚类分析方法，其基本思想与传统聚类分析思想一致，即通过具体的相似性度量，将事物聚集为多个类别，使得类内差异尽可能小，类间差异尽可能大。本节主要介绍现有的几种常用区间数相似性度量。

## 一、区间数

区间型符号数据，简称区间数（interval-valued data，ID），是一种常用的符号数据类型，通常是从一组定量数据中找出上限和下限数据，将其作为区间边界，用于描述该组数据。区间数基本定义如下（郭崇慧和刘永超，2015）。

**定义 6-1** 设 $R$ 为实数集，记 $X = [x^l, x^u] = \{x : x^l \leqslant x^u, x \in R\}$，则称 $X$ 为区间数，$x^l$ 和 $x^u$ 分别表示区间数的下限和上限，当 $x^l = x^u$ 时，区间数退化为一个实数。

设共有 $q$ 个指标，$n$ 个样本的区间数据，$X_{ip} = [x_{ip}^l, x_{ip}^u]$ 表示第 $i$ 个样本在第 $p$ 个指标下的区间观测值，则区间数矩阵表示为

$$[X] = ([X_1], [X_2], \cdots, [X_q]) = \begin{pmatrix} [O_1] \\ [O_2] \\ \vdots \\ [O_n] \end{pmatrix} = \begin{pmatrix} [x_{11}^l, x_{11}^u] & [x_{12}^l, x_{12}^u] & \cdots & [x_{1q}^l, x_{1q}^u] \\ [x_{21}^l, x_{21}^u] & [x_{22}^l, x_{22}^u] & \cdots & [x_{2q}^l, x_{2q}^u] \\ \vdots & \vdots & & \vdots \\ [x_{n1}^l, x_{n1}^u] & [x_{n2}^l, x_{n2}^u] & \cdots & [x_{nq}^l, x_{nq}^u] \end{pmatrix} \quad (6\text{-}1)$$

其中，$[X_p] = \left([x_{1p}^l, x_{1p}^u], [x_{2p}^l, x_{2p}^u], \cdots, [x_{np}^l, x_{np}^u]\right)^T$ 表示指标 $p$ 的区间观测向量，$[O_i] = \left([x_{i1}^l, x_{i1}^u], [x_{i2}^l, x_{i2}^u], \cdots, [x_{iq}^l, x_{iq}^u]\right)$ 为样本 $i$ 的区间观测向量，且 $i = 1, 2, \cdots, n$，$p = 1, 2, \cdots, q$。

## 二、区间数相似性度量

相似性度量作为动态聚类的核心，选择合适与否将会对聚类结果有效性产生重要影响，传统"点值"中使用的距离，如绝对值距离、欧氏距离等都无法直接适用于区间数据，因此国内外学者对区间数相似性度量展开了深入的研究，提出了区间数 Hausdorff 距离、区间数欧氏距离、city-block 距离、区间数 Wasserstein 距离等，其中区间数 Hausdorff 距离与区间数欧氏距离最终都能转化为区间数中点和半径之间的距离，能够较好地解释区间数本身的意义（刘永超，2014），因此本节主要介绍这两种距离。

### （一）区间数 Hausdorff 距离

Hausdorff 距离用于衡量 $\mathbf{R}^p$ 空间中两个紧集之间的距离，最早由数学家 Hausdorff 提出，假设 $A, B \in \mathbf{R}^p$ 为两个数据集合，则 Hausdorff 距离（Hausdorff distance，HD）可表示为

$$d_{HD}(A, B) = \max(h(A, B), h(B, A)) \tag{6-2}$$

其中，$h(A, B) = \max\limits_{a \in A} \min\limits_{b \in B} \| a - b \|$。

区间数可视为一个紧集，若 $X_i = [x_i^l, x_i^u]$，$X_j = [x_j^l, x_j^u]$ 表示任意两区间数，采用曼哈顿距离作为距离测度，则 $X_i$ 与 $X_j$ 之间的 Hausdorff 距离（interval Hausdorff distance，IHD）为（Chavent and Lechevallier，2002）

$$\begin{aligned} d_{IHD}(X_i, X_j) &= \max(|x_i^l - x_j^l|, |x_i^u - x_j^u|) \\ &= |x_i^c - x_j^c| + |x_i^r - x_j^r| \end{aligned} \tag{6-3}$$

其中，$x_i^c = (x_i^l + x_i^u)/2$，$x_i^r = (x_i^u - x_i^l)/2$ 分别表示区间数 $X_i$ 的中点和半径，前者反映区间数的集中程度，后者描述区间数的离散程度；同理有区间数 $X_j$ 的中点 $x_j^c = (x_j^l + x_j^u)/2$，半径 $x_j^r = (x_j^u - x_j^l)/2$。

设有 $q$ 个指标，则 $X_i = \left(X_{i1}, \cdots, X_{ip}, \cdots, X_{iq}\right)^T = \left([x_{i1}^l, x_{i1}^u], \cdots, [x_{ip}^l, x_{ip}^u], \cdots, [x_{iq}^l, x_{iq}^u]\right)^T$，$X_j = \left(X_{j1}, \cdots, X_{jp}, \cdots, X_{jq}\right)^T = \left([x_{j1}^l, x_{j1}^u], \cdots, [x_{jp}^l, x_{jp}^u], \cdots, [x_{jq}^l, x_{jq}^u]\right)^T$ 表示任意两个观测样本的区间数取值向量，则此时式（6-3）可扩展为

$$d_{\mathrm{IHD}}(X_i, X_j) = \sum_{p=1}^{q} \max(|\,x_{ip}^{\mathrm{l}} - x_{jp}^{\mathrm{l}}\,|, |\,x_{ip}^{\mathrm{u}} - x_{jp}^{\mathrm{u}}\,|)$$

$$= \sum_{p=1}^{q} (|x_{ip}^{\mathrm{c}} - x_{jp}^{\mathrm{c}}| + |\,x_{ip}^{\mathrm{r}} - x_{jp}^{\mathrm{r}}\,|) \tag{6-4}$$

其中，$x_{ip}^{\mathrm{c}} = (x_{ip}^{\mathrm{l}} + x_{ip}^{\mathrm{u}})/2$，$x_{ip}^{\mathrm{r}} = (x_{ip}^{\mathrm{u}} - x_{ip}^{\mathrm{l}})/2$ 分别表示第 $i$ 个样本第 $p$ 个指标的区间数中点和半径，$x_{jp}^{\mathrm{c}} = (x_{jp}^{\mathrm{l}} + x_{jp}^{\mathrm{u}})/2$ 和 $x_{jp}^{\mathrm{r}} = (x_{jp}^{\mathrm{u}} - x_{jp}^{\mathrm{l}})/2$ 为第 $j$ 个样本第 $p$ 个指标的区间数中点和半径。

## （二）区间数欧氏距离

欧氏距离用于描述空间中两点之间真实距离。假设 $A(x_1, y_1)$，$B(x_2, y_2)$ 为二维平面上两点，则 $A$、$B$ 间的欧氏距离（Euclidean distance，ED）为

$$d_{\mathrm{ED}}(A, B) = \sqrt{(x_1 - x_2)^2 + (y_1 - y_2)^2} \tag{6-5}$$

在区间数背景下，$X_i = [x_i^{\mathrm{l}}, x_i^{\mathrm{u}}]$，$X_j = [x_j^{\mathrm{l}}, x_j^{\mathrm{u}}]$ 为任意两区间数，则 $X_i$ 与 $X_j$ 之间的欧氏距离（interval Euclidean distance，IED）为（de Carvalho et al.，2006）

$$d_{\mathrm{IED}}(X_i, X_j) = \sqrt{(x_i^{\mathrm{l}} - x_j^{\mathrm{l}})^2 + (x_i^{\mathrm{u}} - x_j^{\mathrm{u}})^2}$$

$$= \sqrt{2(x_i^{\mathrm{c}} - x_j^{\mathrm{c}})^2 + 2(x_i^{\mathrm{r}} - x_j^{\mathrm{r}})^2} \tag{6-6}$$

设有 $q$ 个指标，则 $X_i = \left(X_{i1}, \cdots, X_{ip}, \cdots, X_{iq}\right)^{\mathrm{T}} = ([x_{i1}^{\mathrm{l}}, x_{i1}^{\mathrm{u}}], \cdots, [x_{ip}^{\mathrm{l}}, x_{ip}^{\mathrm{u}}], \cdots, [x_{iq}^{\mathrm{l}}, x_{iq}^{\mathrm{u}}])^{\mathrm{T}}$，$X_j = \left(X_{j1}, \cdots, X_{jp}, \cdots, X_{jq}\right)^{\mathrm{T}} = \left([x_{j1}^{\mathrm{l}}, x_{j1}^{\mathrm{u}}], \cdots, [x_{jp}^{\mathrm{l}}, x_{jp}^{\mathrm{u}}], \cdots, [x_{jq}^{\mathrm{l}}, x_{jq}^{\mathrm{u}}]\right)^{\mathrm{T}}$ 表示任意两个观测样本的区间数取值向量，则此时式（6-6）可扩展为

$$d_{\mathrm{IFD}}(X_i, X_j) = \sqrt{\sum_{p=1}^{q} \left((x_{ip}^{\mathrm{l}} - x_{jp}^{\mathrm{l}})^2 + (x_{ip}^{\mathrm{u}} - x_{jp}^{\mathrm{u}})^2\right)}$$

$$= \sqrt{2\sum_{p=1}^{q} \left((x_{ip}^{\mathrm{c}} - x_{jp}^{\mathrm{c}})^2 + (x_{ip}^{\mathrm{r}} - x_{jp}^{\mathrm{r}})^2\right)} \tag{6-7}$$

# 第二节　函数型聚类分析相似性度量

函数型聚类分析是在没有先验知识的条件下，根据数据的特征，对样本观测数据进行分组的一种统计分析方法（梁银双等，2017）。基本思想是将观测到的离散数据转化为函数形式，然后以函数整体为研究对象进行聚类分析，根据相似性

度量的不同，函数型聚类分析可分为基于数值距离、基于曲线形态以及兼顾数值距离与曲线形态三类方法。

以连续的函数曲线为研究对象的函数型聚类分析方法目前已取得了丰富的研究成果，王德青等（2018b）将其总结为对原始数据直接聚类、两步串联法聚类、非参数距离聚类以及自适应模型聚类，其中非参数距离聚类方法的关键是基于函数曲线特征构建相似性度量，易于理解和应用，因此本书基于该聚类方法展开分析。根据相似性度量的侧重点不同，分别从数值距离、曲线形态以及兼顾数值距离与曲线形态的角度对常用的函数型相似性度量进行介绍。极值点漂移补偿是基于距离和曲线形态的一种特殊方法。

## 一、基于数值距离的相似性度量

基于数值距离的相似性度量，侧重于衡量函数曲线在绝对水平上的相似性。基本方法是直接将传统"点值"间距离计算方式拓展到函数型数据当中，常用的距离有函数型曼哈顿距离（functional Manhattan distance，FMD）和函数型欧氏距离（functional Euclidean distance，FED）（王桂明，2010）：

$$d_{\mathrm{FMD}}(x_i(t), x_j(t)) = \int |x_i(t) - x_j(t)| \, \mathrm{d}t \qquad (6\text{-}8)$$

$$d_{\mathrm{FED}}(x_i(t), x_j(t)) = \left( \int \left( x_i(t) - x_j(t) \right)^2 \mathrm{d}t \right)^{1/2} \qquad (6\text{-}9)$$

其中，$x_i(t)$ 和 $x_j(t)$ 为两函数样本，$i, j = 1, 2, \cdots, n$。在基函数表示下，式（6-8）和式（6-9）可进一步写为

$$\begin{aligned}
d_{\mathrm{FMD}}(x_i(t), x_j(t)) &= \int |x_i(t) - x_j(t)| \, \mathrm{d}t \\
&= \int \left| \sum_{k=1}^{K} c_{ik} \phi_k(t) - \sum_{k=1}^{K} c_{jk} \phi_k(t) \right| \mathrm{d}t \qquad (6\text{-}10) \\
&= \int |(c_i - c_j)^{\mathrm{T}} \Phi(t)| \, \mathrm{d}t
\end{aligned}$$

$$\begin{aligned}
d_{\mathrm{FED}}(x_i(t), x_j(t)) &= \left( \int \left( x_i(t) - x_j(t) \right)^2 \mathrm{d}t \right)^{1/2} \\
&= \left( \int \left( \sum_{k=1}^{K} c_{ik} \phi_k(t) - \sum_{k=1}^{K} c_{jk} \phi_k(t) \right)^2 \mathrm{d}t \right)^{1/2} \\
&= \left( \int \left( (c_i - c_j)^{\mathrm{T}} \Phi(t) \right)^2 \mathrm{d}t \right)^{1/2} \qquad (6\text{-}11) \\
&= \left( \int (c_i - c_j)^{\mathrm{T}} \Phi(t) \Phi^{\mathrm{T}}(t)(c_i - c_j) \mathrm{d}t \right)^{1/2} \\
&= \left( (c_i - c_j)^{\mathrm{T}} \int \Phi(t) \Phi^{\mathrm{T}}(t) \mathrm{d}t (c_i - c_j) \right)^{1/2}
\end{aligned}$$

基于数值距离的相似性度量计算方便，含义明确，如 FMD 表示曲线之间构成的面积，FED 的平方值代表 $x_i(t) - x_j(t)$ 围绕时间轴（$t$ 轴）旋转的图形的体积的 $\frac{1}{\pi}$（卓炜杰，2018）。

## 二、基于曲线形态的相似性度量

基于曲线形态的相似性度量注重曲线轨迹变化差异，倾向于将有相似变化特征的函数型数据样本归为一类，能够体现出函数型数据本身的特性。当前研究可分为基于导数信息和基于极值点信息两大方向，本节介绍后续分析中会参考到的基于导数信息的相似性度量。

式（6-10）与式（6-11）是对原函数进行分析的，仅体现出函数的静态特征，函数分析的一大优势便体现在可以对原函数求导，使用各阶导数信息来表示曲线变化率，其中一阶导数表示原函数的变化率，二阶导数表示原函数变化的加速度。黄恒君（2013a，2013b）给出了一阶导数和二阶导数下欧氏距离的计算公式，其中一阶导数欧氏距离可表示为

$$d_{\mathrm{FED}}(Dx_i(t), Dx_j(t)) = \left( \int \left( Dx_i(t) - Dx_j(t) \right)^2 \mathrm{d}t \right)^{1/2} \qquad （6\text{-}12）$$

$Dx_i(t)$ 与 $Dx_j(t)$ 分别表示 $x_i(t)$ 与 $x_j(t)$ 的一阶导数曲线，一阶导数的欧氏距离可以刻画曲线在变化速度上的特征，距离越小，说明两条曲线有相似的发展变化速度模式。在基函数表示下，式（6-12）可进一步写为

$$
\begin{aligned}
d_{\mathrm{FED}}(Dx_i(t), Dx_j(t)) &= \left( \int \left( Dx_i(t) - Dx_j(t) \right)^2 \mathrm{d}t \right)^{1/2} \\
&= \left( \int \left( \sum_{k=1}^{K} c_{ik} D\phi_k(t) - \sum_{k=1}^{K} c_{jk} D\phi_k(t) \right)^2 \mathrm{d}t \right)^{1/2} \\
&= \left( \int \left( (c_i - c_j)^{\mathrm{T}} D\Phi(t) \right)^2 \mathrm{d}t \right)^{1/2} \qquad （6\text{-}13） \\
&= \left( \int (c_i - c_j)^{\mathrm{T}} D\Phi(t) D\Phi^{\mathrm{T}}(t)(c_i - c_j) \mathrm{d}t \right)^{1/2} \\
&= \left( (c_i - c_j)^{\mathrm{T}} \int D\Phi(t) D\Phi^{\mathrm{T}}(t) \mathrm{d}t (c_i - c_j) \right)^{1/2}
\end{aligned}
$$

其中，$D\varphi(t)$ 为 $\varphi(t)$ 的一阶导数曲线。

## 三、兼顾数值距离与曲线形态的相似性度量

基于数值距离的相似性度量侧重于考量曲线在绝对距离上的差异，基于曲线

形态的相似性度量注重曲线轨迹变化差异，单独使用某一种相似性度量来判断函数曲线之间的差异性，都会造成函数曲线另一部分特性的丢失，并且在实际应用中，往往需要同时考虑函数型数据在数值和形态两方面的特征，避免因单独使用某一种相似性度量带来的数据信息挖掘不充分的问题。

为在函数型聚类分析中，有效挖掘函数曲线在数值距离和曲线形态上的相似性，孟银凤（2017）将基于原函数的欧氏距离与基于一阶导数的欧氏距离相结合，给出了一个新的相似性度量计算方法，如式（6-14）所示，并证明了该相似性度量满足作为距离所需要的非负性、对称性以及三角不等式性三个性质。

$$d_{\text{D-FED}}(x_i(t), x_j(t)) = \left( \int \left( x_i(t) - x_j(t) \right)^2 \mathrm{d}t + \int \left( Dx_i(t) - Dx_j(t) \right)^2 \mathrm{d}t \right)^{1/2} \quad （6\text{-}14）$$

该距离度量将函数曲线实际距离与导函数距离相结合，能够同时考察函数曲线在数值和形态上的差异，全面反映曲线特征。在基函数表示下，式（6-14）可进一步写为

$$
\begin{aligned}
d_{\text{D-FED}}(x_i(t), x_j(t)) &= \left( \int \left( x_i(t) - x_j(t) \right)^2 \mathrm{d}t + \int \left( Dx_i(t) - Dx_j(t) \right)^2 \mathrm{d}t \right)^{1/2} \\
&= \left( \int \left( \sum_{k=1}^{K} c_{ik} \phi_k(t) - \sum_{k=1}^{K} c_{jk} \phi_k(t) \right)^2 \mathrm{d}t + \int \left( \sum_{k=1}^{K} c_{ik} D\phi_k(t) - \sum_{k=1}^{K} c_{jk} D\phi_k(t) \right)^2 \mathrm{d}t \right)^{1/2} \\
&= \left( \int \left( (c_i - c_j)^{\mathrm{T}} \varPhi(t) \right)^2 \mathrm{d}t + \int \left( (c_i - c_j)^{\mathrm{T}} D\varPhi(t) \right)^2 \mathrm{d}t \right)^{1/2} \quad （6\text{-}15） \\
&= \left( \int (c_i - c_j)^{\mathrm{T}} \varPhi(t) \varPhi^{\mathrm{T}}(t)(c_i - c_j) \mathrm{d}t + \int (c_i - c_j)^{\mathrm{T}} D\varPhi(t) D\varPhi^{\mathrm{T}}(t)(c_i - c_j) \mathrm{d}t \right)^{1/2} \\
&= \left( (c_i - c_j)^{\mathrm{T}} \int \varPhi(t) \varPhi^{\mathrm{T}}(t) \mathrm{d}t (c_i - c_j) + (c_i - c_j)^{\mathrm{T}} \int D\varPhi(t) D\varPhi^{\mathrm{T}}(t) \mathrm{d}t (c_i - c_j) \right)^{1/2}
\end{aligned}
$$

## 四、基于极值点漂移补偿的相似性度量

基于极值点纵横向相似性度量的函数型聚类分析是在极值点提取完之后，以两个极值点之间的距离为基础，进行两曲线极值点之间的距离汇总，并以此作为相似性判断的依据。这种方式能够判定极值点的排列相似性，并涵盖了极值点距离，相比于基于极值点符号相似性度量和基于极值点时间相似性度量，用极值点间距离是从横向和纵向的综合角度来反映曲线的相似性，但是使用极值点之间的距离只能反映曲线在极值点上的邻近程度，这种方式实际上测度的仍然是曲线在形态上的相似度，如用这种方式计算的相似性度量无法区分极值点相同但是曲线波动程度不同的情形。此外，此法很大的一个缺点在于计算极值点与其邻近极值点之间的距离时，横坐标与纵坐标的量纲难以统一。这种基于极值点来判定曲线轨迹形态的方法核心在于对于极值点间的偏移进行惩罚，显然两条曲线的极值点

的位置越接近，会使得最终求得的极值点距离越小；反之极值点偏移越大，会使得最终求得的极值点距离也越大。但是极值点的偏移的距离并不能代表曲线偏移的距离，因此，本节将这种对极值点偏移进行惩罚的思想加入曲线距离的度量中，提出基于曲线极值点偏差补偿的相似性度量（Sun et al.，2021）。

**定义 6-2** 极值点偏差区间：曲线上的极值点与其邻近极值点构成的横向区间。

**定义 6-3** 极值点偏差的距离：两条曲线在极值点偏差区间范围内的距离。以极大值点 $r_k^i$ 为例，记 $t_1 = \min\{r_k^i, r_k^{j*}\}$，$t_2 = \max\{r_k^i, r_k^{j*}\}$，极大值点 $r_k^i$ 的偏差区间为 $[t_1, t_2]$。记 $\mathrm{dd}(r_k^i)$ 为极值点 $r_k^i$ 的偏差的距离，即两条曲线在 $[t_1, t_2]$ 区间上的距离，则

$$\mathrm{dd}(r_k^i) = d_{ij}([t_1, t_2]) = \sqrt{(r_k^i - r_k^{j*})^2 + (x_i(r_k^i) - x_j(r_k^{j*}))^2} \qquad (6\text{-}16)$$

**定义 6-4** 极值点偏差的距离补偿：将极值点偏差的距离加到两曲线之间的距离中作为由极值点偏差影响而导致的距离补偿。记 $\mathrm{dd}_{ij}$ 为基于基函数的欧氏距离下的相似性度量方法，其计算公式为

$$\mathrm{dd}_{ij} = \| x_i(t) - x_j(t) \|_2 = \left( \int (x_i(t) - x_j(t))^2 \mathrm{d}t \right)^{\frac{1}{2}} = \left( \int (c_i^{\mathrm{T}} \Phi(t) - c_j^{\mathrm{T}} \Phi(t))^2 \mathrm{d}t \right)^{\frac{1}{2}}$$

$$= \left( \int (c_i - c_j)^{\mathrm{T}} \Phi(t) \Phi^{\mathrm{T}}(t) (c_i - c_j) \, \mathrm{d}t \right)^{\frac{1}{2}} = \left( (c_i - c_j)^{\mathrm{T}} \int \Phi(t) \Phi^{\mathrm{T}}(t) \mathrm{d}t (c_i - c_j) \right)^{\frac{1}{2}}$$

$$= \left( (c_i - c_j)^{\mathrm{T}} W (c_i - c_j) \right)^{\frac{1}{2}} \qquad (6\text{-}17)$$

计算函数 $x_i(t)$ 与 $x_j(t)$ 之间的相似性测度是

$$d_{ij} = \mathrm{dd}_{ij} + \sum_{k=1}^{m_i} \mathrm{dd}(r_k^i) + \sum_{k=1}^{n_i} \mathrm{dd}(g_k^i) \qquad (6\text{-}18)$$

$$D_{ij} = \frac{d_{ij} + d_{ji}}{2} \qquad (6\text{-}19)$$

## 第三节 区间函数型聚类分析

函数型聚类分析通过离散数据函数化的过程，实现了对高频数据的聚类处理。但是函数型数据本身是由一个个精确的"点值"构成的，在现实中，若要以特定的时间段为单位研究事物的发展变化趋势，如探究地区间每日温度变化趋势，面对每小时产生的温度数据，如果采用日平均温度作为原始数据进行函数型聚类分析，则只能反映平均水平，造成信息丢失的问题，如无法挖掘到每日的温差信息。因此针对这一问题，有学者借鉴区间数的思想，提取一段时间的最大最小值数据构成区间数，然后将其转化为光滑函数曲线，形成区间函数型数据，并对函数型数据分析方法进行拓展，以适用于这类数据形式。

图 6-1 是一个简单的区间函数型数据示例，由北京市 2021 年 6 月 1 日至 6 月 30 日的日温度数据组成，其中离散日最低温度数据经基函数平滑后得到区间函数的下限函数，离散日最高温度数据经基函数平滑后得到区间函数的上限函数。从图 6-1（a）可以看出，区间函数的上限函数与下限函数有着相似的变化趋势，且上限函数的取值总是高于下限函数的取值。图 6-1（b）由区间函数的中点函数和半径函数组成，其中中点函数为上、下限函数的平均值，基本反映该时间段内平均温度变化；半径函数反映区间函数的内部波动情况，图中体现为某一时间点的日温差，取值越高表示温度的日波动越大。

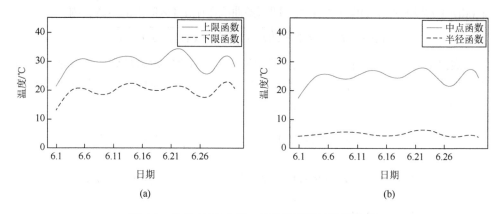

图 6-1　北京市 2021 年 6 月温度区间函数示意图

## 一、区间函数 Hausdorff 距离

现有的对区间函数型聚类分析方法的研究较少，基本思路是在函数型聚类分析框架下，将特定的区间数相似性度量拓展为函数形式，从而实现对区间函数型数据的聚类分析。Shimizu（2011a）将区间 Hausdorff 距离函数化，给出区间函数 Hausdorff 距离的计算公式，并将该距离作为相似性度量，应用于层次聚类算法当中，对葡萄牙 9 个城市的温度数据进行区间函数型聚类。区间函数 Hausdorff 距离（interval functional Hausdorff distance，IFHD）的具体表现形式如下：

$$d_{\mathrm{IFHD}_{L1}}(X_i(t), X_j(t)) = \max\left\{\int |x_i^l(t) - x_j^l(t)|\,\mathrm{d}t, \int |x_i^u(t) - x_j^u(t)|\,\mathrm{d}t\right\} \quad (6\text{-}20)$$

$$d_{\mathrm{IFHD}_{L2}}(X_i(t), X_j(t)) = \sqrt{\max\left\{\int |x_i^l(t) - x_j^l(t)|^2\,\mathrm{d}t, \int |x_i^u(t) - x_j^u(t)|^2\,\mathrm{d}t\right\}} \quad (6\text{-}21)$$

其中，式（6-20）是式（6-7）的推广，即以曼哈顿距离作为 Hausdorff 距离的距离测度，式（6-21）则是以欧氏距离作为 Hausdorff 距离的距离测度，其在离散区间数中的表现形式如式（6-22）所示（杨显飞等，2020），$x_i^l(t)$ 和 $x_i^u(t)$ 分别为第 $i$ 个区间函数样本的下限函数与上限函数，$x_j^l(t)$ 和 $x_j^u(t)$ 分别为第 $j$ 个区间函数样本的下限函数与上限函数。该相似性度量从区间函数本身出发，着重考虑区间函数样本间的数值距离差异。

$$d_{\text{IHD}}(X_i, X_j) = \sqrt{\max\left\{|x_i^l - x_j^l|^2, |x_i^u - x_j^u|^2\right\}} \qquad (6\text{-}22)$$

## 二、区间函数欧氏距离

与区间函数 Hausdorff 距离的拓展思路一致，将区间数欧氏距离[式（6-6）]进行函数化拓展，设 $X_i(t) = (x_i^l(t), x_i^u(t))$，$X_j(t) = (x_j^l(t), x_j^u(t))$ 为任意两组区间函数型数据，则 $X_i(t)$ 与 $X_j(t)$ 之间的区间函数欧氏距离（interval functional Euclidean distance，IFED）可表示为

$$d_{\text{IFED}}(X_i(t), X_j(t)) = \left(\int\left(x_i^l(t) - x_j^l(t)\right)^2 \mathrm{d}t + \int\left(x_i^u(t) - x_j^u(t)\right)^2 \mathrm{d}t\right)^{1/2} \quad (6\text{-}23)$$

其中，$x_i^l(t)$ 和 $x_i^u(t)$ 分别为第 $i$ 个区间函数样本的下限函数与上限函数，$x_j^l(t)$ 和 $x_j^u(t)$ 分别为第 $j$ 个区间函数样本的下限函数与上限函数。

令 $x_i^c(t) = \dfrac{x_i^l(t) + x_i^u(t)}{2}$，$x_i^r(t) = \dfrac{x_i^u(t) - x_i^l(t)}{2}$ 分别为第 $i$ 个区间函数样本的中点函数与半径函数，$x_j^c(t) = \dfrac{x_j^l(t) + x_j^u(t)}{2}$，$x_j^r(t) = \dfrac{x_j^u(t) - x_j^l(t)}{2}$ 分别为第 $j$ 个区间函数样本的中点函数与半径函数，则式（6-23）还可表示为

$$d_{\text{IFED}}(X_i(t), X_j(t)) = \left(2\int\left(x_i^c(t) - x_j^c(t)\right)^2 \mathrm{d}t + 2\int\left(x_i^r(t) - x_j^r(t)\right)^2 \mathrm{d}t\right)^{1/2} \quad (6\text{-}24)$$

在基函数表示下，式（6-23）可进一步写为

$$
\begin{aligned}
d_{\text{IFED}}(X_i(t), X_j(t)) &= \left(\int\left(x_i^l(t) - x_j^l(t)\right)^2 \mathrm{d}t + \int\left(x_i^u(t) - x_j^u(t)\right)^2 \mathrm{d}t\right)^{1/2} \\
&= \left(\int\left(\sum_{k=1}^{K} c_{ik}^l \phi_k(t) - \sum_{k=1}^{K} c_{jk}^l \phi_k(t)\right)^2 \mathrm{d}t + \int\left(\sum_{k=1}^{K} c_{ik}^u \phi_k(t) - \sum_{k=1}^{K} c_{jk}^u \phi_k(t)\right)^2 \mathrm{d}t\right)^{1/2} \\
&= \left(\int\left((c_i^l - c_j^l)^{\mathrm{T}} \varPhi(t)\right)^2 \mathrm{d}t + \int\left((c_i^u - c_j^u)^{\mathrm{T}} \varPhi(t)\right)^2 \mathrm{d}t\right)^{1/2} \\
&= \left(\int (c_i^l - c_j^l)^{\mathrm{T}} \varPhi(t)\varPhi^{\mathrm{T}}(t)(c_i^l - c_j^l)\mathrm{d}t + \int (c_i^u - c_j^u)^{\mathrm{T}} \varPhi(t)\varPhi^{\mathrm{T}}(t)(c_i^u - c_j^u)\mathrm{d}t\right)^{1/2} \\
&= \left((c_i^l - c_j^l)^{\mathrm{T}} \int \varPhi(t)\varPhi^{\mathrm{T}}(t)\mathrm{d}t(c_i^l - c_j^l) + (c_i^u - c_j^u)^{\mathrm{T}} \int \varPhi(t)\varPhi^{\mathrm{T}}(t)\mathrm{d}t(c_i^u - c_j^u)\right)^{1/2}
\end{aligned}
$$
$$(6\text{-}25)$$

在函数空间中，距离度量同样需要满足非负性、对称性和三角不等式性这三个性质，具体表现如下。

非负性：$d_{\text{IFED}}(X_i(t), X_j(t)) \geqslant 0$，且 $d_{\text{IFED}}(X_i(t), X_i(t)) = 0$。

对称性：$d_{\text{IFED}}(X_i(t), X_j(t)) = d_{\text{IFED}}(X_j(t), X_i(t))$。

三角不等式性：$d_{\text{IFED}}(X_i(t), X_j(t)) \leqslant d_{\text{IFED}}(X_i(t), X_k(t)) + d_{\text{IFED}}(X_k(t), X_j(t))$。

其中非负性与对称性易于证明，现给出三角不等式性的证明过程。

证明：将区间函数欧氏距离即式（6-23）代入三角不等式中，有

$$\left( \int \left( x_i^{\mathrm{l}}(t) - x_j^{\mathrm{l}}(t) \right)^2 \mathrm{d}t + \int \left( \left( x_i^{\mathrm{u}}(t) - x_j^{\mathrm{u}}(t) \right)^2 \mathrm{d}t \right)^{1/2}$$

$$\leqslant \left( \int \left( \left( x_i^{\mathrm{l}}(t) - x_k^{\mathrm{l}}(t) \right)^2 \mathrm{d}t + \int \left( \left( x_i^{\mathrm{u}}(t) - x_k^{\mathrm{u}}(t) \right)^2 \mathrm{d}t \right)^{1/2} \tag{6-26}$$

$$+ \left( \int \left( \left( x_k^{\mathrm{l}}(t) - x_j^{\mathrm{l}}(t) \right)^2 \mathrm{d}t + \int \left( \left( x_k^{\mathrm{u}}(t) - x_j^{\mathrm{u}}(t) \right)^2 \mathrm{d}t \right)^{1/2}$$

令 $x_i^{\mathrm{l}}(t) - x_k^{\mathrm{l}}(t) = f^{\mathrm{l}}(t)$，$x_i^{\mathrm{u}}(t) - x_k^{\mathrm{u}}(t) = f^{\mathrm{u}}(t)$，$x_k^{\mathrm{l}}(t) - x_j^{\mathrm{l}}(t) = g^{\mathrm{l}}(t)$，$x_k^{\mathrm{u}}(t) - x_j^{\mathrm{u}}(t) = g^{\mathrm{u}}(t)$。则不等式（6-26）可进一步表示为

$$\left\{ \int \left( f^{\mathrm{l}}(t) + g^{\mathrm{l}}(t) \right)^2 \mathrm{d}t + \int \left( f^{\mathrm{u}}(t) + g^{\mathrm{u}}(t) \right)^2 \mathrm{d}t \right\}^{1/2}$$

$$\leqslant \left( \int \left( f^{\mathrm{l}}(t) \right)^2 \mathrm{d}t + \int \left( f^{\mathrm{u}}(t) \right)^2 \mathrm{d}t \right)^{1/2} + \left( \int \left( g^{\mathrm{l}}(t) \right)^2 \mathrm{d}t + \int \left( g^{\mathrm{u}}(t) \right)^2 \mathrm{d}t \right)^{1/2} \tag{6-27}$$

对不等式（6-27）两边同时取平方，有

$$\int f^{\mathrm{l}}(t) g^{\mathrm{l}}(t) \mathrm{d}t + \int f^{\mathrm{u}}(t) g^{\mathrm{u}}(t) \mathrm{d}t$$

$$\leqslant \left( \int \left( f^{\mathrm{l}}(t) \right)^2 \mathrm{d}t + \int \left( f^{\mathrm{u}}(t) \right)^2 \mathrm{d}t \right)^{1/2} \cdot \left( \int \left( g^{\mathrm{l}}(t) \right)^2 \mathrm{d}t + \int \left( g^{\mathrm{u}}(t) \right)^2 \mathrm{d}t \right)^{1/2} \tag{6-28}$$

记 $\vec{f} = \left( f^{\mathrm{l}}(t), f^{\mathrm{u}}(t) \right)$，$\vec{g} = \left( g^{\mathrm{l}}(t), g^{\mathrm{u}}(t) \right)$，则不等式（6-28）左式有

$$\int f^{\mathrm{l}}(t) g^{\mathrm{l}}(t) \mathrm{d}t + \int f^{\mathrm{u}}(t) g^{\mathrm{u}}(t) \mathrm{d}t = \int \left( f^{\mathrm{l}}(t) g^{\mathrm{l}}(t) + f^{\mathrm{u}}(t) g^{\mathrm{u}}(t) \right) \mathrm{d}t = \int \vec{f}\vec{g} \, \mathrm{d}t \tag{6-29}$$

不等式（6-28）右式有

$$\left( \int \left( f^{\mathrm{l}}(t) \right)^2 \mathrm{d}t + \int \left( f^{\mathrm{u}}(t) \right)^2 \mathrm{d}t \right)^{1/2} \cdot \left( \int \left( g^{\mathrm{l}}(t) \right)^2 \mathrm{d}t + \int \left( g^{\mathrm{u}}(t) \right)^2 \mathrm{d}t \right)^{1/2}$$

$$= \left( \int \left( \left( f^{\mathrm{l}}(t) \right)^2 + \left( f^{\mathrm{u}}(t) \right)^2 \right) \mathrm{d}t \right)^{1/2} \cdot \left( \int \left( \left( g^{\mathrm{l}}(t) \right)^2 + \left( g^{\mathrm{u}}(t) \right)^2 \right) \mathrm{d}t \right)^{1/2} \tag{6-30}$$

$$= \left( \int |\vec{f}|^2 \, \mathrm{d}t \right)^{1/2} \cdot \left( \int |\vec{g}|^2 \, \mathrm{d}t \right)^{1/2}$$

根据 Hölder 不等式（Yang, 2010），最终有

$$\int \vec{f}\vec{g} \, \mathrm{d}t \leqslant \left\{ \int |\vec{f}|^2 \, \mathrm{d}t \right\}^{1/2} \cdot \left\{ \int |\vec{g}|^2 \, \mathrm{d}t \right\}^{1/2} \tag{6-31}$$

即式（6-26）得证，式（6-23）满足三角不等式性质，区间函数欧氏距离是一个距离测度。

## 三、兼顾数值距离与曲线形态的区间函数型聚类分析相似性度量——基于原函数和导函数信息的区间函数欧氏距离

前两节分别对区间数聚类分析、函数型聚类分析以及区间函数型聚类分析的相关方法进行了梳理，发现区间函数型聚类分析的基本思路是先将适用于区间数的相似性度量扩展至函数型数据领域，再将其置于函数型聚类分析的基本框架当中。但是目前使用的区间函数 Hausdorff 距离仅以区间函数本身为研究对象，疏于考虑区间函数曲线的动态变化速度的相似性，而区间函数型数据作为函数型数据区间化的拓展，在实际应用中，同样需要兼顾数值距离和曲线形态两方面的特征，避免因仅考虑某一方面的相似性而带来的数据信息挖掘不充分以及聚类结果不合理的问题。因此本书尝试提出一种新的能够兼顾区间函数数值信息与曲线形态的相似性度量，并从单指标和多指标两个方面给出基于该相似性度量在聚类分析中的具体形式。

在对函数型聚类分析理论梳理的过程中，发现作为聚类核心的相似性度量，可以通过将原函数信息与导函数信息相结合，达到兼顾数值距离与曲线形态的目的。因此本节在现有理论研究的基础上，尝试将区间数欧氏距离拓展到函数型数据当中，并基于该距离进一步构建出一种新的能够兼顾数值距离与曲线形态的相似性度量——基于原函数和导函数信息的区间函数欧氏距离。

区间函数欧氏距离与区间函数 Hausdorff 距离类似，均是从区间函数本身出发，能够刻画区间函数在数值距离上的差异，而本书旨在构造一种能够兼顾区间函数在数值距离和曲线形态特征两方面的相似性度量，因此借鉴孟银凤（2017）的思路，进一步获取区间函数下限函数和上限函数的导数信息，给出原函数与导函数信息相结合的区间函数欧氏距离（D-IFED）计算公式，如下所示：

$$
\begin{aligned}
d_{\text{D-IFED}}(X_i(t), X_j(t)) = &\int \left( x_i^{\text{l}}(t) - x_j^{\text{l}}(t) \right)^2 \mathrm{d}t + \int \left( x_i^{\text{u}}(t) - x_j^{\text{u}}(t) \right)^2 \mathrm{d}t \\
&+ \int \left( Dx_i^{\text{l}}(t) - Dx_j^{\text{l}}(t) \right)^2 \mathrm{d}t + \int \left( Dx_i^{\text{u}}(t) - Dx_j^{\text{u}}(t) \right)^2 \mathrm{d}t
\end{aligned}
\tag{6-32}
$$

其中，$x_i^{\text{l}}(t)$ 和 $x_j^{\text{l}}(t)$ 分别为第 $i$ 个和第 $j$ 个区间函数样本的下限函数，$x_i^{\text{u}}(t)$ 和 $x_j^{\text{u}}(t)$ 分别为第 $i$ 个和第 $j$ 个区间函数样本的上限函数；$Dx_i^{\text{l}}(t)$ 和 $Dx_j^{\text{l}}(t)$ 分别为 $x_i^{\text{l}}(t)$ 和 $x_j^{\text{l}}(t)$ 的一阶导函数，反映区间函数下限函数的变化率，$Dx_i^{\text{u}}(t)$ 和 $Dx_j^{\text{u}}(t)$ 分别为 $x_i^{\text{u}}(t)$ 和 $x_j^{\text{u}}(t)$ 的一阶导函数，反映区间函数上限函数的变化率。

该距离前半部分提取区间函数本身的信息，衡量函数曲线在数值距离上的相似性，后半部分提取上限函数与下限函数的导数信息，反映函数曲线在曲线形态上的相似性，通过将两者结合，实现兼顾区间函数数值距离和曲线形态特征的目标。同时，该距离同样满足非负性、对称性、三角不等式性的性质〔证明

过程与式（6-26）～式（6-31）基本一致］，是一个距离测度，因此本书以该距离作为一个新的相似性度量进行后续分析。

## 四、区间函数型改进 K-means 聚类方法

经典聚类算法一般分为基于层次聚类的算法、基于划分的聚类算法、基于密度的聚类算法、基于网格的聚类算法以及基于模型的聚类算法（Hao et al.，2019）。K-means 聚类是一种典型的基于划分的聚类算法，基本思想是事先确定好聚类个数与聚类中心，然后根据特定的相似性度量，计算每个样本到聚类中心的距离，并按距离最小的原则将其划分到某一类别，随后更新聚类中心并重新计算样本到新的聚类中心下的距离，不断迭代这两个过程，直到聚类中心不再改变（Sun et al.，2012）。

K-means 聚类算法原理简单，可解释性好，在函数型聚类当中得到了广泛应用（Meng et al.，2018；Martino et al.，2019）。函数型 K-means 聚类算法的基本步骤与经典 K-means 聚类一致，但是在计算样本到聚类中心的距离时，需要将相似性度量换成函数型数据适用的，如函数型欧氏距离。同时，经典 K-means 聚类算法中初始聚类中心的选择是随机的，其选取会直接影响聚类结果和性能，为解决该问题，Tanir 和 Nuriyeva（2017）提出了一种改进的 K-means 聚类算法，该算法首先计算所有样本两两之间的距离，然后将距离最大的两样本作为初始聚类中心，这一原则可以有效避免随机选择聚类中心，从而使聚类性能得到提升。

本书以 Tanir 和 Nuriyeva（2017）提出的改进 K-means 聚类算法为基础，给出区间函数型改进 K-means 聚类方法实现过程，具体步骤如下。

步骤 1：确定初始聚类中心。首先，对于所有区间函数型数据样本 $X(t)$，计算任意两区间函数样本 $X_i(t)$ 和 $X_j(t)$（$i, j = 1, 2, \cdots, n, i \neq j$）之间的距离，距离度量采用本书提出的基于原函数和导函数信息的区间函数欧氏距离[式（6-32）]，以距离最大的两个区间函数样本为初始聚类中心，标记为 $c_1^{(0)}(t)$ 和 $c_2^{(0)}(t)$。进一步地，计算其他区间函数样本到已有聚类中心 $c_1^{(0)}(t)$ 和 $c_2^{(0)}(t)$ 的距离之和，以距离最大的区间函数样本为第 3 个初始聚类中心，记为 $c_3^{(0)}(t)$，以此类推，可得到聚类个数为 $s$ 时的所有初始聚类中心：$c^{(0)}(t) = \{c_1^{(0)}(t), c_2^{(0)}(t), \cdots, c_s^{(0)}(t)\}$。

步骤 2：指定样本所属类别。在得到聚类个数 $s$ 与初始聚类中心 $c^{(0)}(t) = \{c_1^{(0)}(t), c_2^{(0)}(t), \cdots, c_s^{(0)}(t)\}$ 后，算法将不断迭代类别指定与更新聚类中心的过程。特别地，在第 $m$ 次迭代中，根据式（6-32）计算每个区间函数样本 $X_i(t)$ 到第 $(m-1)$ 次迭代中产生的聚类中心的距离，按距离最小的原则将其指定到某一类别中，则在第 $m$ 次迭代中，区间函数样本 $i$ 所属类别 $C_i^{(m)}$ 为

$$C_i^{(m)} = \underset{s=1,2,\cdots,k}{\arg\min}\, d_{\text{D-IFED}}\left(X_i(t), c_s^{(m-1)}(t)\right) \tag{6-33}$$

其中，$c_s^{(m-1)}(t)$ 表示在第 $(m-1)$ 次迭代中的第 $s$ 个聚类中心。

步骤 3：更新聚类中心。将各区间函数样本按距离最小的原则划分到某一类别后，可以该类别中所有样本的均值作为新的聚类中心，在第 $m$ 次迭代中，新的聚类中心可表示为

$$c_s^{(m)}(t) = \frac{\sum\limits_{i:C_i^{(m)}=s} X_i(t)}{\#\{i:C_i^{(m)}=s\}},\ s=1,2,\cdots,S \tag{6-34}$$

其中，$\#\{i:C_i^{(m)}=s\}$ 为第 $s$ 类中区间函数样本个数。

步骤 4：重复迭代步骤 2 和步骤 3，直到聚类中心不再改变。

## 第四节　多指标区间函数型聚类分析

在实际中，通常会遇到需要根据多个指标来反映被研究对象特征的问题，例如，在选择股票进行投资时投资者会综合考量股票的收益率、换手率、市盈率等市场表现；在对空气污染情况进行分析时，需要将一氧化碳、二氧化氮、臭氧等多种空气污染物因素考虑在内。针对多指标进行的分析能够更加全面、充分地反映数据信息（孙利荣等，2021b）。

对于多指标聚类分析的研究，一种较为直接的思路是直接对相似性度量进行拓展。以多指标函数型聚类分析为例，假设共有 $q$ 个观测指标，则任意两个函数样本 $x_i(t)$ 与 $x_j(t)$ 间的欧氏距离为：$d_{\text{MFED}}(x_i(t), x_j(t)) = \sqrt{\sum\limits_{p=1}^{q} \int \left(x_{ip}(t) - x_{jp}(t)\right)^2 dt}$，$i, j = 1,2,\cdots,n$；$p=1,2,\cdots,q$（程豪和苏孝珊，2016）。该方法易于理解，但是当指标个数较大时，会涉及大量的积分运算，从而降低聚类效率，并且该距离公式并不直接适用于指标量纲不同的情形。还有一种使用较多的思路是先通过一定的方法将多个指标综合成为一个综合指标，再利用单指标聚类方法进行分析（孙利荣等，2020；王德青等，2021），这一方法能够避免过多的积分运算，且不会丢失原始数据信息。因此本节将从指标综合的思路出发，对多指标区间函数型聚类分析进行研究。

### 一、多指标函数型聚类分析方法

孙利荣等（2020）指出，针对多指标函数型数据的聚类分析，应当先对原始

数据进行拟合，转化为光滑函数曲线，然后将其视为一个整体进行分析，并将传统的熵值法拓展至函数型数据领域，具体步骤如下。

步骤 1：指标无量纲化。对于多指标函数型数据的无量纲化问题，孙利荣（2012）对先函数化再标准化还是先标准化再函数型化的函数型数据的无量纲化顺序进行了对比研究，发现两种方式下曲线形态基本不变，并且先标准化再函数化的操作方式更易实现。因此首先对含有 $n$ 个样本，$q$ 个指标的多指标函数型数据的离散观测数据进行无量纲化处理。

对于正向指标，有

$$x_{ipl}^* = \frac{x_{ipl} - x_p^{\min}}{x_p^{\max} - x_p^{\min}} \tag{6-35}$$

对于负向指标，有

$$x_{ipl}^* = \frac{x_p^{\max} - x_{ipl}}{x_p^{\max} - x_p^{\min}} \tag{6-36}$$

其中，$x_{ipl}$ 为第 $p$ 个指标下，第 $i$ 个样本在时刻 $l$ 的观测值，$x_p^{\min}$ 和 $x_p^{\max}$ 分别表示第 $p$ 个指标的最小和最大观测值，$x_{ipl}^*$ 为无量纲化后的取值，$i = 1, 2, \cdots, n$；$p = 1, 2, \cdots, q$；$l = 1, 2, \cdots, T$。

经式（6-35）和式（6-36）处理后的离散观测数据消除了量纲的影响，可通过基函数平滑法转化为光滑函数曲线 $x_{ip}(t), i = 1, 2, \cdots, n; p = 1, 2, \cdots, q$。

步骤 2：计算比重函数。第 $p$ 个指标下，第 $i$ 个函数样本占该指标的比重函数为

$$\pi_{ip}(t) = \frac{x_{ip}(t)}{\sum_{i=1}^{n} x_{ip}(t)} \tag{6-37}$$

步骤 3：计算熵值。第 $p$ 个指标的熵值 $e_p$ 为

$$e_p = -\frac{1}{\ln(n)} \int \sum_{i=1}^{n} \left( \pi_{ip}(t) \ln(\pi_{ip}(t)) \right) \mathrm{d}t \tag{6-38}$$

步骤 4：计算指标权重。第 $p$ 个指标的权重 $w_p$ 为

$$w_p = \frac{1 - e_p}{\sum_{p=1}^{q} (1 - e_p)} \tag{6-39}$$

步骤 5：构建综合指标函数。第 $i$ 个样本的综合指标函数 $y_i(t)$ 可表示为

$$y_i(t) = \sum_{p=1}^{q} w_p x_{ip}(t) \tag{6-40}$$

在得到综合指标函数后，即可使用单指标函数型聚类分析方法进行分析，从而实现对多指标函数型数据的聚类分析。

## 二、多指标区间函数型聚类分析方法

上述函数型熵值法能够有效解决多指标函数型数据的指标综合问题，但无法直接适用于指标形式为区间函数型数据的情形，因此本书进一步对函数型熵值法进行拓展，使其能够适用于区间函数指标之间的综合，利用区间函数型熵值法求解指标权重的具体步骤如下。

步骤 1：指标无量纲化。与函数型数据无量纲化思路一致，首先对区间函数型数据的离散观测数据进行无量纲化处理，设 $X_{ipl} = [x^l_{ipl}, x^u_{ipl}]$ 表示在第 $p$ 个指标下，第 $i$ 个样本在时刻 $l$ 的区间观测值，$i = 1, 2, \cdots, n; p = 1, 2, \cdots, q; l = 1, 2, \cdots, T$。若指标值中存在负数，即对于指标 $p$，若存在 $\min\limits_{1 \leqslant i \leqslant n, 1 \leqslant l \leqslant T}(x^l_{ipl}) < 0$，则先对其修正，记

$$\Delta_p = \left| \min_{1 \leqslant i \leqslant n, 1 \leqslant l \leqslant T}(x^l_{ipl}) \right| \tag{6-41}$$

对该指标下所有样本观测值进行修正，则第 $i$ 个样本在时刻 $l$ 的修正后的区间观测值 $\widehat{X}_{ipl}$ 为

$$\widehat{X}_{ipl} = [x^l_{ipl} + \Delta_p, x^u_{ipl} + \Delta_p] \tag{6-42}$$

经修正后的指标数据均为非负数，随后将离散观测数据按指标拆分，并分别对每个指标下区间观测数据进行处理。为方便书写，仍记 $x^l_{ipl}$ 为第 $p$ 个指标下，第 $i$ 个样本在时刻 $l$ 的区间观测下限，$x^u_{ipl}$ 为第 $p$ 个指标下，第 $i$ 个样本在时刻 $l$ 的区间观测上限。

对于正向指标，有

$$r^l_{ipl} = \frac{x^l_{ipl}}{\max\limits_{1 \leqslant i \leqslant n, 1 \leqslant l \leqslant T}(x^u_{ipl})}, \quad r^u_{ipl} = \frac{x^u_{ipl}}{\max\limits_{1 \leqslant i \leqslant n, 1 \leqslant l \leqslant T}(x^u_{ipl})} \tag{6-43}$$

对于负向指标，有

$$r^l_{ipl} = \frac{\min\limits_{1 \leqslant i \leqslant n, 1 \leqslant l \leqslant T}(x^l_{ipl})}{x^u_{ipl}}, \quad r^u_{ipl} = \frac{\min\limits_{1 \leqslant i \leqslant n, 1 \leqslant l \leqslant T}(x^l_{ipl})}{x^l_{ipl}} \tag{6-44}$$

其中，$\min\limits_{1 \leqslant i \leqslant n, 1 \leqslant l \leqslant T}(x^l_{ipl})$ 和 $\max\limits_{1 \leqslant i \leqslant n, 1 \leqslant l \leqslant T}(x^u_{ipl})$ 分别为第 $p$ 个指标的最小和最大值，$[r^l_{ipl}, r^u_{ipl}]$ 为无量纲化后的区间数，取值范围在 $[0,1]$，$i = 1, 2, \cdots, n$；$p = 1, 2, \cdots, q$；$l = 1, 2, \cdots, T$。

经式（6-43）和式（6-44）处理后的离散观测数据消除了量纲的影响，可通过基函数平滑法将其转化为光滑区间函数曲线 $X_{ip}(t) = [x^l_{ip}(t), x^u_{ip}(t)]$，$i = 1, 2, \cdots, n$；$p = 1, 2, \cdots, q$。

步骤 2：计算比重函数。根据孙爱民（2020）的研究成果，在构建区间数熵

值法时，可以分别对指标值上、下限数据计算熵值，得到各自的指标权重后再进行融合，该方法能够充分利用区间数信息，计算简单，可操作性强。因此本书借鉴该思路，分别计算区间函数下限函数和上限函数的比重函数，对于第 $p$ 个指标，第 $i$ 个区间函数下限函数占该指标的比重函数为

$$\pi_{ip}^{l}(t) = \frac{x_{ip}^{l}(t)}{\sum_{i=1}^{n} x_{ip}^{l}(t)} \qquad (6\text{-}45)$$

第 $i$ 个区间函数上限函数占该指标的比重函数为

$$\pi_{ip}^{u}(t) = \frac{x_{ip}^{u}(t)}{\sum_{i=1}^{n} x_{ip}^{u}(t)} \qquad (6\text{-}46)$$

步骤 3：计算熵值。分别计算区间函数下限函数和上限函数的信息熵。对于第 $p$ 个指标，下限函数熵值 $e_{p}^{l}$ 为

$$e_{p}^{l} = -\frac{1}{\ln(n)} \int \sum_{i=1}^{n} \left( \pi_{ip}^{l}(t) \ln\left( \pi_{ip}^{l}(t) \right) \right) \mathrm{d}t \qquad (6\text{-}47)$$

上限函数熵值 $e_{p}^{u}$ 为

$$e_{p}^{u} = -\frac{1}{\ln(n)} \int \sum_{i=1}^{n} \left( \pi_{ip}^{u}(t) \ln\left( \pi_{ip}^{u}(t) \right) \right) \mathrm{d}t \qquad (6\text{-}48)$$

步骤 4：计算指标权重。对于第 $p$ 个指标，其区间函数的下限函数的权重 $w_{p}^{l}$ 为

$$w_{p}^{l} = \frac{1-e_{p}^{l}}{\sum_{p=1}^{q}(1-e_{p}^{l})} \qquad (6\text{-}49)$$

区间函数的上限函数的权重 $w_{p}^{u}$ 为

$$w_{p}^{u} = \frac{1-e_{p}^{u}}{\sum_{p=1}^{q}(1-e_{p}^{u})} \qquad (6\text{-}50)$$

区间函数指标权重应由下限函数和上限函数共同确定，可表现为下限函数指标权重和上限函数指标权重的平均值，因此第 $p$ 个指标的指标权重为

$$w_{p} = \frac{1}{2}w_{p}^{l} + \frac{1}{2}w_{p}^{u} \qquad (6\text{-}51)$$

步骤 5：构建综合指标函数。第 $i$ 个区间函数样本的综合指标函数 $Y_{i}(t) = [y_{i}^{l}(t), y_{i}^{u}(t)]$ 可表示为

$$y_i^1(t) = \sum_{p=1}^{q} w_p^1 x_{ip}^1(t), \quad y_i^u(t) = \sum_{p=1}^{q} w_p^u x_{ip}^u(t) \tag{6-52}$$

其中，$y_i^1(t)$ 为第 $i$ 个样本的综合指标下限函数，$y_i^u(t)$ 为第 $i$ 个样本的综合指标上限函数。

$y_i^c(t) = (y_i^1(t) + y_i^u(t)) / 2$，$y_i^r(t) = (y_i^u(t) - y_i^1(t)) / 2$ 分别为综合指标的中点函数和半径函数。在得到综合指标函数后，即可使用本章第三节的单指标区间函数型聚类分析方法进行分析，从而实现对多指标区间函数型数据的聚类分析。

# 第七章　一般分布下的区间函数型聚类评价方法

## 第一节　均匀分布下的区间函数型聚类方法

通常，区间值函数聚类方法使用距离作为相似度度量方法。本书使用的距离包括区间 Hausdorff 距离、区间 Wasserstein 距离、自适应马氏距离和混合 Lq 距离。本书广泛使用的区间函数 Hausdorff 距离（IFHD）是由上下界函数导出的区间 Hausdorff 距离的函数扩展。该函数计算简单直观。然而，IFHD 忽略了原始区间数据的分布。因此，聚类结果可能会忽略数据中包含的某些信息。此外，这种方法通常使用单个区间值函数变量，不能完全解释复杂现象（Sun，2022）。

基于 Wasserstein 距离，本书提出了一种区间函数型聚类方法。这种方法有两个重要贡献。首先，它将区间 Wasserstein 距离转化为区间函数，并讨论了区间函数 Wasserstein 距离（IFWD）的计算。与传统的 IFHD 不同，IFWD 不仅考虑了区间值函数的上下界，还考虑了原始区间数据的分布。因此，分布函数描述了分布中心和范围。在聚类分析中，这种方法充分利用了基础数据的特征。此外，与基于单个变量的传统区间函数型聚类方法不同，本书提出的方法应用区间函数型熵值法来聚合描述所分析现象的多个变量。通过为多个变量分配不同的权重，创建复合变量并将其进行聚类。这有效地减少了计算的复杂程度，并避免了如果将距离度量直接扩展到多元环境会出现的低效率聚类情况。

## 一、区间函数 Hausdorff 距离

对于基于距离的函数聚类，必须仔细选择距离度量。因为距离度量对聚类结果有直接影响。函数聚类中常用的距离度量包括函数欧氏距离、函数曼哈顿距离和函数余弦距离。然而，这些距离仅适用于点函数型数据，不能直接应用于区间函数型数据。

函数值由区间函数型数据中每个观测点的区间表示。区间函数型数据的两个函数是下限函数和上限函数。区间函数型数据 $X_i(t), i = 1, 2, \cdots, n$ 可以表示为 $X_i(t) = [x_i^1(t), x_i^u(t)], x_i^1(t) \leqslant x_i^u(t)$。基于距离度量的区间函数型聚类的基本原理是对用于区间聚类的特定距离度量的扩展。例如，Shimizu（2011a）将定义成以下形式：

$$d_{\mathrm{IFHD}_{L1}}(X_i(t), X_j(t)) = \max\left\{\int |x_i^{\mathrm{l}}(t) - x_j^{\mathrm{l}}(t)|\,\mathrm{d}t, \int |x_i^{\mathrm{u}}(t) - x_j^{\mathrm{u}}(t)|\,\mathrm{d}t\right\} \quad (7\text{-}1)$$

$$d_{\mathrm{IFHD}_{L2}}(X_i(t), X_j(t)) = \sqrt{\max\left\{\int |x_i^{\mathrm{l}}(t) - x_j^{\mathrm{l}}(t)|\,\mathrm{d}t, \int |x_i^{\mathrm{u}}(t) - x_j^{\mathrm{u}}(t)|\,\mathrm{d}t\right\}} \quad (7\text{-}2)$$

其中，$x_i^{\mathrm{l}}(t), x_i^{\mathrm{u}}(t)$ 分别为第 $i$ 区间函数样本的下限函数和上限函数；类似地，$x_j^{\mathrm{l}}(t), x_j^{\mathrm{u}}(t)$ 分别为第 $j$ 个区间函数样本的下限函数和上限函数，基于区间函数型数据界函数的数值差异是缓慢但有节奏的。

式（7-1）和式（7-2）显然是基于曼哈顿距离的区间 Hausdorff 距离的展开，而式（7-3）和式（7-4）是基于欧氏距离的区间 Hausdorff 距离的展开。这两个函数如下：

$$d_{\mathrm{IHD}_{L1}}(X_i, X_j) = \max\left\{|x_i^{\mathrm{l}} - x_j^{\mathrm{l}}|, |x_i^{\mathrm{u}} - x_j^{\mathrm{u}}|\right\} \quad (7\text{-}3)$$

$$d_{\mathrm{IHD}_{L2}}(X_i, X_j) = \sqrt{\max\left\{|x_i^{\mathrm{l}} - x_j^{\mathrm{l}}|^2, |x_i^{\mathrm{u}} - x_j^{\mathrm{u}}|^2\right\}} \quad (7\text{-}4)$$

其中，$X_i, X_j$ 为两个区间向量，$x_i^{\mathrm{l}}, x_i^{\mathrm{u}}$ 为第 $i$ 个区间值样本的下限函数和上限函数。类似地，$x_j^{\mathrm{l}}, x_j^{\mathrm{u}}$ 分别为第 $j$ 个区间函数样本的下限函数和上限函数。

## （一）单变量函数型 K-means 聚类方法

聚类算法分为基于分区、密度、网格和模型的算法。K-means 聚类是一种基于分区的聚类算法，广泛用于函数数据聚类（Ieva et al.，2013；Meng et al.，2018）。

函数 K-means 聚类方法是经典 K-means 聚类方法的扩展，它包括两个步骤：聚类分配和聚类中心更新。在聚类分配期间，样本中的每个函数都会根据最近的函数距离度量值分配给最近的类，然后根据结果计算每个类的质心，随后再次计算函数距离度量并进行聚类，不断重复以上过程直至类的质心稳定（即变化是无穷小的）。

特别的，在第 $m$ 次迭代过程中，要对函数型 K-means 聚类进行操作，具体步骤如下。

步骤 1：指定样本所属类别。给定在次迭代中生成的 $(m-1)$ 类质心，根据其距离将每个函数分配给最近的类。这意味着在第 $m$ 次迭代期间，第 $i$ 个函数 $X_i(t)$ 的分配如下：

$$C_i^{(m)} = \underset{s=1,2,\cdots,S}{\arg\min}\, d(X_i(t), C_s^{(m-1)}(t)), \quad i = 1, 2, \cdots, n \quad (7\text{-}5)$$

其中，$C_s^{(m-1)}(t)$ 为在第 $(m-1)$ 次迭代中计算的类 $s$ 的质心。

步骤 2：更新聚类中心。通过解决以下最小化问题来更新类的质心：

$$C_s^{(m)}(t) = \underset{c \in \Omega_d}{\arg\min} \sum_{i: C_i^{(m)} = s} d(X_i(t), c(t))^2, \quad s = 1, 2, \cdots, S \quad (7\text{-}6)$$

其中，$C_s^{(m)}(t)$ 为类 $s$ 在第 $m$ 次迭代时的质心，$c(t)$ 为一个特定的函数质心的决策向量；$d$ 为函数距离，$\Omega_d$ 为希尔伯特空间。此处，函数曼哈顿距离（FMD）或函数欧氏距离（FED）可用作：

$$d_{\mathrm{FMD}}(x_i(t), x_j(t)) = \int |x_i(t) - x_j(t)| \mathrm{d}t \tag{7-7}$$

$$d_{\mathrm{FED}}(x_i(t), x_j(t)) = \left(\int (x_i(t) - x_j(t))^2 \mathrm{d}t\right)^{\frac{1}{2}} \tag{7-8}$$

其中，$x_i(t), x_j(t)$ 为两个函数样本。

事实上，式（7-6）中的最小化问题意味着，如果使用 FMD 或 FED，对应于分配给第 $s$ 簇的函数的平均曲线。

## （二）基于函数型熵值法的多元函数聚类

因为研究中的现象可能由多个变量表示，所以最简单的方法是将距离函数应用于多变量情况。然后，两条函数曲线之间的多元函数欧氏距离可以计算如下：

$$d_{\mathrm{MFED}}(x_i(t), x_j(t)) = \left(\sum_{p=1}^{q} \int (x_{ip}(t) - x_{jp}(t))^2 \mathrm{d}t\right)^{\frac{1}{2}} \tag{7-9}$$

其中，$p = 1, 2, \cdots, q$ 表示变量的索引。

然而，当变量数量较大时，这种方法将需要大量的聚类操作，导致聚类效率降低。

另一种方法是通过为各个变量分配权重来构建综合指标。在这种情况下，可以使用函数熵方法。以下是对基本过程的描述。

步骤 1：函数样本数据获取及无量纲化。假设有 $n$ 个具有未知复合函数的函数样本，每个样本涉及 $p$ 个变量。如果变量为不同维数所测量，就先使用线性回归来获得无量纲数。然后，平滑函数 $x_{ip}(t), i = 1, 2, \cdots, n$ 是通过基函数展开得到的。

步骤 2：计算比例函数。

$$\pi_{ip}(t) = \frac{x_{ip}(t)}{\sum_{i=1}^{n} x_{ip}(t)} \tag{7-10}$$

步骤 3：计算变量 $p$ 的熵。

$$e_p = -\frac{1}{\ln n} \int \sum_{i=1}^{n} (\pi_{ip}(t) \ln \pi_{ip}(t)) \mathrm{d}t \tag{7-11}$$

步骤 4：计算变量 $p$ 的权重。

$$w_p = \frac{1 - e_p}{\sum_{p=1}^{q} (1 - e_p)} \tag{7-12}$$

步骤 5：构造样本 $i$ 的复合函数。

$$y_i(t) = \sum_{p=1}^{q} w_p x_{ip}(t), \ i = 1, 2, \cdots, n \qquad (7\text{-}13)$$

其中，$y_i(t)$ 为样本 $i$ 的复合函数。

步骤 6：进行聚类分析。使用第六章第三节的聚类步骤，此处不再赘述。

## 二、基于 Wasserstein 距离的区间值函数聚类

前面讨论了函数距离及其在函数聚类中的应用。下面介绍区间距离型函数和聚类方法。此外，还讨论了单变量和多变量情况。

### （一）区间函数 Wasserstein 距离

假设有两个随机变量 $f$ 和 $g$，这些变量的概率分布函数分别为 $F$ 和 $G$。然后 Wasserstein 距离定义如下：

$$d_{\text{Wass}}(F, G) = \int_{-\infty}^{\infty} |F(t) - G(t)| \, dt = \int_{0}^{1} |F^{-1}(t) - G^{-1}(t)| \, dt \qquad (7\text{-}14)$$

其中，$F^{-1}(.), G^{-1}(.)$ 为这两个分布的分位数的相关系数。

$L_2$ 的 Wasserstein 距离满足以下公式：

$$d_{\text{Wass}}^2(F, G) = \int_{0}^{1} |F^{-1}(t) - G^{-1}(t)|^2 \, dt \qquad (7\text{-}15)$$

Irpino 和 Romano（2007）使用分布函数的一阶矩 $\mu_f, \mu_g$ 以及标准差 $\sigma_f, \sigma_g$ 将式（7-15）分解为以下方程：

$$d_{\text{Wass}}^2 = (\mu_f - \mu_g)^2 + (\sigma_f - \sigma_g)^2 + 2\sigma_f \sigma_g (1 - \rho_{QQ}(F, G)) \qquad (7\text{-}16)$$

其中，$\rho_{QQ}(F, G)$ 为两个分布的分位数的相关系数。

如式（7-16）所示，Wasserstein 距离表示中心位置分布和曲率之间的差异。式（7-16）右侧的第一项表示分布的中心位置。由于两个分布函数的位置可能不同，因此考虑了两个分布平均值之间的距离。其次，利用分布函数的标准差和形状计算分布的曲率。式（7-16）右侧的第二项和第三项表示 Wasserstein 距离的组成部分，当且仅当两个分布遵循相同形状（归一化后）时 $\rho_{QQ} = 1$。

在不损失一般性的情况下，假设区间数据是均匀分布的。也就是说 $\rho_{QQ} = 1$，这样区间 $X_i = [x_i^l, x_i^u]$ 的区间 Wasserstein 距离可以定义为

$$d_{\text{IWD}}(X_i, X_j) = \sqrt{(\mu_f - \mu_g)^2 + (\sigma_f - \sigma_g)^2} \qquad (7\text{-}17)$$

此外，使用 $x_i^c(t)$ 和 $x_i^r(t)$ 分别指代中心和半径：

$$x_i^{\mathrm{c}} = \frac{x_i^{\mathrm{l}} + x_i^{\mathrm{u}}}{2} \tag{7-18}$$

$$x_i^{\mathrm{r}} = \frac{x_i^{\mathrm{u}} - x_i^{\mathrm{l}}}{2} \tag{7-19}$$

同样，可以得到 $x_j^{\mathrm{c}}$ 和 $x_j^{\mathrm{r}}$。然后可以将式（7-17）写成以下形式：

$$d_{\mathrm{IWD}}(X_i, X_j) = \sqrt{(x_i^{\mathrm{c}} - x_j^{\mathrm{c}}) + \frac{1}{3}(x_i^{\mathrm{r}} - x_j^{\mathrm{r}})^2} \tag{7-20}$$

在区间函数聚类的情况下，使用光滑函数曲线 $x_i^{\mathrm{l}}(t)$ 和 $x_i^{\mathrm{u}}(t)$ 来分别拟合 $x_i^{\mathrm{l}}$ 和 $x_i^{\mathrm{u}}$。假设区间数据均匀分布在每个观测点 $t$。对于第 $i$ 个区间值函数数据点的下界函数，有以下公式：

$$x_i^{\mathrm{l}}(t) = \sum_{k=1}^{K^{\mathrm{l}}} c_{ik}^{\mathrm{l}} \phi_k^{\mathrm{l}}(t) \tag{7-21}$$

其中，$c_{ik}^{\mathrm{l}}$ 为下限函数的第 $k$ 个基函数系数，$\phi_k^{\mathrm{l}}(t)$ 为第 $k$ 个基函数，$K^{\mathrm{l}}$ 为基函数的数量。

对于第 $i$ 个区间函数数据点的上限函数，有以下结果：

$$x_i^{\mathrm{u}}(t) = \sum_{k=1}^{K^{\mathrm{u}}} c_{ik}^{\mathrm{u}} \phi_k^{\mathrm{u}}(t) \tag{7-22}$$

其中，$c_{ik}^{\mathrm{u}}$ 为下限函数的第 $k$ 个基函数系数，$\phi_k^{\mathrm{u}}(t)$ 为第 $k$ 个基函数，$K^{\mathrm{u}}$ 为基函数的数量。

为了保持通用性，有必要找到一个特点的基函数。这适用于区间函数数据的下限和上限函数，此外使用 $x_i^{\mathrm{c}}(t)$，$x_i^{\mathrm{r}}(t)$ 分别指代中点函数和半径函数：

$$x_i^{\mathrm{c}}(t) = \frac{x_i^{\mathrm{l}}(t) + x_i^{\mathrm{u}}(t)}{2} \tag{7-23}$$

$$x_i^{\mathrm{r}}(t) = \frac{x_i^{\mathrm{u}}(t) - x_i^{\mathrm{l}}(t)}{2} \tag{7-24}$$

因此，IFWD 是沿 $t$ 的距离之和（积分），可以表示为

$$d_{\mathrm{IFWD}}(X_i(t), X_j(t)) = \sqrt{\int (x_i^{\mathrm{c}}(t) - x_j^{\mathrm{c}}(t))^2 \, \mathrm{d}t + \frac{1}{3} \int (x_i^{\mathrm{r}}(t) - x_j^{\mathrm{r}}(t))^2 \, \mathrm{d}t} \tag{7-25}$$

距离度量应满足以下三个性质。

非负性：$d_{\mathrm{IFWD}}(X_i(t), X_j(t)) \geqslant 0$，当且仅当 $X_i(t) = X_j(t)$ 时 $d_{\mathrm{IFWD}}(X_i(t), X_j(t)) = 0$。

对称性：$d_{\mathrm{IFWD}}(X_i(t), X_j(t)) = d_{\mathrm{IFWD}}(X_j(t), X_i(t))$。

三角不等式性：$d_{\mathrm{IFWD}}(X_i(t), X_j(t)) \leqslant d_{\mathrm{IFWD}}(X_i(t), X_k(t)) + d_{\mathrm{IFWD}}(X_k(t), X_j(t))$。

其中，非负性和对称性很容易证明。因此，本书主要给出三角不等式的证明，

并令 $f^{c}(t)=x_i^{c}(t)-x_k^{c}(t), f^{r}(t)=x_i^{r}(t)-x_k^{r}(t), g^{c}(t)=x_k^{c}(t)-x_j^{c}(t), g^{r}(t)=x_k^{r}(t)-x_j^{r}(t)$。

$$\sqrt{\int(x_i^{c}(t)-x_j^{c}(t))^2\,\mathrm{d}t+\frac{1}{3}\int(x_i^{r}(t)-x_j^{r}(t))^2\,\mathrm{d}t}$$
$$\leqslant\sqrt{\int(x_i^{c}(t)-x_k^{c}(t))^2\,\mathrm{d}t+\frac{1}{3}\int(x_i^{r}(t)-x_k^{r}(t))^2\,\mathrm{d}t}+\sqrt{\int(x_k^{c}(t)-x_j^{c}(t))^2\,\mathrm{d}t+\frac{1}{3}\int(x_k^{r}(t)-x_j^{r}(t))^2\,\mathrm{d}t}$$

$$(7\text{-}26)$$

两边取平方并移向整理得

$$\int f^{c}(t)g^{c}(t)\,\mathrm{d}t+\frac{1}{3}\int f^{r}(t)g^{r}(t)\mathrm{d}t$$
$$\leqslant\sqrt{\int\left(f^{c}(t)^2+\frac{1}{3}f^{r}(t)^2\right)\mathrm{d}t}\cdot\sqrt{\int\left(g^{c}(t)^2+\frac{1}{3}g^{r}(t)^2\right)\mathrm{d}t}$$

$$(7\text{-}27)$$

令 $\vec{f}=\left(f^{c}(t),\frac{\sqrt{3}}{3}f^{r}(t)\right), \vec{g}=\left(g^{c}(t),\frac{\sqrt{3}}{3}g^{r}(t)\right)$，然后式子左侧可以写成以下形式：

$$\int f^{c}(t)g^{c}(t)\mathrm{d}t+\frac{1}{3}\int f^{r}(t)g^{r}(t)\mathrm{d}t$$
$$=\int\left(f^{c}(t)g^{c}(t)+\frac{1}{3}f^{r}(t)g^{r}(t)\right)\mathrm{d}t=\int\vec{f}\vec{g}\mathrm{d}t$$

$$(7\text{-}28)$$

然后式子右侧变为以下形式：

$$\sqrt{\int(f^{c}(t))^2\mathrm{d}t+\frac{1}{3}\int(f^{r}(t))^2\,\mathrm{d}t}\cdot\sqrt{\int(g^{c}(t))^2\mathrm{d}t+\frac{1}{3}\int(g^{r}(t))^2\,\mathrm{d}t}$$
$$=\sqrt{\int\left((f^{c}(t))^2+\frac{1}{3}(f^{r}(t))^2\right)\mathrm{d}t}\cdot\sqrt{\int\left((g^{c}(t))^2+\frac{1}{3}(g^{r}(t))^2\right)\mathrm{d}t}$$
$$=\sqrt{\int|\vec{f}|^2\mathrm{d}t}\cdot\sqrt{\int|\vec{g}|^2\mathrm{d}t}$$

$$(7\text{-}29)$$

基于 Hölder 的推导（Yang，2010），可以表示为

$$\int\vec{f}\vec{g}\mathrm{d}t\leqslant\sqrt{\int|\vec{f}|^2\mathrm{d}t}\cdot\sqrt{\int|\vec{g}|^2\mathrm{d}t}$$

$$(7\text{-}30)$$

组合式（7-27）～式（7-30），可以证明式（7-26）中的不等式。因此，IFWD 是一种距离度量。

IFWD 与式（7-16）的不同之处在于，前者将原始数据视为函数曲线，而非离散区间值。然而，曲线之间距离的描述是动态且连续的。与 IFHD［见式（7-1）和式（7-2）］相反，IFWD 没有根据区间函数的上下限进行定义，而是考虑了原始区间值数据的分布。因此，IFWD 全面描述了分布函数提供的分布中心和曲率的差异。

## （二）基于 IFWD 的单变量聚类

第六章第三节描述的函数型 K-means 聚类算法基于随机选择的初始聚类中心。事实上，所选的初始聚类中心会影响聚类性能和结果。为了避免中心选取随机性并提高聚类性能，本书提出了一种改进的 K-means 聚类算法，该算法使用观测值之间的最大距离（区间函数）来选择初始聚类中心。因此，将此方法用于区间函数型 K-means 聚类。该方法的过程如下。

步骤 1：初始聚类中心的选择。对于所有区间函数样本，根据式（7-25）计算距离，并选择最远的两个区间函数作为初始聚类中心。在不失一般性的情况下，用 $c_1^{(0)}(t), c_2^{(0)}(t)$ 表示。如果聚类数量 $s \geqslant 2$，则与现有聚类中心的距离之和最大的函数可以视为第三个聚类中心 $c_3^{(0)}(t)$。以此类推，可以获得所有初始聚类中心 $c^{(0)}(t) = \{c_1^{(0)}(t), \quad c_2^{(0)}(t), \cdots, c_S^{(0)}(t)\}$。

步骤 2：聚类分配。在第 $m$ 次迭代中，每个区间值函数 $X_i(t), i = 1, 2, \cdots, n$ 根据在第 $(m-1)$ 次迭代时 $d_{\text{IFWD}}(\cdot, \cdot)$ 距离最接近的聚类中心进行分配。因此，第 $m$ 次迭代期间第 $i$ 个函数的赋值用以下形式表示并定义：

$$C_s^{(m)} = \arg\min_{s=1,2,\cdots,S} d(X_i(t), C_s^{(m-1)}(t)), \ i = 1, 2, \cdots, n \qquad （7\text{-}31）$$

步骤 3：聚类中心的更新。如第六章第三节所述，更新后的聚类中心对应于分配给第 $s$ 个聚类中心的函数平均曲线。平均曲线可计算如下：

$$C_s^{(m)}(t) = \frac{\sum_{i:C_i^{(m)}=s} X_i(t)}{\#\{i : C_i^{(m)} = s\}}, \ s = 1, 2, \cdots, S \qquad （7\text{-}32）$$

其中，$\#\{i : C_i^{(m)} = s\}$ 为分配给第 $s$ 个聚类的区间函数的数量。

步骤 4：重复步骤 2 和步骤 3，直至聚类中心恒定不变。轮廓系数可以用来作为衡量聚类好坏的基础指标。尤其是轮廓系数越接近于 1，聚类就越中心化。对于每个样本 $i$，轮廓系数可以表示为

$$\text{sc}_i = \frac{b_i - a_i}{\max(a_i, b_i)} \qquad （7\text{-}33）$$

其中，$a_i$ 为样本 $i$ 到其所属聚类中所有样本的平均距离，$b_i$ 为样本 $i$ 到其他聚类中所有样本的平均距离。

所以整个数据集的轮廓系数是所有样本轮廓系数的均值，记为

$$\text{sc} = \frac{\sum_{i=1}^{n} \text{sc}_i}{n} \qquad （7\text{-}34）$$

## （三）基于区间函数型熵值法的多元聚类

前面讨论的函数型熵方法适用于描述特定现象的多变量点函数型数据。下面将此方法扩展到区间函数型数据，并提出了一种区间函数型熵值法，该方法可以应用到单变量聚类算法中。具体步骤如下。

步骤 1：变量的标准化。首先，去除包含区间函数型数据的离散观测值的维数（即将变量转换为无量纲数）。设 $X_{ipl} = \left[ x_{ipl}^{l}, x_{ipl}^{u} \right]$ 表示第 $p$ 个变量在第 $l$ 时刻的第 $i$ 个样本的区间观测值 $i = 1, 2, \cdots, n; p = 1, 2, \cdots, q; l = 1, 2, \cdots, T$，对于变量 $p$，如果观测到负值，那么必须要存在 $\min_{1 \leqslant i \leqslant n, 1 \leqslant l \leqslant T}(x_{ipl}^{l}) < 0$。在 0 点的绝对偏差值写为以下形式：

$$\Delta_p = \left| \min_{1 \leqslant i \leqslant n, 1 \leqslant l \leqslant T}(x_{ipl}^{l}) \right| \tag{7-35}$$

然后，修正此变量所有样本的观测值。因此，时间 $l$ 处第 $i$ 个样本的修正区间值数据定义如下：

$$\hat{X}_{ipl} = \left[ x_{ipl}^{l} + \Delta_p, x_{ipl}^{u} + \Delta_p \right] \tag{7-36}$$

修正后，返回的区间值数据为非负值。对这些变量分别进行标准化处理。注意分别是第 $p$ 个变量在时间 $l$ 处的下限和上限。效益指标的标准化如下：

$$\text{benefit}_{ipl}^{l} = \frac{x_{ipl}^{l}}{\max\limits_{1 \leqslant i \leqslant n, 1 \leqslant l \leqslant T} x_{ipl}^{u}}, \ \text{benefit}_{ipl}^{u} = \frac{x_{ipl}^{u}}{\max\limits_{1 \leqslant i \leqslant n, 1 \leqslant l \leqslant T} x_{ipl}^{u}} \tag{7-37}$$

对于成本指标，需要进行以下步骤：

$$\text{cost}_{ipl}^{l} = \frac{\min\limits_{1 \leqslant i \leqslant n, 1 \leqslant l \leqslant T} x_{ipl}^{l}}{x_{ipl}^{u}}, \ \text{cost}_{ipl}^{u} = \frac{\min\limits_{1 \leqslant i \leqslant n, 1 \leqslant l \leqslant T} x_{ipl}^{l}}{x_{ipl}^{l}} \tag{7-38}$$

其中，$\max\limits_{1 \leqslant i \leqslant n, 1 \leqslant l \leqslant T} x_{ipl}^{u}$ 和 $\min\limits_{1 \leqslant i \leqslant n, 1 \leqslant l \leqslant T} x_{ipl}^{l}$ 分别为第 $p$ 个变量的最大值和最小值。$\left[ \text{benefit}_{ipl}^{l}, \text{benefit}_{ipl}^{u} \right]$，$\left[ \text{cost}_{ipl}^{l}, \text{cost}_{ipl}^{u} \right]$ 为无量纲化的区间值数据。

这些数据可以转换为平滑的区间函数型数据 $X_{ip}(t) = \left[ x_{ip}^{l}(t), x_{ip}^{u}(t) \right]$。随后令 $x_{ip}^{c}(t) = \dfrac{x_{ip}^{l}(t) + x_{ip}^{u}(t)}{2}$ 和 $x_{ip}^{r}(t) = \dfrac{x_{ip}^{u}(t) - x_{ip}^{l}(t)}{2}$ 分别为第 $p$ 个变量的第 $i$ 个样本的中点函数和半径函数。

步骤 2：计算各变量的信息熵。对于第 $p$ 个变量，中点函数的信息熵计算如下：

$$e_p^{c} = -\frac{1}{\ln n} \int \sum_{i=1}^{n} (\pi_{ip}^{c}(t) \ln \pi_{ip}^{c}(t)) \mathrm{d}t \tag{7-39}$$

其中，$\pi_{ip}^{c}(t) = \dfrac{x_{ip}^{c}(t)}{\displaystyle\sum_{i=1}^{n} x_{ip}^{c}(t)}$。

半径函数的信息熵如下：

$$e_p^r = -\frac{1}{\ln n} \int \sum_{i=1}^{n} (\pi_{ip}^r(t) \ln \pi_{ip}^r(t)) \mathrm{d}t \qquad (7\text{-}40)$$

步骤 3：根据中心函数和半径函数的熵值计算变量的权重。

$$w_p^c = \frac{1 - e_p^c}{\displaystyle\sum_{p=1}^{q}(1 - e_p^c)}, \quad p = 1, 2, \cdots, q \qquad (7\text{-}41)$$

$$w_p^r = \frac{1 - e_p^r}{\displaystyle\sum_{p=1}^{q}(1 - e_p^r)}, \quad p = 1, 2, \cdots, q \qquad (7\text{-}42)$$

假设中点函数和半径函数的权重同样重要。那么，一个变量的总体权重计算如下：

$$w_p = \frac{1}{2} w_p^c + \frac{1}{2} w_p^r, \quad p = 1, 2, \cdots, q \qquad (7\text{-}43)$$

步骤 4：构建复合函数。然后按以下方式构造复合中点和半径函数。

$$y_i^c(t) = \sum_{p=1}^{q} w_p x_{ip}^c(t), \quad y_i^r(t) = \sum_{p=1}^{q} w_p x_{ip}^r(t) \qquad (7\text{-}44)$$

其中，$y_i^c(t)$ 为样本 $i$ 的复合中点函数，$y_i^r(t)$ 为样本 $i$ 的复合半径函数。

步骤 5：实施聚类分析。一旦得到了综合区间函数型数据，就可以采用第六章第三节提出的单变量区间函数型聚类方法进行进一步分析。

# 第二节　一般分布下的区间函数型聚类方法研究

## 一、一般分布下的区间函数型数据和预处理

设 $x_i(t) = \left[ x_i^l(t), x_i^u(t) \right], i = 1, 2, \cdots, n; t = 1, 2, \cdots, T$ 为在时间点 $t$ 处观测第 $i$ 个样本区间所记录下来的区间值，有 $x_i^l(t) \leqslant x_i(t) \leqslant x_i^u(t)$，类似地，若按一定规律观测，则可以得到如式（7-45）所示的数据记录形式：

$$[X(t)]=[x_i(t)]_{n*T}=\begin{pmatrix} [x_1^l(t_1),x_1^u(t_1)] & [x_2^l(t_1),x_2^u(t_1)] & \cdots & [x_n^l(t_1),x_n^u(t_1)] \\ [x_1^l(t_2),x_1^u(t_2)] & [x_2^l(t_2),x_2^u(t_2)] & \cdots & [x_n^l(t_2),x_n^u(t_2)] \\ \vdots & \vdots & & \vdots \\ [x_1^l(t_T),x_1^u(t_T)] & [x_2^l(t_T),x_2^u(t_T)] & \cdots & [x_1^l(t_T),x_n^u(t_T)] \end{pmatrix} \quad (7\text{-}45)$$

对 于　$x_i(t)=\left[x_i^l(t),x_i^u(t)\right],i=1,2,\cdots,n$　，　记　$x_i^c(t)=\dfrac{x_i^l(t)+x_i^u(t)}{2}$　，　$x_i^r(t)=$ $\dfrac{x_i^u(t)-x_i^l(t)}{2}$。则 $x_i^c(t)$ 和 $x_i^r(t)$ 分别为该区间数的中点值和半径值，分别代表该区间数的中点位置信息和波动信息。若式（7-45）中的每个区间数内的信息已知，则还可以得到每个区间数据内部的均值信息和方差信息。设区间数 $x_i(t)=$ $\left[x_i^l(t),x_i^u(t)\right]$ 的区间数内信息已知，则可分别求得区间数 $x_i(t)$ 的均值和标准差，记为 $x_i^{mean}(t)$，$x_i^{std}(t)$。将所有区间数的均值数据和标准差数据分别写成矩阵形式为

$$[X^{mean}(t)]=[x_i^{mean}(t)]_{n*T}=\begin{pmatrix} x_1^{mean}(t_1) & x_2^{mean}(t_1) & \cdots & x_n^{mean}(t_1) \\ x_1^{mean}(t_2) & x_2^{mean}(t_2) & \cdots & x_n^{mean}(t_2) \\ \vdots & \vdots & & \vdots \\ x_1^{mean}(t_T) & x_2^{mean}(t_T) & \cdots & x_n^{mean}(t_T) \end{pmatrix} \quad (7\text{-}46)$$

$$[X^{std}(t)]=[x_i^{std}(t)]_{n*T}=\begin{pmatrix} x_1^{std}(t_1) & x_2^{std}(t_1) & \cdots & x_n^{std}(t_1) \\ x_1^{std}(t_2) & x_2^{std}(t_2) & \cdots & x_n^{std}(t_2) \\ \vdots & \vdots & & \vdots \\ x_1^{std}(t_T) & x_2^{std}(t_T) & \cdots & x_n^{std}(t_T) \end{pmatrix} \quad (7\text{-}47)$$

当观测次数足够多，即 $T$ 足够大时，将记录形式为式（7-45）的数据称为区间函数型数据。

## 二、一般分布下的区间函数型数据描述性统计量

在进行数据分析时，往往需要先寻找到能够反映数据特征的代表值，而数据的描述性统计量能够帮助我们初步掌握其特征和规律，因此与传统的统计分析一样，明确区间函数型数据的描述性统计量也非常重要。

设 $x^{mean}(t)$ 为经过预处理后的区间函数型数据的区间均值函数，设该区间函数型的样本容量为 $n$，则这 $n$ 个样本的区间函数型数据的均值函数可表示为 $x_i^{mean}(t)$，其中 $i=1,2,\cdots,n,t\in T$，则该区间函数型数据的描述性统计量可表示如下。

总体均值函数为

$$\overline{x}^{\text{mean}}(t) = \frac{1}{n}\sum_{i=1}^{n} x_i^{\text{mean}}(t), \ \forall t \in T \tag{7-48}$$

总体方差函数为

$$\text{var}_{x^{\text{mean}}}(t) = \frac{1}{n-1}\sum_{i=1}^{n}\left(x_i^{\text{mean}}(t) - \overline{x}^{\text{mean}}(t)\right)^2, \ \forall t \in T \tag{7-49}$$

对于 $t$ 的取值范围中的任意 $t_1, t_2$，则总体协方差函数为

$$\text{cov}_{x^{\text{mean}}}(t_1, t_2) = \frac{1}{n-1}\sum_{i=1}^{n}\left(x_i^{\text{mean}}(t_1) - \overline{x}^{\text{mean}}(t_1)\right)\left(x_i^{\text{mean}}(t_2) - \overline{x}^{\text{mean}}(t_2)\right), \ \forall t_1, t_2 \in T$$

$$\tag{7-50}$$

总体相关系数函数定义为

$$\text{corr}_{x^{\text{mean}}}(t_1, t_2) = \frac{\text{cov}_{x^{\text{mean}}}(t_1, t_2)}{\sqrt{\text{var}_{x^{\text{mean}}}(t_1)\text{var}_{x^{\text{mean}}}(t_2)}}, \ \forall t_1, t_2 \in T \tag{7-51}$$

此时不难看出，总体协方差函数和总体相关系数函数关于 $t_1$ 和 $t_2$ 具有对称性，即有

$$\text{cov}_{x^{\text{mean}}}(t_1, t_2) = \text{cov}_{x^{\text{mean}}}(t_2, t_1), \ \text{corr}_{x^{\text{mean}}}(t_1, t_2) = \text{corr}_{x^{\text{mean}}}(t_2, t_1) \tag{7-52}$$

类似函数型数据的描述性统计量，当有成对的区间函数型数据样本时，可以得到两者的互协方差函数，可以用此来度量两者之间的相互依赖关系：

$$\text{cov}_{x^{\text{mean}}, y^{\text{mean}}}(t_1, t_2) = \frac{1}{n-1}\sum_{i=1}^{n}\left(x_i^{\text{mean}}(t_1) - \overline{x}^{\text{mean}}(t_1)\right)\left(y_i^{\text{mean}}(t_2) - \overline{y}^{\text{mean}}(t_2)\right), \ \forall t_1, t_2 \in T$$

$$\tag{7-53}$$

继而可以得到两者的互相关函数为

$$\text{corr}_{x^{\text{mean}}, y^{\text{mean}}}(t_1, t_2) = \frac{\text{cov}_{x^{\mu}, y^{\mu}}(t_1, t_2)}{\sqrt{\text{var}_{x^{\text{mean}}}(t_1)\text{var}_{y^{\text{mean}}}(t_2)}}, \ \forall t_1, t_2 \in T \tag{7-54}$$

一般情况下，互协方差函数和互相关函数不再关于 $t_1$ 和 $t_2$ 对称，即在一般情况下，有

$$\text{cov}_{x^{\text{mean}}, y^{\text{mean}}}(t_1, t_2) \neq \text{cov}_{x^{\text{mean}}, y^{\text{mean}}}(t_2, t_1), \ \text{corr}_{x^{\text{mean}}, y^{\text{mean}}}(t_1, t_2) \neq \text{corr}_{x^{\text{mean}}, y^{\text{mean}}}(t_2, t_1) \tag{7-55}$$

## 三、一般分布下的区间函数型数据聚类的相似性度量

### （一）一般分布下的区间函数 Wasserstein 距离（GIFWD）

假定随机变量 $f$ 和 $g$ 的分布函数分别为 $F$ 和 $G$，则 $f$ 和 $g$ 的 Wasserstein 距离测度定义为（Gibbs and Su，2002）

$$d_{\text{Wass}}(F,G) = \int_{-\infty}^{+\infty} | F(x) - G(x) |\, dx = \int_0^1 | F^{-1}(t) - G^{-1}(t) |\, dt \qquad (7\text{-}56)$$

其中，$F^{-1}(.), G^{-1}(.)$ 分别为 $F(.)$ 和 $G(.)$ 的逆函数。

del Barrio 等（1999）将该距离进行了 $L_2$ 扩展，扩展后的 $L_2$ Wasserstein 距离测度如下：

$$d^2{}_{\text{Wass}}(F,G) = \int_0^1 | F^{-1}(t) - G^{-1}(t) |^2 dt \qquad (7\text{-}57)$$

Irpino 和 Romano（2007）提出使用分布函数 $F$ 和 $G$ 的数学期望和方差对 Wasserstein 进行分解：

$$d^2{}_{\text{Wass}} = (\mu_f - \mu_g)^2 + (\sigma_f - \sigma_g)^2 + 2\sigma_f \sigma_g (1 - \rho_{QQ}(F,G)) \qquad (7\text{-}58)$$

$$\rho_{QQ}(F,G) = \frac{\int_0^1 \left( F^{-1}(t) - \mu_f \right)\left( G^{-1}(t) - \mu_g \right) dt}{\sigma_f \sigma_g} = \frac{\int_0^1 F^{-1}(t) G^{-1}(t)\, dt - \mu_f \mu_g}{\sigma_f \sigma_g} \qquad (7\text{-}59)$$

由式（7-58）可以知道，Wasserstein 距离综合考虑了三个方面的因素。①考虑了分布之间的中心位置差异：所需要测度的两个分布函数之间的中心位置的差异由分布的数学期望来描述。②考虑了分布之间的波动大小差异：所测度的两个分布之间的波动差异由分布的标准差决定。③考虑了分布的密度函数的形状：系数 $\rho_{QQ}$ 可用来描述密度函数的形状差异。此处的 $\rho_{QQ}$ 系数与传统的皮尔逊（Pearson）相关系数的含义有所不同，此时的 $\rho_{QQ}$ 所度量的是分布间密度函数形状的差异，当且仅当标准化后的分布函数 $F$ 和 $G$ 相同时有 $\rho_{QQ} = 1$。传统的距离相似性度量，如 city-block 距离、Hausdorff 距离和欧氏距离，侧重的是端点处的相似性度量，而 Wasserstein 距离综合考虑了分布的中心、波动大小和形状的差异，能够提取数据所在分布的综合信息，极大地利用了已知数据的信息，使得相似性的度量更为准确。

若存在有记录形式为式（7-45）的区间函数型数据，假设每个观测对象的记录数据都服从某一般分布形式，则此时 $\rho_{QQ} = 1$。且每个区间数内都有额外的已知信息，则两区间数 $x_i = \left[ x_i^l, x_i^u \right]$ 和 $x_j = \left[ x_j^l, x_j^u \right]$ 的 Wasserstein 距离（interval-valued Wasserstein distance based on general distribution，GIWD）可定义为

$$d_{\text{GIWD}}(x_i, x_j) = \sqrt{(\mu_i - \mu_j)^2 + (\sigma_i - \sigma_j)^2} = \sqrt{(x_i^{\text{mean}} - x_j^{\text{mean}})^2 + (x_i^{\text{std}} - x_j^{\text{std}})^2} \qquad (7\text{-}60)$$

其中，$x_i^{\text{mean}}, x_j^{\text{mean}}$ 分别为区间数 $x_i, x_j$ 的内部均值，$x_i^{\text{std}}, x_j^{\text{std}}$ 分别为区间数 $x_i, x_j$ 的内部标准差。

当每个观测对象的记录数据服从均匀分布时，区间数的均值和标准差可以很方便地计算得出。且设两区间数 $x_i, x_j$ 的中点值分别为 $x_i^c, x_j^c$，半径值分别为 $x_i^r, x_j^r$，则有

$$x_i^c(t) = \frac{x_i^l(t) + x_i^u(t)}{2}, \quad x_j^c(t) = \frac{x_j^l(t) + x_j^u(t)}{2} \tag{7-61}$$

$$x_i^r(t) = \frac{x_i^u(t) - x_i^l(t)}{2}, \quad x_j^r(t) = \frac{x_j^u(t) - x_j^l(t)}{2} \tag{7-62}$$

可以得到服从均匀分布下的区间数 Wasserstein 距离（interval-valued Wasserstein distance based on uniform distribution，UIWD）为

$$
\begin{aligned}
d_{\text{UIWD}}(x_i, x_j) &= \sqrt{(\mu_i - \mu_j)^2 + (\sigma_i - \sigma_j)^2} \\
&= \sqrt{\left(\frac{x_i^l + x_i^u}{2} - \frac{x_j^l + x_j^u}{2}\right)^2 + \left(\frac{x_i^u - x_i^l}{2\sqrt{3}} - \frac{x_j^u - x_j^l}{2\sqrt{3}}\right)^2} \\
&= \sqrt{(x_i^c - x_j^c)^2 + \frac{1}{3}(x_i^r - x_j^r)^2}
\end{aligned}
\tag{7-63}
$$

在区间函数聚类的情况下，使用光滑函数曲线 $x_i^{\text{mean}}(t)$ 和 $x_i^{\text{std}}(t)$ 来分别拟合 $x_i^{\text{mean}}$ 和 $x_i^{\text{std}}$。对于第 $i$ 个区间值函数数据点的均值函数，有以下公式：

$$x_i^{\text{mean}}(t) = \sum_{k=1}^{K^{\text{mean}}} c_{ik}^{\text{mean}} \phi_k^{\text{mean}}(t) \tag{7-64}$$

其中，$c_{ik}^{\text{mean}}$ 为均值函数的第 $k$ 个拟合基函数的系数向量，$\phi_k^{\text{mean}}(t)$ 为第 $k$ 个拟合基函数，$K^{\text{mean}}$ 为拟合基函数的个数。

同样地，对于第 $i$ 个观测对象得到的区间函数型数据，对其标准差数据进行函数化。记 $x_i^{\text{std}}(t)$ 为对离散观测值向量 $x_i^{\text{std}}$ 函数化后的结果，有

$$x_i^{\text{std}}(t) = \sum_{k=1}^{K^{\text{std}}} c_{ik}^{\text{std}} \phi_k^{\text{std}}(t) \tag{7-65}$$

其中，$c_{ik}^{\text{std}}$ 为标准差函数的第 $k$ 个拟合基函数的系数向量，$\phi_k^{\text{std}}(t)$ 为第 $k$ 个拟合基函数，$K^{\text{std}}$ 为方差函数拟合基函数的个数。

同样地，记 $x_i^l(t)$ 为对离散观测值向量 $x_i^l$ 函数化后的结果，$x_i^u(t)$ 为对离散观测值向量 $x_i^u$ 函数化后的结果，则也可以类似得到下限函数 $x_i^l(t)$ 和上限函数 $x_i^u(t)$。因此中点函数 $x_i^c(t)$ 和半径函数 $x_i^r(t)$ 也可以计算得到，如下所示：

$$x_i^c(t) = \frac{x_i^l(t) + x_i^u(t)}{2} \tag{7-66}$$

$$x_i^r(t) = \frac{x_i^u(t) - x_i^l(t)}{2} \tag{7-67}$$

由式（7-63）的形式且结合上述区间值函数化后的结果，可以得到服从均匀分布的区间函数型 Wasserstein 距离（interval-valued functional Wasserstein distance based on uniform distribution，UIFWD）测度为

$$d_{\text{UIWD}}(x_i(t),x_j(t))=\sqrt{\int\left(x_i^{\text{c}}(t)-x_j^{\text{c}}(t)\right)^2\mathrm{d}t+\frac{1}{3}\int\left(x_i^{\text{r}}(t)-x_j^{\text{r}}(t)\right)^2\mathrm{d}t}\qquad(7\text{-}68)$$

Beyaztas 等（2022）提出由于不同数据的函数拟合可能会产生不同数量的基函数，因此需要找到一个同时符合所需要拟合函数的公共基函数向量 $\Phi(t)=(\phi_1(t),\phi_2(t),\cdots,\phi_K(t))^{\mathrm{T}}$。此时可以得到服从一般分布下的区间函数型 Wasserstein 距离（GIFWD）测度，即有

$$d_{\text{GIFWD}}(x_i(t),x_j(t))$$

$$=\sqrt{\int\left(x_i^{\text{mean}}(t)-x_j^{\text{mean}}(t)\right)^2\mathrm{d}t+\int\left(x_i^{\text{std}}(t)-x_j^{\text{std}}(t)\right)^2\mathrm{d}t}$$

$$=\sqrt{\int\left(\sum_{k=1}^{K}c_{ik}^{\text{mean}}\phi_k(t)-\sum_{k=1}^{K}c_{jk}^{\text{mean}}\phi_k(t)\right)^2\mathrm{d}t+\int\left(\sum_{k=1}^{K}c_{ik}^{\text{std}}\phi_k(t)-\sum_{k=1}^{K}c_{jk}^{\text{std}}\phi_k(t)\right)^2\mathrm{d}t}$$

$$=\sqrt{\int\left((c_i^{\text{mean}}-c_j^{\text{mean}})^{\mathrm{T}}\Phi(t)\right)^2\mathrm{d}t+\int\left((c_i^{\text{std}}-c_j^{\text{std}})^{\mathrm{T}}\Phi(t)\right)^2\mathrm{d}t}$$

$$=\sqrt{\int(c_i^{\text{mean}}-c_j^{\text{mean}})^{\mathrm{T}}\Phi(t)\Phi^{\mathrm{T}}(t)(c_i^{\text{mean}}-c_j^{\text{mean}})\mathrm{d}t+\int(c_i^{\text{std}}-c_j^{\text{std}})^{\mathrm{T}}\Phi(t)\Phi^{\mathrm{T}}(t)(c_i^{\text{std}}-c_j^{\text{std}})\mathrm{d}t}$$

$$=\sqrt{(c_i^{\text{mean}}-c_j^{\text{mean}})^{\mathrm{T}}\int\Phi(t)\Phi^{\mathrm{T}}(t)\mathrm{d}t(c_i^{\text{mean}}-c_j^{\text{mean}})+(c_i^{\text{std}}-c_j^{\text{std}})^{\mathrm{T}}\int\Phi(t)\Phi^{\mathrm{T}}(t)\mathrm{d}t(c_i^{\text{std}}-c_j^{\text{std}})}$$

$$(7\text{-}69)$$

同样地，对于一般分布下的区间函数型 Wasserstein 距离测度也应满足测度的三个性质。

非负性：$d_{\text{GIFWD}}(x_i(t),x_j(t))\geqslant 0$ 且 $d_{\text{GIFWD}}(x_i(t),x_i(t))=0$。

对称性：$d_{\text{GIFWD}}(x_i(t),x_j(t))=d_{\text{GIFWD}}(x_j(t),x_i(t))$。

三角不等式性：$d_{\text{GIFWD}}(x_i(t),x_j(t))\leqslant d_{\text{GIFWD}}(x_i(t),x_k(t))+d_{\text{GIFWD}}(x_k(t),x_j(t))$。

证明：由于

$$d_{\text{GIFWD}}(x_i(t),x_j(t))=\sqrt{\int\left(x_i^{\text{mean}}(t)-x_j^{\text{mean}}(t)\right)^2\mathrm{d}t+\int\left(x_i^{\text{std}}(t)-x_j^{\text{std}}(t)\right)^2\mathrm{d}t}$$

不难看出非负性和对称性显然成立，下面证明三角不等式性。

三角不等式性的式子可写为

$$\sqrt{\int\left(x_i^{\text{mean}}(t)-x_j^{\text{mean}}(t)\right)^2\mathrm{d}t+\int\left(x_i^{\text{std}}(t)-x_j^{\text{std}}(t)\right)^2\mathrm{d}t}$$

$$\leqslant\sqrt{\int\left(x_i^{\text{mean}}(t)-x_k^{\text{mean}}(t)\right)^2\mathrm{d}t+\int\left(x_i^{\text{std}}(t)-x_k^{\text{std}}(t)\right)^2\mathrm{d}t}\qquad(7\text{-}70)$$

$$+\sqrt{\int\left(x_k^{\text{mean}}(t)-x_j^{\text{mean}}(t)\right)^2\mathrm{d}t+\int\left(x_k^{\text{std}}(t)-x_j^{\text{std}}(t)\right)^2\mathrm{d}t}$$

令 $f^{\text{mean}}(t)=x_i^{\text{mean}}(t)-x_k^{\text{mean}}(t)$，$f^{\text{std}}(t)=x_i^{\text{std}}(t)-x_k^{\text{std}}(t)$，$g^{\text{mean}}(t)=x_k^{\text{mean}}(t)-x_j^{\text{mean}}(t)$，$g^{\text{std}}(t)=x_k^{\text{std}}(t)-x_j^{\text{std}}(t)$。此时式（7-70）可写为

$$\sqrt{\int \left(f^{\text{mean}}(t) + g^{\text{mean}}(t)\right)^2 dt + \int \left(f^{\text{std}}(t) + g^{\text{std}}(t)\right)^2 dt}$$
$$\leqslant \sqrt{\int \left(f^{\text{mean}}(t)\right)^2 dt + \int \left(f^{\text{std}}(t)\right) dt} + \sqrt{\int \left(g^{\text{mean}}(t)\right)^2 dt + \int \left(g^{\text{std}}(t)\right)^2 dt} \qquad (7\text{-}71)$$

不等式（7-71）两边分别平方并整理，有

$$\int \left(f^{\text{mean}}(t) g^{\text{mean}}(t)\right) dt + \int \left(f^{\text{std}}(t) g^{\text{std}}(t)\right) dt$$
$$\leqslant \sqrt{\int \left(f^{\text{mean}}(t)\right)^2 dt + \int \left(f^{\text{std}}(t)\right)^2 dt} \sqrt{\int \left(g^{\text{mean}}(t)\right)^2 dt + \int \left(g^{\text{std}}(t)\right)^2 dt} \qquad (7\text{-}72)$$

记 $\vec{f}(t) = (f^{\text{mean}}(t), f^{\text{std}}(t))$，$\vec{g}(t) = (g^{\text{mean}}(t), g^{\text{std}}(t))$，则不等式（7-72）的左边有

$$\int \left(f^{\text{mean}}(t) g^{\text{mean}}(t)\right) dt + \int \left(f^{\text{std}}(t) g^{\text{std}}(t)\right) dt$$
$$= \int \left(f^{\text{mean}}(t) g^{\text{mean}}(t) + f^{\text{std}}(t) g^{\text{std}}(t)\right) dt \qquad (7\text{-}73)$$
$$= \int \vec{f}(t) \cdot \vec{g}(t) dt$$

不等式（7-72）的右边有

$$\sqrt{\int \left(f^{\text{mean}}(t)\right)^2 dt + \int \left(f^{\text{std}}(t)\right)^2 dt} + \sqrt{\int \left(g^{\text{mean}}(t)\right)^2 dt + \int \left(g^{\text{std}}(t)\right)^2 dt}$$
$$= \sqrt{\int \left(\left(f^{\text{mean}}(t)\right)^2 + \left(f^{\text{std}}(t)\right)^2\right) dt} \sqrt{\int \left(\left(g^{\text{mean}}(t)\right)^2 + \left(g^{\text{std}}(t)\right)^2\right) dt}$$
$$= \sqrt{\int \left|\vec{f}(t)\right|^2 dt} \sqrt{\int \left|\vec{g}(t)\right|^2 dt} \qquad (7\text{-}74)$$
$$= \left\|\vec{f}(t)\right\| \left\|\vec{g}(t)\right\|$$

根据 Hölder 不等式（Yang，2010），可以得到：

$$\int \vec{f}(t) \cdot \vec{g}(t) dt \leqslant \int \left|\vec{f}(t)\right| \cdot \left|\vec{g}(t)\right| dt \leqslant \left\|\vec{f}(t)\right\| \left\|\vec{g}(t)\right\| \qquad (7\text{-}75)$$

联系式（7-73）、式（7-74）和式（7-75），则三角不等式性得证，所以 $d_{\text{GIFWD}}(x_i(t), x_j(t))$ 是一个距离测度。

## （二）一般分布下的区间函数 Hausdorff 距离（GIFHD）

结合本章第一节所提出的一般分布下的区间数 Hausdorff 距离，可以推广至区间函数型数据中，有

$$d_{\text{GIFHD}}(x_i(t), x_j(t)) = \int \left(\left|x_i^{\text{mean}}(t) - x_j^{\text{mean}}(t)\right| + \left|x_i^{\text{std}}(t) - x_j^{\text{std}}(t)\right|\right) dt$$
$$= \int \left|x_i^{\text{mean}}(t) - x_j^{\text{mean}}(t)\right| dt + \int \left|x_i^{\text{std}}(t) - x_j^{\text{std}}(t)\right| dt \qquad (7\text{-}76)$$

## 四、一般分布下的区间函数型改进 K-means 聚类算法

聚类分析在传统机器学习算法中存在已久，由于聚类具有实用、简单和高效的特性被广泛应用于各种领域，如特征学习、图像分割、市场细分和文档聚类等。尤其在互联网时代，聚类对于寻找广泛数据中有用的信息具有极高的实际意义。K-means 聚类由于其效果较好且易于理解的优点在广大聚类算法中脱颖而出，被广大学者或有聚类需求的人员所采用。K-means 聚类的基本思想是预先确定所需聚类的个数与聚类的中心，然后计算所有需要聚类的对象到确定好的聚类中心的相似性度量值，并将相似性度量值较小的划分到某一类别中，此时需对聚类中心进行更新，然后再对更新后的所有聚类对象计算到新聚类中心的相似性度量值，不断迭代这两个过程直到聚类中心不再变化（Sun et al.，2012）。

K-means 算法由于可操作性较强且可解释性强，广泛应用于函数型聚类模型中（Meng et al.，2018；Martino et al.，2019）。K-means 聚类算法的思想是易于理解的，初始聚类中心的选择以及相似性度量的选择决定了优化 K-means 算法的结果。相似性度量可以是传统的距离度量，也可以是相关系数或曲线形态等相似性特征的度量。由于经典 K-means 聚类算法的初始聚类中心是随机选取的，这就使聚类结果具有不确定性，会直接影响分类的结果和聚类性能。为了消除这种不确定性，Tanir 和 Nuriyeva（2017）对经典 K-means 聚类算法做出了改进，提出首先计算所有样本两两之间的相异性度量值，然后将相异性度量值最大的两个样本作为初始聚类中心，这一改进可以有效避免初始聚类中心选择的随机性，从而提升聚类算法的性能。

本书基于 Tanir 和 Nuriyeva（2017）这一改进的 K-means 聚类算法的思想，给出区间函数型改进 K-means 聚类算法的实现过程，具体步骤如下。

步骤 1：确定初始聚类中心。首先对所有的区间函数型数据样本 $X(t)$，计算出所有样本中任意两个区间函数型样本数据 $x_i(t)$ 和 $x_j(t), i = j = 1, 2, \cdots, n, i \neq j$ 之间的相异性度量值，选出相异性度量值最大的两个数据样本，将这两个数据样本作为初始聚类中心，并标记为 $c_1^{(0)}(t)$ 和 $c_2^{(0)}(t)$。进一步计算其他区间函数型数据样本到这两个初始聚类中心样本的相异性度量值的和，并选取相异性度量值和最大的样本作为第三个初始聚类中心，并记为 $c_3^{(0)}(t)$，不断重复上述步骤，且设聚类个数为 $k$，则在获得第 $k$ 个聚类中心 $c_k^{(0)}(t)$ 时停止。此时可以得到所有的初始聚类中心为 $c^{(0)}(t) = \left\{ c_1^{(0)}(t), c_2^{(0)}(t), \cdots, c_k^{(0)}(t) \right\}$。

步骤 2：指定样本所属类别。在得到聚类个数为 $k$ 时的初始聚类中心 $c^{(0)}(t) = \left\{ c_1^{(0)}(t), c_2^{(0)}(t), \cdots, c_s^{(0)}(t) \right\}$ 之后，需要不断迭代类别指定与更新聚类中心这两

个过程。特别地，在第 $m$ 次迭代中，先计算每个区间函数型数据样本 $x_i(t)$ 到第 $(m-1)$ 次迭代中产生的聚类中心的相异性度量值，按照相异性度量值最小的原则将其指定到某一类别中，则在第 $m$ 次迭代中，区间函数型数据样本 $i$ 所属类别 $C_i^{(m)}$ 为

$$C_i^{(m)} = \arg \min_{s=1,2,\cdots,S} d_{\text{dissimilarity}}(x_i(t), c_s^{(m-1)}(t))$$

其中，$c_s^{(m-1)}(t)$ 为在第 $(m-1)$ 次迭代中的第 $s$ 个聚类中心。

步骤 3：更新聚类中心。将各区间函数型数据样本按相异性度量值最小的原则划分到某一类别后，可以该类别中所有数据样本的均值作为新的聚类中心，在第 $m$ 次迭代中，新的聚类中心可以表示为

$$c_s^{(m-1)}(t) = \frac{\sum_{i:C_i^{(m)}=s} x_i(t)}{\#\{i : C_i^{(m)} = s\}}, \quad s = 1,2,\cdots,S$$

其中，$\#\{i : C_i^{(m)} = s\}$ 为第 $s$ 类中的区间函数型数据样本个数。

## 五、聚类结果的有效性评估

轮廓系数是一种评价无监督聚类效果的指标，由同一簇的内部聚集程度和不同簇间的离散程度共同衡量，最早由 Rousseeuw（1987）提出。利用轮廓系数来衡量聚类结果效果的步骤如下。

步骤 1：对于第 $i$ 个观测对象，计算观测对象 $i$ 到其所属的簇内所有其他观测对象的相似性度量，并求得均值为 $a_i$；计算观测对象 $i$ 到其所属的簇之外的所有对象的相似性度量，求得均值为 $b_i$。则可以计算得到第 $i$ 个观测对象的轮廓系数为

$$s_i = \frac{b_i - a_i}{\max(a_i, b_i)} \tag{7-77}$$

根据第 $i$ 个观测对象的轮廓系数值 $s_i$ 可以评价该观测对象的聚类结果效果。其中 $s_i$ 的取值范围为 $[-1,1]$，$s_i$ 越接近于 1，表示观测对象 $i$ 的聚类结果越合理；$s_i$ 越接近于 $-1$，表示观测对象 $i$ 的聚类结果越不合理。

步骤 2：计算所有观测对象的轮廓系数值，并计算得到均值，此时该均值能够用来衡量所有观测对象的聚类效果的好坏。即用以下值来表示整体聚类效果的好坏：

$$s = \frac{\sum_{i=1}^{n} s_i}{n} \tag{7-78}$$

其中，$s \in [-1,1]$，且 $s$ 越接近于 1 表示对所有观测对象整体聚类效果越好，$s$ 越接近于 $-1$ 表示对所有观测对象整体聚类效果越差。

## 六、一般分布下的多指标区间函数型聚类分析

在实际应用中，通常会遇到由多个指标组成的面板数据，多指标面板数据能够反映事物的多项特征，但是由于多指标面板数据的复杂性，这类多指标面板数据的研究者较少。国内学者大都采用两种方法对多指标面板数据进行分析。①先利用主成分分析或者指标综合等方法对多指标面板数据进行降维，从而将面板数据的多维指标变量通过线性组合方法降为一维指标变量，如王泽东和邓光明（2019）用主成分分析的方法对多指标变量面板数据进行降维处理，得到一个综合趋势距离，研究了多指标面板数据的聚类分析，并用省际居民消费面板数据和主要城市房地产面板数据的聚类结果与性能证实了该方法的有效性。多指标面板数据是特殊的多指标函数型数据，卓炜杰（2018）利用函数型熵权法先对多指标函数型数据进行指标综合，将多指标综合为一个指标，然后再利用单指标聚类方法进行聚类。②对所有指标的两个数据样本分别求出相异性度量值，然后将所有指标的两样本的相异性度量值相加作为两样本的多指标相异性度量值，如李因果和何晓群（2010）针对面板数据的动态特征和截面特征，提出了一种"综合"距离函数，也采用了对所有指标间"综合"距离进行求和的方法作为多指标面板数据的相异性度量值。程豪和苏孝珊（2016）也对多指标函数型数据采用了求所有指标之间两样本距离和的形式来对多指标函数型数据进行聚类。第②种多指标面板数据聚类方法存在着一些弊端。例如，当指标数量较多且数据量很大时，按该种方法进行聚类会造成运算量过大，时间成本较大。当每个指标的量纲不同时，这种直接对所有指标间的相异性度量值相加会受到较大的影响。

对于多指标区间函数型数据，聚类方法也与多指标面板数据的思想一致。经过比对两种方法的优缺点，本书决定选用第①种方法进行多指标区间函数型数据的聚类，该种方法能够对多指标数据进行综合，从而得到一个综合指标，不但易于理解，而且能够大大简化计算成本，提升聚类效率。

孙利荣等（2020）针对多指标函数型数据的聚类分析，提出了一个适用于函数型数据指标综合的函数型熵权法。对于多指标函数型数据的聚类，基本思想是先对原始离散数据进行函数型拟合，将每个函数型数据样本看成一个函数曲线，再利用函数型熵权法对拟合函数进行指标综合，将多指标函数型数据综合成单指标函数型数据，最后采用单指标函数型数据聚类方法进行聚类分析。

上述针对多指标函数型数据指标综合的函数型熵权法并不适用于多指标区间函数型数据，因此朱丽君（2021）又将函数型熵权法扩展至区间函数型数据当中，利用区间函数型熵权法求解指标权重的具体步骤如下。

步骤 1：指标无量纲化。与函数型熵权法指标综合思路一致，采用先对离散

观测数据无量纲化后再作函数型拟合处理。设有 $n$ 个观测样本，$p$ 个观测指标的多指标区间函数型数据，$x_{ip} = \left[ x_{ip}^{1}(t), x_{ip}^{u}(t) \right]$ 表示在第 $p$ 个指标下，第 $i$ 个样本在时刻 $t$ 处的区间观测值，且区间数的内部数据已知，则设 $x_{ip}^{mean}$ 和 $x_{ip}^{std}$ 为该区间数的均值和标准差，其中 $i = 1, 2, \cdots, n; p = 1, 2, \cdots, q; t = 1, 2, \cdots, T$。若指标值中存在负数，即对于第 $p$ 个指标，若存在 $\min_{1 \leqslant i \leqslant n, 1 \leqslant t \leqslant T} (x_{ip}(t)) < 0$，则应先对其进行修正，记

$$\Delta_p = \left| \min_{1 \leqslant i \leqslant n, 1 \leqslant t \leqslant T} (x_{ip}^{1}(t)) \right| \tag{7-79}$$

对该指标下所有样本观测值进行修正，则第 $i$ 个样本在时刻 $t$ 处的修正后的区间观测值 $\hat{x}_{ip}(t)$ 为

$$\hat{x}_{ip}(t) = \left[ x_{ip}^{1}(t) + \Delta_p, x_{ip}^{u}(t) + \Delta_p \right] \tag{7-80}$$

同样地，区间数内部的均值也可以类似得到修正后的数据，如下所示：

$$\hat{x}_{ip}^{mean}(t) = x_{ip}^{mean}(t) + \Delta_p \tag{7-81}$$

标准差数据本身是非负值，因此不需要作修正处理。

经过修正后的指标数据均为非负数，此时再对区间数内部的下限值、上限值、均值和标准差作无量纲化处理。为便于书写，记 $x_{ip}^{1}(t), x_{ip}^{u}(t), x_{ip}^{mean}, x_{ip}^{std}$ 为已经经过正向化处理后的值。下面分别计算这四种值的无量纲化后的数值，如下所示。

对于正向指标，有

$$r_{ip}^{1}(t) = \frac{x_{ip}^{1}(t)}{\max_{1 \leqslant i \leqslant n, 1 \leqslant t \leqslant T} x_{ip}^{u}(t)}, \quad r_{ip}^{u}(t) = \frac{x_{ip}^{u}(t)}{\max_{1 \leqslant i \leqslant n, 1 \leqslant t \leqslant T} x_{ip}^{u}(t)} \tag{7-82}$$

$$r_{ip}^{mean}(t) = \frac{x_{ip}^{mean}(t)}{\max_{1 \leqslant i \leqslant n, 1 \leqslant t \leqslant T} x_{ip}^{u}(t)}, \quad r_{ip}^{std}(t) = \frac{x_{ip}^{std}(t)}{\max_{1 \leqslant i \leqslant n, 1 \leqslant t \leqslant T} x_{ip}^{std}(t)} \tag{7-83}$$

对于负向指标，有

$$r_{ip}^{1}(t) = \frac{\min_{1 \leqslant i \leqslant n, 1 \leqslant t \leqslant T} x_{ip}^{1}(t)}{x_{ip}^{1}(t)}, \quad r_{ip}^{u}(t) = \frac{\min_{1 \leqslant i \leqslant n, 1 \leqslant t \leqslant T} x_{ip}^{1}(t)}{x_{ip}^{u}(t)} \tag{7-84}$$

$$r_{ip}^{mean}(t) = \frac{\min_{1 \leqslant i \leqslant n, 1 \leqslant t \leqslant T} x_{ip}^{1}(t)}{x_{ip}^{mean}(t)}, \quad r_{ip}^{std}(t) = \frac{\min_{1 \leqslant i \leqslant n, 1 \leqslant t \leqslant T} x_{ip}^{std}(t)}{x_{ip}^{std}(t)} \tag{7-85}$$

其中，$\min_{1 \leqslant i \leqslant n, 1 \leqslant t \leqslant T} x_{ip}^{1}(t)$ 和 $\max_{1 \leqslant i \leqslant n, 1 \leqslant t \leqslant T} x_{ip}^{u}(t)$ 分别为第 $p$ 个指标的最小值和最大值，$\min_{1 \leqslant i \leqslant n, 1 \leqslant t \leqslant T} x_{ip}^{std}(t)$ 和 $\max_{1 \leqslant i \leqslant n, 1 \leqslant t \leqslant T} x_{ip}^{std}(t)$ 分别为第 $p$ 个指标的所有区间数内部的最小标准差和最大标准差。

该种无量纲化方法能够充分利用区间数据的特性，能够使区间数之间的上下限值无量纲化后的数据更为合理，此时无量纲化后的数据数值在 $[0,1]$，$i = 1, 2, \cdots, n; p = 1, 2, \cdots, q; t = 1, 2, \cdots, T$。在多指标综合评价中，每个指标可能对应着

不同的属性，把指标值越大评价越好的指标称为正向指标，把指标值越小评价越好的指标称为负向指标。正向指标与综合评价的结果具有正相关性，负向指标与综合评价的结果具有负相关性。

经过无量纲化后的数值消除了量纲的影响，可通过基函数平滑法转化为光滑函数曲线，且设 $r_{ip}^{l}(t), r_{ip}^{u}(t), r_{ip}^{mean}(t)$ 和 $r_{ip}^{std}(t)$ 的拟合函数为 $\tilde{r}_{ip}^{l}(t), \tilde{r}_{ip}^{u}(t), \tilde{r}_{ip}^{mean}(t)$ 和 $\tilde{r}_{ip}^{std}(t)$，其中 $i=1,2,\cdots,n; p=1,2,\cdots,q; t=1,2,\cdots,T$。

步骤 2：计算比重函数。孙爱民（2020）在研究区间数指标权重确定的熵权法时，提出先分别计算区间数的上下限的信息熵，再分别得到上下限的各指标权重，把上下限的各指标权重进行融合作为综合指标权重，该方法计算简单且综合了区间数上下限的信息，具有一定的合理性。本书借鉴这种思想，先分别计算区间函数上下限函数的比重函数，对于第 $p$ 个指标，第 $i$ 个区间函数下限函数占该指标的比重函数为

$$\pi_{ip}^{l}(t) = \frac{x_{ip}^{l}(t)}{\sum_{i=1}^{n} x_{ip}^{l}(t)} \tag{7-86}$$

第 $i$ 个区间函数上限函数占该指标的比重函数为

$$\pi_{ip}^{u}(t) = \frac{x_{ip}^{u}(t)}{\sum_{i=1}^{n} x_{ip}^{u}(t)} \tag{7-87}$$

步骤 3：计算熵值。分别计算区间函数下限函数和上限函数的信息熵。对于第 $p$ 个指标，下限函数的熵值 $e_{p}^{l}$ 为

$$e_{p}^{l} = -\frac{1}{\ln n} \int \sum_{i=1}^{n} (\pi_{ip}^{l}(t) \ln \pi_{ip}^{l}(t)) \, dt \tag{7-88}$$

上限函数的熵值为

$$e_{p}^{u} = -\frac{1}{\ln n} \int \sum_{i=1}^{n} (\pi_{ip}^{u}(t) \ln \pi_{ip}^{u}(t)) \, dt \tag{7-89}$$

步骤 4：计算指标权重。对于第 $p$ 个指标，其区间函数的下限函数的权重 $w_{p}^{l}$ 为

$$w_{p}^{l} = \frac{1 - e_{p}^{l}}{\sum_{p=1}^{q} (1 - e_{p}^{l})} q \tag{7-90}$$

区间函数的上限函数的权重 $w_{p}^{u}$ 为

$$w_{p}^{u} = \frac{1 - e_{p}^{u}}{\sum_{p=1}^{q} (1 - e_{p}^{u})} q \tag{7-91}$$

　　然后把区间函数的上下限函数的权重进行综合，在此以上下限函数指标权重的平均值作为综合后的权重，则此时得到第 $p$ 个指标的综合指标权重为

$$w_p = \frac{1}{2} w_p^{\mathrm{l}} + \frac{1}{2} w_p^{\mathrm{u}} \tag{7-92}$$

　　步骤 5：构建综合指标函数。第 $i$ 个区间函数样本的综合指标函数可表示为

$$x_i^{\mathrm{l}}(t) = \sum_{p=1}^{q} w_p^{\mathrm{l}} x_{ip}^{\mathrm{l}}(t), \ \ x_i^{\mathrm{u}}(t) = \sum_{p=1}^{q} w_p^{\mathrm{u}} x_{ip}^{\mathrm{u}}(t) \tag{7-93}$$

$$x_i^{\mathrm{mean}}(t) = \sum_{p=1}^{q} w_p^{\mathrm{mean}} x_{ip}^{\mathrm{mean}}(t), \ \ x_i^{\mathrm{std}}(t) = \sum_{p=1}^{q} w_p^{\mathrm{std}} x_{ip}^{\mathrm{std}}(t) \tag{7-94}$$

其中，$x_i^{\mathrm{l}}(t), x_i^{\mathrm{u}}(t), x_i^{\mathrm{mean}}(t)$ 和 $x_i^{\mathrm{std}}(t)$ 分别为第 $i$ 个样本的区间数的综合指标下限、上限、均值和标准差函数。

　　进一步，还可以计算得到第 $i$ 个样本的区间数的综合指标中点函数和半径函数，分别为

$$x_i^{\mathrm{c}}(t) = \frac{x_i^{\mathrm{l}}(t) + x_i^{\mathrm{u}}(t)}{2}, \ \ x_i^{\mathrm{r}}(t) = \frac{x_i^{\mathrm{u}}(t) - x_i^{\mathrm{l}}(t)}{2} \tag{7-95}$$

　　当得到综合指标区间函数型数据的各拟合函数时，可以按照前述章节所提到的单指标区间函数型数据聚类方法进行聚类分析，后续步骤与单指标区间函数型聚类分析一致，在此不再赘述。

## 七、模拟研究和对比分析

　　本部分将生成五组数据，并在这五组数据上验证本书提出方法的聚类效果，并与已有的区间函数型数据聚类方法进行对比，使用轮廓系数作为评价聚类结果好坏的衡量指标。首先生成一系列的离散数据，初步的离散数据采用以下模型生成：

$$y^i(t_l) = x_{ip}(t_l) + \varepsilon_{il}, \ \ p = 1, 2, \cdots, q \tag{7-96}$$

其中，$t_l(l = 1, 2, \cdots, 500)$ 为在范围 $\left[0, \dfrac{\pi}{3}\right]$ 等距生成的数据。

## （一）模拟研究一（$s = 3$）

### 1. 模拟数据的生成

　　假设数据来自 $s = 3$ 种可能的聚类情形。结合上述模型式（7-96），模拟出由 150 条曲线生成的数据集数据，这 150 条曲线分别来自下面所描述的三个类。

情形 1：

$$x_{ip}(t_l) = a_i + b_k + c_k \sin(1.3t_l) + t_l^3, \ k = 1, 2, 3$$

其中，$a_i \sim U(-\frac{1}{4}, \frac{1}{4}), \varepsilon_{il} \sim N(2, 0.4^2), b_1 = 0.3, b_2 = 1, b_3 = 0.2, c_1 = \frac{1}{1.3}, c_2 = \frac{1}{1.2}, c_3 = \frac{1}{4}$。

情形 2：

$$x_{ip}(t_l) = a_i + b_k + \sin(c_k \pi t_l) + \cos(\pi t_l^2), \ k = 1, 2, 3$$

其中，$a_i \sim U(-\frac{1}{2}, \frac{1}{2}), \varepsilon_{il} \sim N(2, 0.4^2), b_1 = 1.1, b_2 = 1, b_3 = 2.2, c_1 = 1.5, c_2 = 1.7, c_3 = 1.9$。

首先，先按上述两种情形进行数据的生成，每个情形下重复 50 次且每次生成 500 个数据。其次，对这些离散生成的数据按每十个数据组成一个区间数据，得到区间值数据。最后，计算每个区间值数据内部的均值和标准差，即此时得到了 150 组数据，每组数据有 50 个区间数数据。

### 2. 聚类结果的对比分析

情形 1：接下来按各种情形获得模拟数据并处理得到区间函数型数据，比较在不同相似性度量、不同基函数个数 $K$ 和不同聚类个数 $s$ 下的聚类获得的轮廓系数值。通过选取不同基函数个数发现当基函数个数大于 15 时平滑效果变差，因此本章选取基函数个数为 5，10，15 作为对比分析，对于聚类个数的选择，由于已经预先知道原始类别数，但是通过实际聚类发现，选用不同相似性度量进行聚类，由轮廓系数的值所确定的最优聚类个数与实际类别数会有偏差，因此本书将设置不同聚类数作对比分析以挖掘不同相似性度量得到的不同聚类结果。在相似性度量中，GIFWD 表示的是一般分布下的区间函数型 Wasserstein 距离，UIFWD 表示的是均匀分布下的区间函数型 Wasserstein 距离，UIFHD 表示的是一般分布下的区间函数 Hausdorff 距离，GIFHD 表示的是一般分布下的区间函数 Hausdorff 距离，IFED 表示的是区间函数欧氏距离，D-IFED 表示的是综合原函数和导函数信息的区间函数欧氏距离，UIWD 表示的是均匀分布下的区间数 Wasserstein 距离，GIWD 表示的是一般分布下的区间数 Wasserstein 距离。

表 7-1 是对按情形 1 生成并处理后的区间函数型数据聚类获得的轮廓系数值，在这里选用了聚类个数 $s$ 为 3 和 4 两种情况，比较不同相似性度量值的轮廓系数可以发现，在聚类个数为 4 时用 GIFWD 进行聚类时的轮廓系数值要大于其他相似性度量的聚类时的轮廓系数值，且此时 GIFWD 的聚类效果要好于 UIFHD 的聚类效果，因此证明了一般分布下的区间函数型 Wasserstein 距离和 Hausdorff 距离都要比均匀分布下的区间函数型聚类有更好的性能。但是值得注意的是，当聚类个数为原始类别数 3 时，不同相似性度量的聚类性能较聚类个数为 4 时都有所降低。图 7-1 为各类别的区间数均值曲线对比图，比较原始类别的区间数均值平

滑图可以看出几种相似性度量的聚类效果都很好，基本上聚类结果与原始类别相差无几，但是由于 GIFWD 的轮廓系数值最高，因此利用本书提出的相似性度量 GIFWD 进行区间函数型聚类具有更好的聚类性能。

**表 7-1　情形 1 不同相似性度量的轮廓系数值**

| | $s = 3$ | | | $s = 4$ | | |
|---|---|---|---|---|---|---|
| | $K = 5$ | $K = 10$ | $K = 15$ | $K = 5$ | $K = 10$ | $K = 15$ |
| GIFWD | 0.778 | 0.760 | 0.739 | 0.884 | 0.855 | 0.823 |
| UIFWD | 0.761 | 0.826 | 0.789 | 0.855 | 0.819 | 0.781 |
| UIFHD | 0.724 | 0.700 | 0.670 | 0.801 | 0.766 | 0.719 |
| GIFHD | 0.746 | 0.717 | 0.688 | 0.830 | 0.785 | 0.741 |
| IFED | 0.741 | 0.792 | 0.748 | 0.824 | 0.784 | 0.739 |
| D-IFED | 0.481 | 0.399 | 0.379 | 0.507 | 0.400 | 0.376 |
| UIWD | | 0.637 | | | 0.630 | |
| GIWD | | 0.652 | | | 0.690 | |

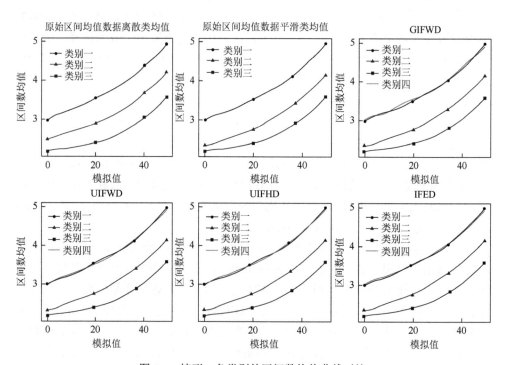

图 7-1　情形 1 各类别的区间数均值曲线对比

情形 2：依然采用类似对情形 1 的模拟数据进行聚类结果分析的方法，表 7-2 为不同相似性度量、不同聚类个数和不同基函数个数的聚类结果轮廓系数值，可以发现情形 2 中的数据的聚类结果也倾向于将聚类个数分为 4 类，且 GIFWD 的聚类效果都要优于其他的相似性度量。由图 7-2 可知，GIFWD 的聚类与原始类别的区间数均值曲线基本一样，且与其他相似性度量相比，基于 GIFWD 的轮廓系数值最高，因此聚类效果要整体优于基于其他几种相似性度量。

表 7-2　情形 2 不同相似性度量的轮廓系数值

| | $s = 3$ | | | $s = 4$ | | |
|---|---|---|---|---|---|---|
| | $K = 5$ | $K = 10$ | $K = 15$ | $K = 5$ | $K = 10$ | $K = 15$ |
| GIFWD | 0.776 | 0.755 | 0.728 | 0.848 | 0.818 | 0.775 |
| UIFWD | 0.764 | 0.740 | 0.709 | 0.827 | 0.792 | 0.744 |
| UIFHD | 0.717 | 0.691 | 0.651 | 0.762 | 0.726 | 0.669 |
| GIFHD | 0.742 | 0.710 | 0.671 | 0.793 | 0.748 | 0.691 |
| IFED | 0.738 | 0.711 | 0.674 | 0.787 | 0.748 | 0.693 |
| D-IFED | 0.566 | 0.408 | 0.380 | 0.646 | 0.356 | 0.341 |
| UIWD | 0.580 | | | 0.563 | | |
| GIWD | 0.618 | | | 0.615 | | |

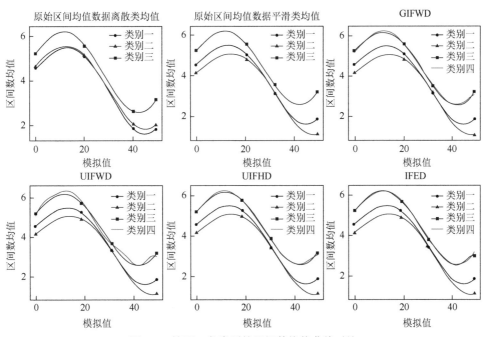

图 7-2　情形 2 各类别的区间数均值曲线对比

## （二）模拟研究二（ $s = 4,5,6$ ）

### 1. 模拟数据生成

模拟研究二考虑原始类别数为 4，5 和 6 三种更复杂情形下的聚类表现，以验证本书所提出的相似性度量在具有更多类的困难设置下的聚类性能。先按情形 3、情形 4 和情形 5 分别生成函数型数据。

情形 3：

$$x_{ip}(t_l) = a_i + b_k - \sin(c_k \pi t_l) + t_l^3, \ k = 1,2,3,4$$

其中，$a_i \sim U\left(-\dfrac{1}{3}, \dfrac{1}{3}\right), \varepsilon_{il} \sim N(2, 0.4^2), b_1 = 0.2, b_2 = 0.5, b_3 = 0.7, b_4 = 1.3, \ c_1 = 1.1, \ c_2 = 1.4, c_3 = 1.6, c_4 = 1.8$。

情形 4：

$$x_{ip}(t_l) = a_i + b_k + \sin(c_k \pi t_l) + \cos(\pi t_l^2), \ k = 1,2,3,4,5$$

其中，$a_i \sim U\left(-\dfrac{1}{3}, \dfrac{1}{3}\right), \varepsilon_{il} \sim N(2, 0.4^2), b_1 = 1.1, b_2 = 1.5, b_3 = 2.2, b_4 = 2.3, \ b_5 = 2.4, c_1 = 1.5, c_2 = 1.7, c_3 = 1.9, c_4 = 1.8, c_5 = 1.6$。

情形 5：

$$x_{ip}(t_l) = a_i + \cos(b_k \pi t_l) - t_l^2, \ k = 1,2,3,4,5,6$$

其中，$a_i \sim U\left(-\dfrac{1}{4}, \dfrac{1}{4}\right), \varepsilon_{il} \sim N(2, 0.3^2), b_1 = 1, b_2 = 1.2, b_3 = 1.4, b_4 = 1.6, \ b_5 = 1.8, b_6 = 2$。

按情形 3、情形 4 和情形 5 可以分别生成 200 组、250 组和 300 组数据，其中每组数据都含有 500 个数值数据，现在把这些生成的函数型数据按每 10 个数值数据为一组组成区间函数型数据，即现在按情形 3 生成了 200 组数据，每组数据有 50 个区间函数型数据；按情形 4 生成了 250 组数据，每组数据有 50 个区间函数型数据；按情形 5 生成了 300 组数据，每组数据有 50 个区间函数型数据。且每个区间函数型数据的内部信息已知，服从本书针对一般分布下的区间函数型数据进行聚类的要求。

### 2. 聚类结果的对比分析

情形 3：获得模拟数据并处理得到区间函数型数据样本，此时再对其进行不同相似性度量的聚类，由于聚类结果的轮廓系数都为聚类个数为 4 时最优，因此记录聚类个数为 4 时的不同相似性度量聚类得到的轮廓系数值，如表 7-3 所示。此时发现基于 GIFWD 聚类的轮廓系数都要高于其他相似性度量的轮廓系数值，且基于 GIFHD 聚类的轮廓系数值也高于基于 UIFHD 聚类的轮廓系数值，也说明了一般分布下的区间函数型数据聚类要优于传统的均匀分布下的区间函数型聚类方法。图 7-3 为基于几种相似性度量的聚类结果与原始类别的区间数均值曲线对比，图 7-4 为基于几种相似性度量的各类别的区间数的均值曲线对比图，可以发现这几种相似性度量的聚类结果与原始类别都完全匹配，说明了这几种相似性度量对于情形 5 生成的模拟数据都有很好的区分效果，但是此时 GIFWD 的轮廓系数值最高，因此基于 GIFWD 的聚类有更好的聚类性能。

表 7-3　情形 3 不同相似性度量的轮廓系数值

| | $s = 4$ | | |
| --- | --- | --- | --- |
| | $K = 5$ | $K = 10$ | $K = 15$ |
| GIFWD | 0.897 | 0.878 | 0.848 |
| UIFWD | 0.872 | 0.851 | 0.815 |
| UIFHD | 0.824 | 0.805 | 0.763 |
| GIFHD | 0.851 | 0.823 | 0.780 |
| IFED | 0.846 | 0.820 | 0.778 |
| D-IFED | 0.747 | 0.510 | 0.450 |
| UIWD | 0.683 | | |
| GIWD | 0.737 | | |

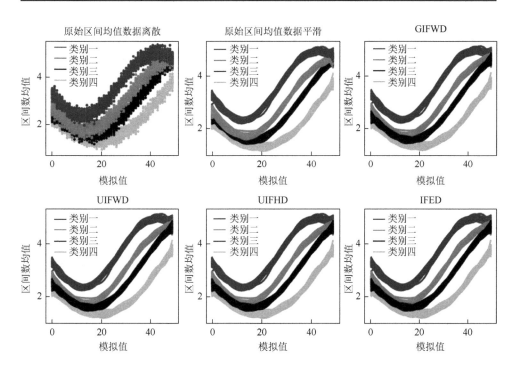

图 7-3　情形 3 区间函数型聚类结果

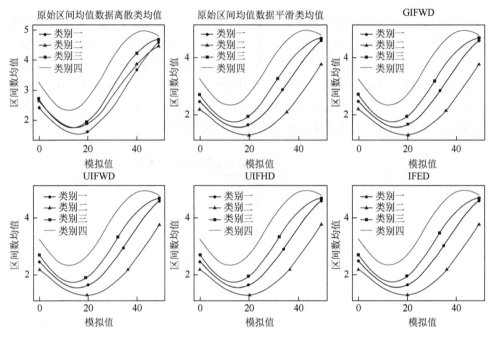

图 7-4　情形 3 各类别的区间数均值曲线对比

　　情形 4：对生成的模拟数据进行处理得到区间函数型数据，然后对其进行不同参数的聚类对比，并记录不同情况下的轮廓系数值，如表 7-4 所示，与上述情形一样，可以发现基于 GIFWD 聚类得到的轮廓系数值都要高于其他相似性度量的轮廓系数值，且基于 GIFWD 聚类得到的轮廓系数值高于基于 UIFWD 聚类得到的轮廓系数值，进一步说明本书提出的基于一般分布下的区间函数型聚类要比传统的基于均匀分布下的区间函数型聚类更具普适性，聚类效果更好。记录不同相似性度量在聚类个数为 5、基函数个数为 10 的聚类结果，对每一类的区间数均值曲线取平均如图 7-5 所示。由于原始类别数增加到了 5 类，因此聚类的区分也更为复杂。

表 7-4　情形 4 不同相似性度量的轮廓系数值

|  | $s = 4$ | | | $s = 5$ | | |
|---|---|---|---|---|---|---|
|  | $K = 5$ | $K = 10$ | $K = 15$ | $K = 5$ | $K = 10$ | $K = 15$ |
| GIFWD | 0.858 | 0.831 | 0.801 | 0.866 | 0.830 | 0.800 |
| UIFWD | 0.831 | 0.801 | 0.765 | 0.835 | 0.799 | 0.766 |
| IFHD | 0.775 | 0.750 | 0.708 | 0.771 | 0.752 | 0.703 |
| GIFHD | 0.807 | 0.770 | 0.726 | 0.810 | 0.769 | 0.722 |
| IFED | 0.801 | 0.768 | 0.725 | 0.800 | 0.766 | 0.721 |

|  | $s = 4$ | | | $s = 5$ | | |
|---|---|---|---|---|---|---|
|  | $K = 5$ | $K = 10$ | $K = 15$ | $K = 5$ | $K = 10$ | $K = 15$ |
| D-IFED | 0.459 | 0.389 | 0.366 | 0.545 | 0.422 | 0.376 |
| UIWD | 0.619 | | | 0.615 | | |
| GIWD | 0.679 | | | 0.669 | | |

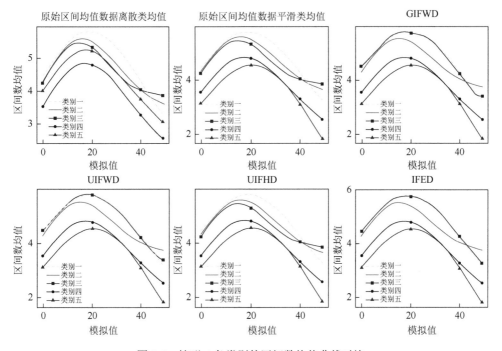

图 7-5　情形 4 各类别的区间数均值曲线对比

情形 5：将生成的模拟数据再处理得到区间函数型数据样本，对不同参数下的聚类轮廓系数值作记录如表 7-5 所示，可以看出此时对聚类个数为 5 和 6 时的聚类性能相差不大，在表格所列的几种相似性度量中，GIFWD 和 UIFWD 比其他相似性度量聚类的轮廓系数值要高，说明基于这两种度量的聚类效果要好于其他相似性度量，且当基函数个数为 10 时，聚类个数为 5 和 6 的基于 GIFWD 聚类的轮廓系数值都要高于基于 UIFWD 聚类的轮廓系数值，证明此时 GIFWD 具有更好的聚类性能。由图 7-6 的聚类结果图和图 7-7 的聚类结果均值曲线图可以发现基于几种相似性度量聚类结果与原始类别有一些差别，主要的不同是类别二和类别三的分类问题，由于类别二和类别三的区间数均值非常接近，加上区间标准差曲线数值波动较小，聚类结果与原始类别有所差异。虽然最终聚类结果与原始类别有所不同，但是整体上区分度比较好，基于这几种相似性度量的各类别均值曲线基本与原始类别一致，且由轮廓系数值可知基于一般分布下的区间函数型聚类方法也要优于传统均匀分布下的区间函数型聚类方法。

表 7-5　情形 5 不同相似性度量的轮廓系数值

| | $s = 5$ | | | $s = 6$ | | |
|---|---|---|---|---|---|---|
| | $K = 5$ | $K = 10$ | $K = 15$ | $K = 5$ | $K = 10$ | $K = 15$ |
| GIFWD | 0.801 | 0.790 | 0.765 | 0.802 | 0.789 | 0.710 |
| UIFWD | 0.806 | 0.762 | 0.728 | 0.807 | 0.762 | 0.727 |
| UIFHD | 0.757 | 0.719 | 0.677 | 0.761 | 0.718 | 0.678 |
| GIFHD | 0.731 | 0.737 | 0.696 | 0.731 | 0.736 | 0.681 |
| IFED | 0.781 | 0.735 | 0.694 | 0.781 | 0.734 | 0.692 |
| D-IFED | 0.593 | 0.478 | 0.400 | 0.703 | 0.487 | 0.413 |
| UIWD | | 0.600 | | | 0.549 | |
| GIWD | | 0.648 | | | 0.648 | |

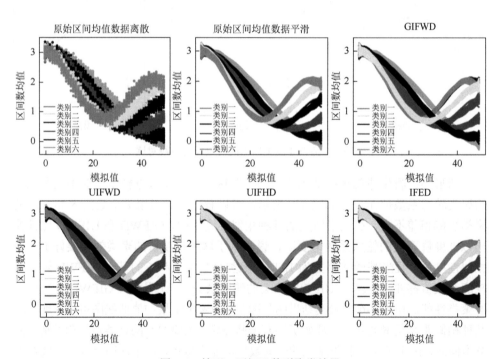

图 7-6　情形 5 区间函数型聚类结果

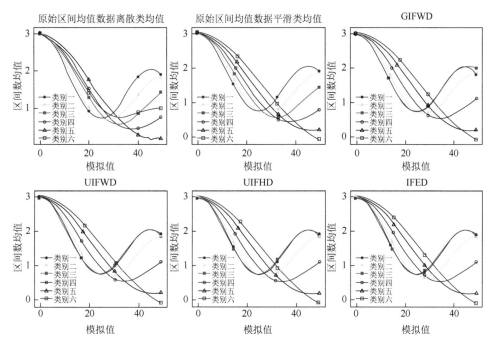

图 7-7　情形 5 各类别的区间数均值曲线对比

综合上述表格与图形，现设置基函数个数 $K=10$ 对上述五种情形进行 100 次蒙特卡罗模拟并获得轮廓系数值，并对 100 次模拟获得的轮廓系数值取平均得到表 7-6 所示结果（$s$ 代表聚类个数）。

表 7-6　五种情形下不同相似性度量的轮廓系数值（100 次模拟）

|  | 情形 1（$s=4$） | 情形 2（$s=4$） | 情形 3（$s=4$） | 情形 4（$s=5$） | 情形 5（$s=6$） |
|---|---|---|---|---|---|
| GIFWD | 0.856 | 0.819 | 0.878 | 0.831 | 0.789 |
| UIFWD | 0.823 | 0.784 | 0.851 | 0.802 | 0.764 |
| UIFHD | 0.772 | 0.723 | 0.805 | 0.753 | 0.726 |
| GIFHD | 0.792 | 0.746 | 0.824 | 0.773 | 0.737 |
| IFED | 0.789 | 0.742 | 0.822 | 0.770 | 0.733 |

从表 7-6 可以看出，基于 GIFWD 的聚类效果要优于其他相似性度量，且基于一般分布下的区间函数型聚类要优于传统均匀分布，说明本书所提出的基于一般分布下的区间函数型聚类方法的合理性。本书中关于区间函数型数据聚类方法的框架图如图 7-8 所示。

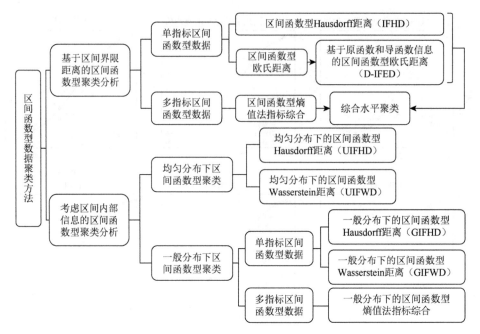

图 7-8　本书中关于区间函数型数据聚类方法的框架图

# 第八章 研 究 案 例

## 第一节　一般分布下的区间函数主成分评价方法案例

随着经济社会快速发展以及城市化进程的加速推进，生产和生活中排放的大量废气导致空气污染问题日益严峻。这不仅对自然环境产生了负面影响，也给人们的身心健康造成了一定的危害，因此受到人们越来越多的关注。空气质量指数（air quality index，AQI）作为一个反映空气污染程度的综合指标，具有时间上的连续性特征，非常适合从函数的角度进行分析，因此本章借助 IFPCA 对浙江省 11 个地级市的空气质量状况进行研究，挖掘数据变化动态特征。

## 一、空气质量指数

AQI 是定量描述空气质量状况的无量纲指数。AQI 通过对多种空气污染物浓度进行测量和监测，并将其转化为一个统一的数值表示空气质量的好坏程度。常见的空气污染物包括颗粒物（PM2.5 和 PM10）、臭氧（$O_3$）、二氧化氮（$NO_2$）、二氧化硫（$SO_2$）和一氧化碳（CO）等。《环境空气质量标准》（GB 3095—2012）将 AQI 从 0～300 分为六个等级，指数越大，级别越高，表示空气污染状况越严重，对人体健康的危害也越大，如表 8-1 所示。

**表 8-1　AQI 指数分级表**

| AQI | 指数级别 | 空气质量 | 对健康的影响 |
| --- | --- | --- | --- |
| 0～50 | 一级 | 优 | 空气质量令人满意，基本无空气污染 |
| 51～100 | 二级 | 良 | 空气质量可接受，但某些污染物可能对极少数异常敏感人群健康有较弱影响 |
| 101～150 | 三级 | 轻度污染 | 易感人群症状有轻度加剧，健康人群出现刺激症状 |
| 151～200 | 四级 | 中度污染 | 进一步加剧易感人群症状，可能对健康人群心脏、呼吸系统有影响 |
| 201～300 | 五级 | 重度污染 | 心脏病和肺病患者症状显著加剧，运动耐受力降低，健康人群普遍出现症状 |
| >300 | 六级 | 严重污染 | 健康人群运动耐受力降低，有明显强烈症状，提前出现某些疾病 |

## 二、空气质量指数区间函数型主成分分析

AQI 是一种无量纲指数，能够客观评估不同地区的空气质量状况。目前针对 AQI 的函数型数据主成分分析研究已较为丰富，但基本都是选取一段时间内的平均 AQI 数据进行的，往往不够准确全面，易产生信息丢失的问题。因此本书基于一般分布区间函数视角，通过对浙江省 11 个地级市的逐小时空气质量数据进行分析，对其进行一般分布下的 IFPCA，提取各地区 AQI 动态特征，为环境治理提出建议。

### （一）数据说明与数据预处理

AQI 数据以小时为单位生成，用于衡量某一天的空气质量水平。本节将采用单指标区间函数主成分分析方法，对逐小时的 AQI 数据进行处理。通过利用区间数据的优势，充分利用已有的信息，在简化数据存储空间的同时提高数据的利用率。

本节数据来自 RESSET 数据库空气质量监测大数据平台。分别选取了浙江省 11 个地级市从 2022 年 3 月 1 日至 2023 年 2 月 28 日（共 365 个观测日期）的 AQI 日数据和每小时数据。进一步以日为单位对 AQI 日数据提取最小值、最大值进行区间化管理，将每日得到的均值数据和方差数据进行存储。

从图 8-1 可以看出，三条曲线的走势相似，日报数据在视觉上更平稳，而最小值、最大值数据波动情况更强烈。波动程度可通过最大值与最小值之间的差值衡量，差值越大代表波动越大，差值越小代表波动越小。将 AQI 逐小时数据按日进行区间化，不仅能充分利用信息，还可以降低 AQI 逐小时存储空间，方便进一步分析。

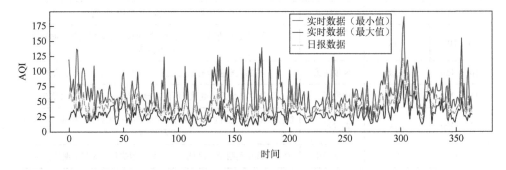

图 8-1　宁波市 AQI 数据区间图

　　本章基于第三章第一节介绍的离散数据函数化的方法，选择 B 样条基函数对 365 期离散区间数据进行函数型处理。如图 8-2 和图 8-3 所示，当基函数个数少于 13 时和大于 20 时，均值数据和标准差数据的误差平方和之间的差异不大，这表

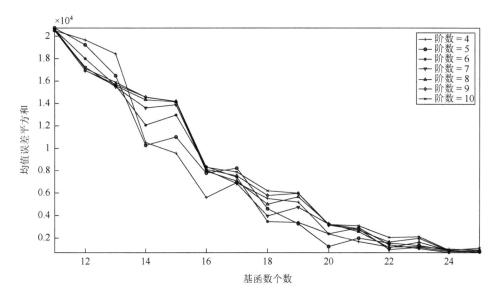

图 8-2　不同阶数和基函数个数下的均值误差平方和

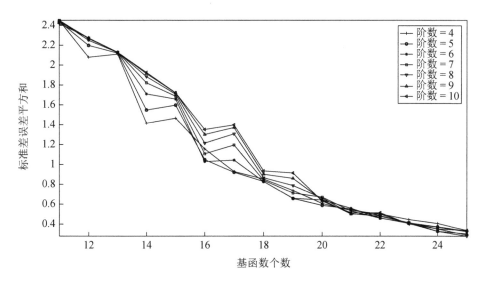

图 8-3　不同阶数和基函数个数下的标准差误差平方和

明数据在此时分别处于欠拟合和过拟合状态，因此应选择基函数个数在 13～20。进一步观察基函数阶数在这个范围内的情况，可以发现当基函数个数小于 18 时，4 阶基函数的均值误差平方和远小于其他阶数的基函数。当基函数个数大于 18 时，5 阶和 6 阶基函数的均值误差平方和相近，且随着基函数个数的增加，5 阶基函数的均值误差平方和逐渐小于 6 阶基函数的均值误差平方和。与均值误差平方和不同的是，4 阶基函数的标准差误差平方和仅在基函数个数小于或等于 15 时低于其他阶数的基函数。在基函数个数大于 15 时，4 阶和 5 阶基函数的标准差误差平方和相近，且在大多数时期，4 阶基函数的均值误差平方和均大于 5 阶基函数的均值误差平方和。综合考虑基函数阶数的均值和标准差误差平方和，本章选择 5 阶基函数来对数据进行拟合。

　　由图 8-4 可得，在基函数个数为 20 时，均值和标准差数据的误差平方和同时达到了局部最低点。基于这个发现，本章决定使用 20 个基函数。在基函数阶数为 5、个数为 20 的情况下，本章进一步利用广义交叉验证值来确定惩罚参数的值。观察图 8-5，均值数据的广义交叉验证值在惩罚参数为 0.4 时出现拐点，而标准差数据的广义交叉验证值在惩罚参数接近 1 时出现拐点，因此本书选择在均值数据拟合中增加惩罚参数为 0.4 的粗糙惩罚项，同时在标准差数据拟合中选择增加惩罚参数为 0.95 以减少拟合误差，从而更好地调整模型，以最大限度地符合数据的特征。

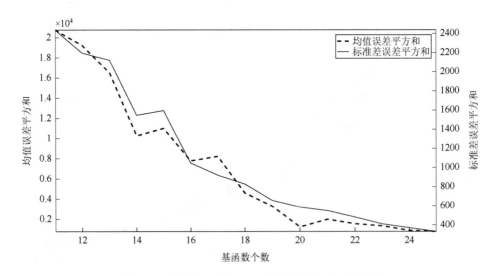

图 8-4　5 阶基函数下不同基函数个数的误差平方和

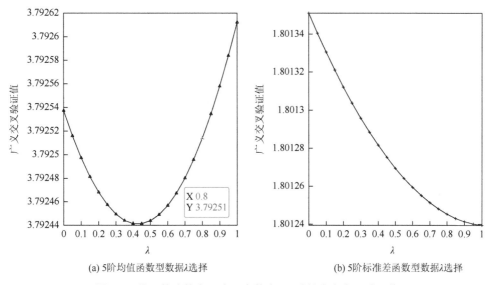

(a) 5阶均值函数型数据λ选择　　　　　(b) 5阶标准差函数型数据λ选择

图 8-5　基函数阶数为 5 阶、个数为 20 时的广义交叉验证值

## （二）基于均值-标准差的区间函数型主成分分析

基于本节函数型数据拟合过程中确定的参数，首先获取拟合函数在原始时间节点上的离散值，然后对其进行基于均值-标准差的 IPCA，以获得相应的特征向量，并对这些特征向量进行函数型拟合，得到特征函数。从图 8-6 和图 8-7 可知，前 4 个均值主成分的累计方差贡献率为 94.90%，前 4 个标准差主成分的累计方差

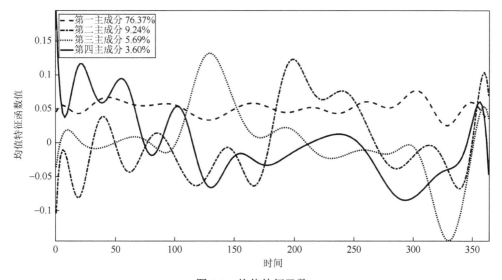

图 8-6　均值特征函数

贡献率为85.34%，这表明这些主成分提取了大部分原始信息量，其中均值第一主成分的方差贡献率（76.37%）远高于标准差第一主成分的方差贡献率（49.13%）。由于基于均值-标准差的IFPCA的本质是IPCA，因此无法生成主成分偏离均值函数图，只能从特征函数入手解释每个主成分的含义。值得注意的是，对比同一主成分的均值特征函数和标准差特征函数，发现它们之间并没有保持相似的变动趋势，这表明它们传达的主成分含义完全不同。如第一主成分均值特征函数的权重始终为正，且趋势稳定，因此均值第一主成分的含义表示某种一致的、全年稳定的现象或趋势，如地理位置。第一主成分标准差特征函数在2023年1月至2023年2月中旬的权重为负，其余时间为正，因此标准差第一主成分的含义表示节日因素，如中国的春节通常在这个时期，往往会有大规模的人口流动，大城市的工厂产能降低和停工，从而改善空气质量。

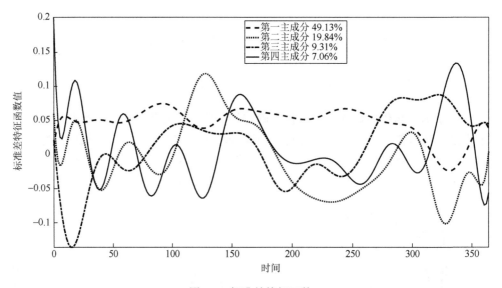

图 8-7　标准差特征函数

因此，基于均值-标准差的 IFPCA 虽然在函数化过程中减少了异常值影响，提高了特征向量的可视化水平，但是均值主成分和标准差主成分具有不一致的含义，给 AQI 特征分析和综合评价带来一定的难度。

（三）基于一般分布下时变距离函数的单指标区间函数型主成分分析

在进行基于时变距离函数的单指标 IFPCA 时，需要计算时变距离函数，采用先前确定的函数型数据参数来确定相关的拟合参数，随后在此基础上进行区间函数主成分分析，对各个城市的空气质量进行评价，并提取其波动特征。通过计算结果可知，前 4 个主成分的方差贡献率分别为 89.52%、4.35%、2.37%和 1.28%，累计方差贡献率为 97.52%，第一主成分反映了原始数据绝大部分的信息。进一步观察图 8-8 可知，第一主成分对均值、标准差均值函数产生了正向的影响，因此本章将第一主成分命名为空气污染程度水平。由图 8-9 可知，湖州的均值第一主成分得分和标准差第一主成分得分都是最高的，说明湖州的空气质量整体水平在 11 个城市中是最差的，其次杭州、嘉兴、绍兴、金华、衢州在图 8-9 中位置相近，说明它们整体的空气质量水平相似，它们的第一主成分得分较高，说明空气质量整体水平较差，温州、台州、宁波、丽水的第一主成分得分较低，说明空气质量整体水平较高，舟山的均值第一主成分得分和标准差第一主成分得分都是最低的，说明舟山的空气质量整体水平在 11 个城市中是最好的。湖州地处长江三角洲的内陆，与许多大城市相邻，受到相邻城市工业污染的影响，并且湖州的经济以制造业为主，因此它的空气质量水平差。人口密度和经济活动增加会带来更高的能源消耗和废气排放，从而导致空气质量变差。如杭州、嘉兴、绍兴、金华、衢州等城市的人口密度都较大，并且经济活动也较为活跃，这是它们的空气质量与其他地区相比较差的原因之一。宁波、台州、温州临海，海洋能够有效地吸收和稀释大气污染物，丽水得益于有效的环保政策，因此它们的空气质量较好。舟山作为一个以旅游业和渔业为主的海洋城市，生产活动导致的污染较少，因此空气质量在 11 个城市中最好。

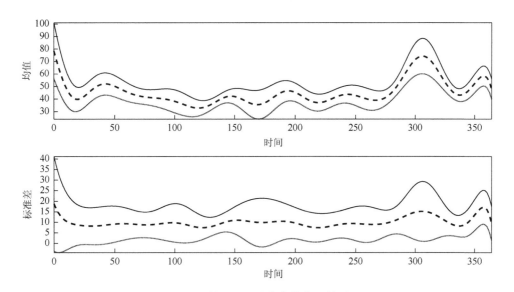

图 8-8　第一主成分偏离均值函数图

注：虚线表示空气质量指数 AQI 变化的均值，实线表示在均值的基础上加上主成分的常数倍数，点线表示在均值的基础上减去主成分的常数倍数

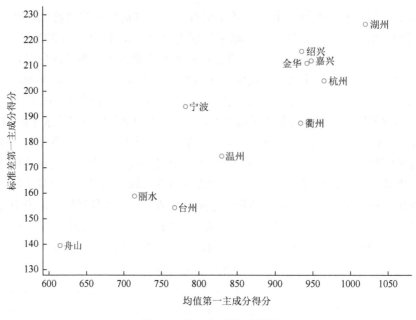

图 8-9　第一主成分得分图

为了进一步探索 AQI 的波动特征并确定其受哪些因素的影响，本章对主成分特征函数进行了方差最大化旋转，以突出各个主成分的特征，从而更好地解释主成分的含义（王国华，2017）。本研究选择对前 4 个主成分进行方差最大化旋转，虽然其累计方差贡献率不变，但各个主成分的方差贡献率发生了改变。如图 8-10

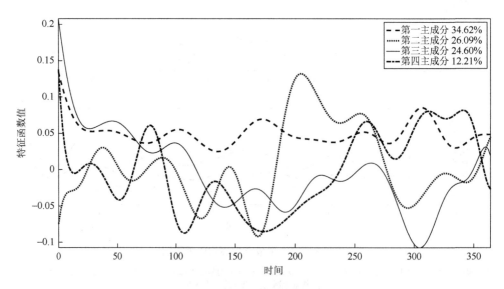

图 8-10　主成分特征函数（旋转后）

所示，第一主成分的方差贡献率降为 34.62%，不再包含原始数据的大部分信息，而第二、第三和第四主成分的方差贡献率分别上升至 26.09%，24.60%和 12.21%，这进一步展现了它们的主成分特征。

由图 8-11 可知，第一主成分对均值函数一直有一个正向的影响，其中在 2022 年 3 月和 2023 年 1 月施加的正向影响显著高于其他时间段。在 2022 年 3 月至 2022 年 11 月，第一主成分对标准差的均值函数有一个正向的影响，在 2022 年 11 月至 2023 年 2 月，第一主成分对标准差的均值函数有一个负向的影响。冬季常常伴随着较低的气温和较低的气象逆温，降低了空气的扩散能力，不利于空气污染物的扩散和消散。在较寒冷的冬季，人们会使用供暖设备，这会导致燃煤等污染源增加，对空气质量产生负面影响。所以第一主成分代表冬季对 AQI 影响的波动幅度特征。

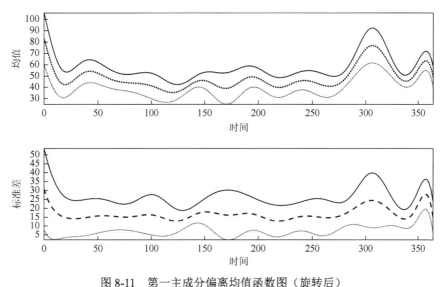

图 8-11　第一主成分偏离均值函数图（旋转后）

注：虚线表示空气质量指数 AQI 变化的均值，实线表示在均值的基础上加上主成分的常数倍数，点线表示在均值的基础上减去主成分的常数倍数

由图 8-12 可知，在 2022 年 7 月和 2022 年 10 月第二主成分对均值的均值函数的影响减小至 0，其余时间均是正向影响。在 2022 年 10 月第二主成分对标准差的均值函数的影响减小至 0，其余时间均是正向影响。秋季气温较低，湿度适中。另外，此时也是台风季节的结束，空气中的热带扬尘等污染物浓度会有所降低。许多工业生产活动会在秋冬季节进行一定程度的减产，以响应环境保护政策和节能降耗的要求。例如，石化、钢铁、电力等重点排放行业会减少生产强度，从而减少污染物的排放，空气质量因此有所提高。所以第二主成分代表秋季对 AQI 影响的波动幅度特征。

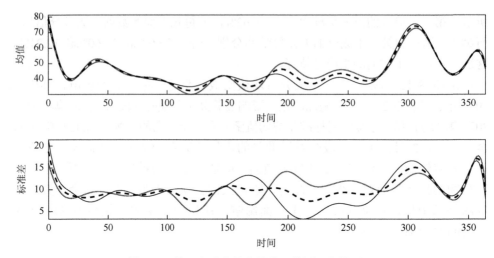

图 8-12　第二主成分偏离均值函数图（旋转后）

注：虚线表示空气质量指数 AQI 变化的均值，实线表示在均值的基础上加上主成分的常数倍数，点线表示在均值的基础上减去主成分的常数倍数

　　由图 8-13 可知，在 2022 年 7 月第三主成分对均值的均值函数的影响减小至 0，其余时间均是正向影响。在 2022 年 4 月第三主成分对标准差的均值函数的影响减小至 0，其余时间均是正向影响。春季通常比较湿润，且降雨较多，降雨可以将悬浮在空气中的粉尘和污染物带走，同时随着气温升高，许多工厂和家庭的取暖需求减少，所以燃煤量会相应减少，从而降低了空气中的 PM2.5 和 $SO_2$ 等污染物的浓度，从而改善空气质量。所以第三主成分表示的是春季的到来对 AQI 波动幅度特征的影响。

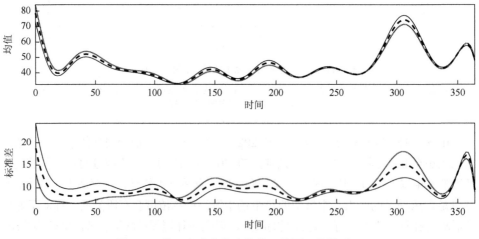

图 8-13　第三主成分偏离均值函数图（旋转后）

注：虚线表示空气质量指数 AQI 变化的均值，实线表示在均值的基础上加上主成分的常数倍数，点线表示在均值的基础上减去主成分的常数倍数

由图 8-14 可知，在 2022 年 7 月第四主成分对均值和标准差的均值函数的影响减小至 0，其余时间均是正向影响。夏季气温升高，湿度增大，有助于空气污染物的扩散和减少。浙江省位于沿海地区，雨量充沛，频繁的降雨可以清洗空气中的颗粒物，使得空气质量得到改善。浙江省以轻工业和私营企业为主，对环境污染的负面影响较小。此外，许多工厂和企业会在夏季进行停产和维修，这会减少工业污染的产生。所以第四主成分表示的是夏季的到来对 AQI 波动幅度特征的影响。

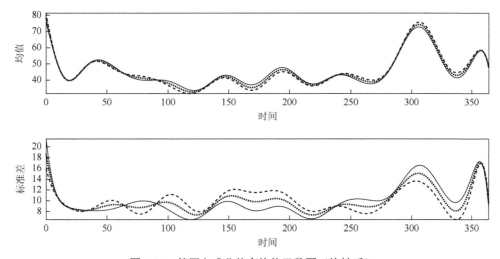

图 8-14　第四主成分偏离均值函数图（旋转后）

注：虚线表示空气质量指数 AQI 变化的均值，实线表示在均值的基础上加上主成分的常数倍数，点线表示在均值的基础上减去主成分的常数倍数

## 三、对比分析

本节使用已提出的三种基于均匀分布 IFPCA 在相同的数据基础上进行实证分析，从而说明基于一般分布下 IFPCA 的特点与优势。基于均匀分布下 IFPCA 使用的是中点和半径数据。

## （一）基于中点-半径的区间函数型主成分分析

直接使用本章第二节已经拟合的 AQI 中点和半径函数型数据，对其进行基于中点-半径的 IFPCA，从而获取相应的特征向量，接着对这些特征向量进行函数型拟合，得到相应的特征函数。从图 8-15 和图 8-16 可知，前 4 个中点主成分的累计方差贡献率为 93.60%，低于图 8-6 中前四个均值主成分的累计方差贡献率（94.90%），且均值第一主成分的方差贡献率（76.37%）大于中点第一主成分的方差贡献率（72.91%）。同时，前 4 个半径主成分的累计方差贡献率为 84.99%，低于图 8-7 中前

4 个标准差主成分的累计方差贡献率（85.34%），但标准差第一主成分的方差贡献率（49.13%）略小于半径第一主成分的方差贡献率（49.28%）。需要注意的是，基于中点-半径的 IFPCA 的本质是 IPCA，因此无法生成主成分偏离均值函数图，只能通过特征函数对每个主成分的含义进行解释。通过对比相同主成分的中点特征函数和半径特征函数，发现它们并没有保持相似的变动趋势，表达的主成分含义完全不同。如第二主成分中点特征函数在 2022 年 4 月、2022 年 6 月、2022 年 9 月～12 月、2023 年 2 月的权重为正，其他的时间为负，中点第二主成分含义是大气流动性，

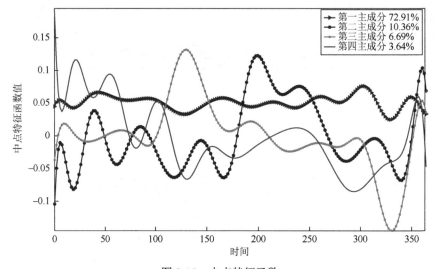

图 8-15　中点特征函数

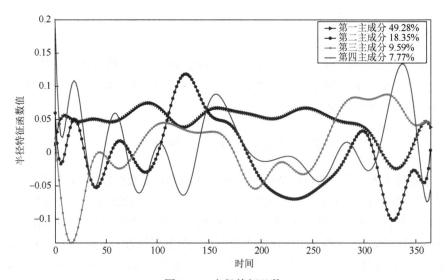

图 8-16　半径特征函数

在这些冬季和早春月份中,大气流动变差,空气污染物将会累积,导致空气质量下降。尤其是在冬季,供暖需求增加,燃煤污染会加剧空气污染。第二主成分半径特征函数在2022年3月下旬至4月上旬、2022年5月、2022年7月至9月、2023年1月的权重为正,其他的时间为负,半径第二主成分含义是工业排放,浙江省是中国的重要工业区,有许多大型工厂和企业,在某些月份(特别是在新的一年开始时和在4月和5月的生产高峰时期),这些工厂的生产经营活动会增加,从而导致空气质量下降。

## (二)基于中点法的区间函数型主成分分析

直接使用已经拟合的AQI中点函数型数据,对其进行单指标FPCA。为了进一步突显每个主成分的特征,本节对特征函数采用方差最大化旋转,图8-17~图8-20展示了主成分偏离均值函数的情况。前4个主成分的累计方差贡献率为95.52%,保留的原始数据信息量高于基于中点-半径的IFPCA。从图8-17可得,在2022年3月第一主成分给中点均值函数施加了一个显著的正向影响,在2022年9月第一主成分对中点均值函数的影响为0。这是产业结构和生产季节性导致的,在浙江,许多工厂在冬季休假,然后在2月或3月份开始恢复生产,这增加了空气中的污染物浓度。在9月份,夏季高温期间的部分生产活动减少,污染排放相对减少。从图8-18可得,在2022年3月和2023年1月第二主成分给中点均值函数施加了一个显著的正向影响,在2022年7月第二主成分对中点均值函数施加影响减小。这可能是交通排放导致的,冬季和春季属于旅游高峰期,车

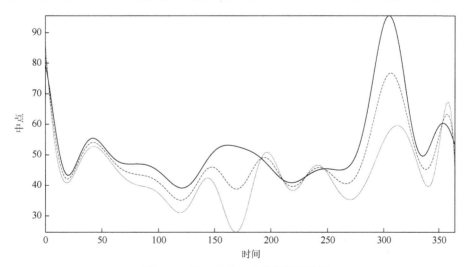

图8-17 第一主成分偏离均值函数图

注:实线表示加主成分适当倍数后的变动情况,点线表示减去主成分适当倍数后的变动情况,虚线表示均值

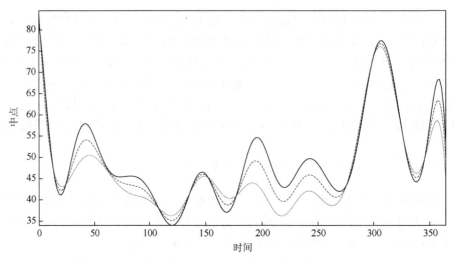

图 8-18　第二主成分偏离均值函数图

注：实线表示加主成分适当倍数后的变动情况，点线表示减去主成分适当倍数后的变动情况，虚线表示均值

辆使用频率增加，汽车尾气排放量上升，从而使空气质量变差。从图 8-19 可得，在 2022 年 3 月和 2023 年 1 月第二主成分给中点均值函数施加了一个显著的正向影响，在 2022 年 7 月第三主成分对中点均值函数的影响为 0。这可能是人类活动因素导致的，1 月和 3 月是冬季和早春季节，人们会增加室内取暖的需求，燃烧煤炭、燃油等能源。这些活动会产生燃烧排放物，如煤烟、烟尘、挥发性有机物等，对空气质量产生负向影响，而到了 7 月人们就不再对取暖产生需求。

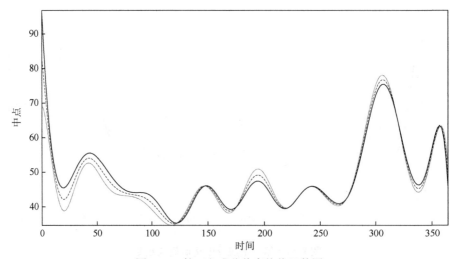

图 8-19　第三主成分偏离均值函数图

注：实线表示加主成分适当倍数后的变动情况，点线表示减去主成分适当倍数后的变动情况，虚线表示均值

第四主成分的方差贡献率较小，且第四主成分偏离均值函数与第三主成分偏离均值函数走势相似，如图 8-20 所示，在此不再分析。

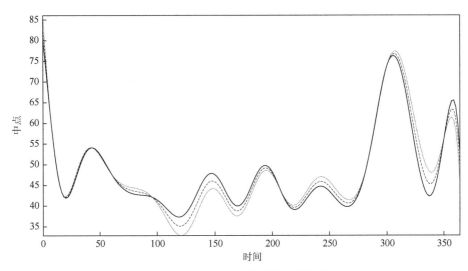

图 8-20　第四主成分偏离均值函数图

注：实线表示加主成分适当倍数后的变动情况，点线表示减去主成分适当倍数后的变动情况，虚线表示均值

　　根据基于中点法的 IFPCA 结果可知，该方法能够较好地反映中点函数型数据的变化特征，并从中分析出背后的影响因素。然而该方法在分析过程中缺乏对半径函数型数据的考虑，这会导致分析结果不够完整。

（三）基于时变距离函数的单指标区间函数型主成分分析

　　使用本章第二节已经拟合的 AQI 中点和半径函数型数据，计算时变距离函数，在此基础上进行区间函数主成分分析。计算结果显示，前 4 个主成分的方差贡献率分别为 87.04%、5.38%、2.79% 和 1.75%，累计方差贡献率为 96.96%，低于基于一般分布下时变距离函数的单指标 IFPCA 的第一主成分的方差贡献率（89.52%）和前 4 个主成分的累计方差贡献率（97.52%）。选择对前 4 个主成分进行方差最大化旋转，得到结果如图 8-21 所示。图 8-10 的第一主成分方差贡献率（34.62%）大于图 8-21 的第一主成分方差贡献率（31.08%）。

（四）结论

　　综合上述实证分析结果表明，基于均值-标准差的 IFPCA 和基于中点-半径的 IFPCA 都存在主成分含义不同的问题，这给综合评价、波动特征发现和潜在原

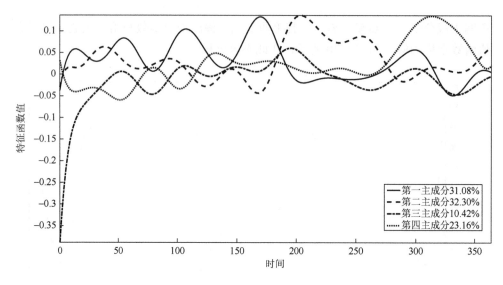

图 8-21 主成分特征函数（旋转后）

因的探索带来一定的困难。同时基于均值-标准差的 IFPCA 的方差贡献率虽然高于基于中点-半径的 IFPCA，但低于其他三种方法，说明其提取原始数据的信息量不足。

基于中点法的 IFPCA 的方差贡献率虽然高于基于中点-半径的 IFPCA 和基于均值-标准差的 IFPCA，但它仅着重于中点函数型数据，没有考虑数据的波动情况，无法准确反映数据内部的波动差异，当数据波动较大时，主成分分析结果会不准确，从而影响最终的原因分析。

相比之下，基于一般分布下时变距离函数的单指标 IFPCA 前 4 个主成分的累计方差贡献率和第一主成分的方差贡献率远高于其他 4 种方法，说明该方法可以充分提取原始数据信息，通过分析前 4 个主成分偏离均值函数的情况，得出季节因素是使浙江省 11 个地级市 AQI 变化的主要原因。该方法改进了基于时变距离函数的单指标 IFPCA，将区间数的内部信息考虑在内，能够较好地解释主成分的含义。

综上所述，在对单指标的区间函数型数据进行特征提取和综合评价时，基于一般分布下时变距离函数的单指标 IFPCA 是一个较为理想的模型。

# 第二节　多指标区间函数型主成分分析应用案例

## 一、数据说明与预处理

本节数据依然来自 RESSET 数据库的空气质量监测网站，选取浙江省 11 个地级市的六项大气污染物（PM2.5、PM10、$SO_2$、CO、$NO_2$ 和 $O_3$）2022 年 3 月 1 日至 2023 年 2 月 28 日（共 365 个观测日期）的逐小时浓度数据。表 8-2 以宁波市为例，列出各污染物指标区间化后的数据。

**表 8-2　宁波市六项大气污染物浓度区间化后数据**

| 日期 | 指标 PM2.5 | 指标 PM10 | 指标 $SO_2$ | 指标 CO | 指标 $NO_2$ | 指标 $O_3$ |
|---|---|---|---|---|---|---|
| 2022/3/1 | [20.00, 87.88] | [9.00, 150.00] | [7.00, 23.00] | [0.30, 1.20] | [9.00, 36.75] | [61.00, 150.00] |
| 2022/3/2 | [23.00, 67.50] | [16.00, 107.00] | [6.62, 18.00] | [0.50, 0.99] | [11.00, 61.14] | [58.00, 148.71] |
| 2022/3/3 | [12.00, 41.38] | [32.00, 81.00] | [8.00, 13.00] | [0.40, 0.90] | [12.00, 61.00] | [36.00, 125.00] |
| ⋮ | ⋮ | ⋮ | ⋮ | ⋮ | ⋮ | ⋮ |
| 2023/2/26 | [6.17, 22.71] | [21.38, 44.00] | [5.12, 6.86] | [0.40, 0.53] | [12.29, 45.29] | [49.43, 99.71] |
| 2023/2/27 | [10.60, 36.25] | [21.71, 59.38] | [5.12, 9.75] | [0.31, 0.75] | [12.00, 57.62] | [11.38, 100.00] |
| 2023/2/28 | [9.40, 20.62] | [19.43, 36.62] | [4.00, 7.12] | [0.37, 0.68] | [8.60, 45.00] | [35.75, 101.14] |

为了解决指标间的数值差异问题以及统一它们的度量标准，本书采用式（6-35）对宁波市的六项指标进行无量纲化处理。这六项指标都是正向指标，因为它们的数值越大，表示污染物浓度越高，空气质量越差。根据处理结果，得到宁波市各指标无量纲化后的区间数据，具体数值见表 8-3、表 8-4 和表 8-5（保留三位小数）。表 8-3 是宁波市各指标区间数上下限无量纲化后的数据，表 8-4 是宁波市各指标区间数内部均值无量纲化后的数据，表 8-5 是宁波市各指标区间数内部标准差无量纲化后的数据。

**表 8-3　宁波市区间数上下限无量纲化后数据**

| 日期 | 指标 PM2.5 | 指标 PM10 | 指标 $SO_2$ | 指标 CO | 指标 $NO_2$ | 指标 $O_3$ |
|---|---|---|---|---|---|---|
| 2022/3/1 | [0.098, 0.431] | [0.026, 0.428] | [0.072, 0.237] | [0.165, 0.659] | [0.074, 0.304] | [0.178, 0.437] |
| 2022/3/2 | [0.113, 0.331] | [0.046, 0.305] | [0.068, 0.186] | [0.275, 0.544] | [0.091, 0.505] | [0.169, 0.434] |
| 2022/3/3 | [0.059, 0.203] | [0.091, 0.231] | [0.082, 0.134] | [0.220, 0.495] | [0.099, 0.504] | [0.105, 0.364] |
| ⋮ | ⋮ | ⋮ | ⋮ | ⋮ | ⋮ | ⋮ |
| 2023/2/26 | [0.030, 0.111] | [0.061, 0.125] | [0.053, 0.071] | [0.220, 0.291] | [0.102, 0.374] | [0.144, 0.291] |
| 2023/2/27 | [0.052, 0.178] | [0.062, 0.169] | [0.053, 0.101] | [0.170, 0.412] | [0.099, 0.476] | [0.033, 0.292] |
| 2023/2/28 | [0.046, 0.101] | [0.055, 0.104] | [0.041, 0.073] | [0.203, 0.374] | [0.071, 0.372] | [0.104, 0.295] |

**表 8-4　宁波市区间数内部均值无量纲化后数据**

| 日期 | 指标 PM2.5 | 指标 PM10 | 指标 SO$_2$ | 指标 CO | 指标 NO$_2$ | 指标 O$_3$ |
|---|---|---|---|---|---|---|
| 2022/3/1 | 0.241 | 0.339 | 0.444 | 0.523 | 0.242 | 0.468 |
| 2022/3/2 | 0.294 | 0.454 | 0.360 | 0.574 | 0.333 | 0.528 |
| 2022/3/3 | 0.197 | 0.364 | 0.358 | 0.482 | 0.342 | 0.508 |
| ⋮ | ⋮ | ⋮ | ⋮ | ⋮ | ⋮ | ⋮ |
| 2023/2/26 | 0.084 | 0.163 | 0.213 | 0.348 | 0.244 | 0.437 |
| 2023/2/27 | 0.177 | 0.254 | 0.258 | 0.436 | 0.459 | 0.305 |
| 2023/2/28 | 0.114 | 0.177 | 0.208 | 0.398 | 0.252 | 0.428 |

**表 8-5　宁波市区间数内部标准差无量纲化后数据**

| 日期 | 指标 PM2.5 | 指标 PM10 | 指标 SO$_2$ | 指标 CO | 指标 NO$_2$ | 指标 O$_3$ |
|---|---|---|---|---|---|---|
| 2022/3/1 | 0.152 | 0.317 | 0.139 | 0.217 | 0.115 | 0.132 |
| 2022/3/2 | 0.108 | 0.167 | 0.105 | 0.104 | 0.162 | 0.146 |
| 2022/3/3 | 0.058 | 0.092 | 0.054 | 0.105 | 0.148 | 0.134 |
| ⋮ | ⋮ | ⋮ | ⋮ | ⋮ | ⋮ | ⋮ |
| 2023/2/26 | 0.041 | 0.041 | 0.018 | 0.023 | 0.110 | 0.083 |
| 2023/2/27 | 0.064 | 0.077 | 0.060 | 0.094 | 0.193 | 0.180 |
| 2023/2/28 | 0.025 | 0.032 | 0.027 | 0.062 | 0.103 | 0.091 |

## 二、六种空气污染物的综合评价分析

### （一）函数型数据拟合

将均值和标准差数据经过无量纲化处理后，基于第二章第一节离散数据函数化的方法，选择 B 样条基函数对 365 期离散区间数据进行函数型拟合。如图 8-22 所示，在基函数个数小于 30 时，无论均值数据还是标准差数据的误差平方和都呈现较大数值，并且不同阶数之间的结果差异微小。同样地，在基函数个数大于 70 时，均值数据和标准差数据的误差平方和呈现较小数值，并且不同阶数之间的结果差异也很小。上述现象表明无论采用几阶基函数，拟合数据都会处于欠拟合或过拟合状态，从而降低后续分析结果的准确性。因此，在基函数个数的选择上，应该控制在 30～70。进一步观察在此范围内不同阶数基函数的误差平方和，发现 4 阶基函数误差最小出现的次数更多，所以在本章中，将 4 阶基函数作为最佳选取。

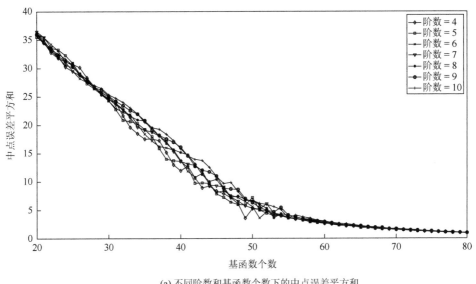

(a) 不同阶数和基函数个数下的中点误差平方和

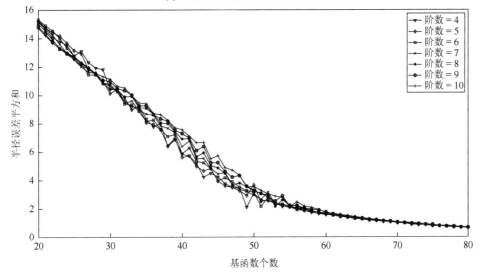

(b) 不同阶数和基函数个数下的半径误差平方和

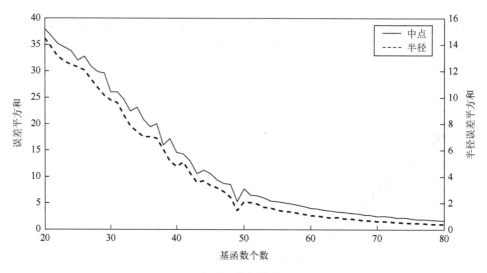

(c) 4阶不同基函数个数下的误差平方和

图 8-22　误差平方和（空气污染物数据）

　　观察图 8-23 发现，随着基函数个数的增加，4 阶基函数的误差平方和呈逐渐减小的趋势。为了使均值和标准差数据的拟合效果都能达到较优水平，通过进一步观察均值和标准差数据的拟合误差的变动情况，发现在基函数个数为 49 时，均值和标准差数据的误差平方和同时达到局部最低点，表示均值和标准差数据的拟合效果同时实现了较优水平。故在本章中确定基函数个数为 49。在基函数阶数为4 且个数为 49 的情况下，进一步通过广义交叉验证值来确定惩罚参数的值。根据图 8-24，由于广义交叉验证值没有出现拐点，因此本章通过综合考虑误差平方和

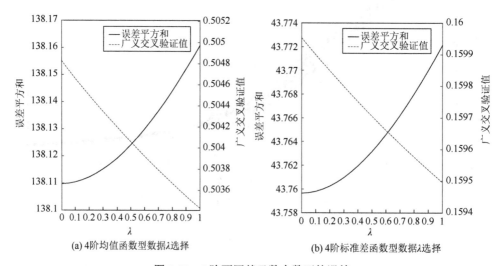

(a) 4阶均值函数型数据λ选择　　　　　(b) 4阶标准差函数型数据λ选择

图 8-23　4 阶不同基函数个数下的误差

以及广义交叉验证值的变化情况，最终选择了惩罚参数为 0.55，以此平衡两者带来的影响。

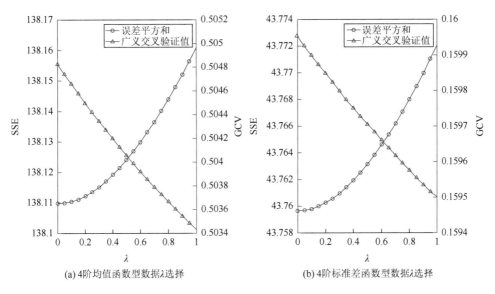

(a) 4阶均值函数型数据λ选择          (b) 4阶标准差函数型数据λ选择

图 8-24    惩罚参数选择图

在确定函数型数据的参数后，图 8-25 展示了六项污染物浓度的无量纲化区间均值以及标准差数据进行函数曲线拟合的结果，进一步观察图 8-26，能够发现各项污染物浓度的均值函数曲线和标准差函数曲线在走势上呈现一定的相似性，同时，每个污染物浓度曲线都展现出独有的特征。

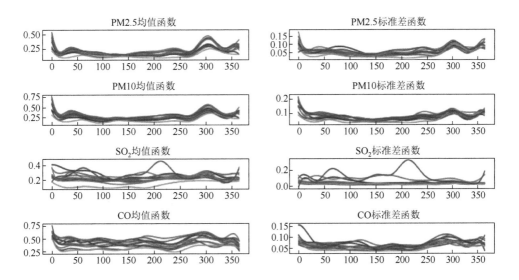

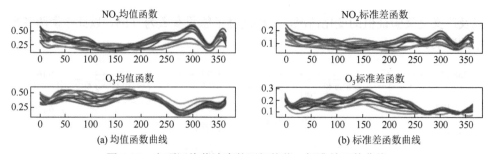

(a) 均值函数曲线　　　　　　　　　　　　(b) 标准差函数曲线

**图 8-25　六项污染物浓度的区间均值、标准差函数曲线**

注：图中曲线分别表示浙江省的 11 个地区，在此不必严格区分，横坐标表示时间（天数），纵坐标表示浓度

## （二）多指标区间函数型主成分分析

### 1. 基于一般分布下时变距离函数的多指标区间函数型主成分分析

在获得均值和标准差绝对距离函数后，通过第五章第二节一般分布下的协方差函数计算中的方法，即可求得一般分布下的多指标协方差矩阵函数。进一步地，使用多指标 IFPCA 对在 2022 年 3 月 1 日至 2023 年 2 月 28 日的 11 个城市的六种空气污染物进行动态综合评价。由计算结果可知，前 4 个主成分的方差贡献率分别为 78.07%、6.06%、4.34% 和 2.99%，累计方差贡献率为 91.46%，第一主成分反映了数据绝大部分的信息。由图 8-26 和图 8-27 可得，第一主成分对均值和标准差均值函数都施加了一个显著的正向影响。通过进一步观察第一主成分每个指标下的特征函数（图 8-28），可以发现虽然第一主成分中的各个

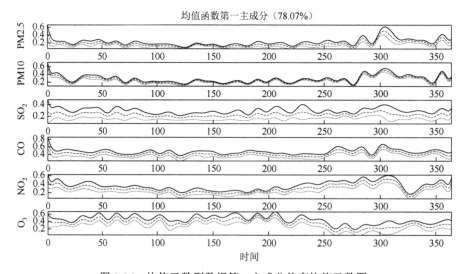

**图 8-26　均值函数型数据第一主成分偏离均值函数图**

注：实线表示加主成分适当倍数后的变动情况，点线表示减去主成分适当倍数后的变动情况，虚线表示均值

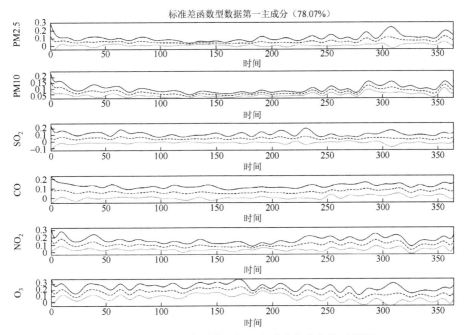

图 8-27 标准差函数型数据第一主成分偏离均值函数图

注：实线表示加主成分适当倍数后的变动情况，点线表示减去主成分适当倍数后的变动情况，虚线表示均值

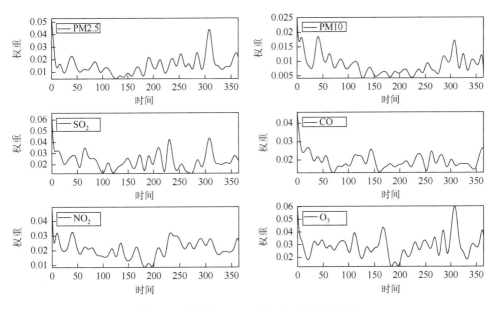

图 8-28 多指标 IFPCA 第一主成分特征函数

指标在不同时间点有不同的权重，但是总体而言，各个指标的权重均为正值且

相差不大，在整体上捕捉了所有指标的共同变化趋势。这意味着当一个污染物的浓度增加时，其他污染物的浓度也会同步增加。因此将第一主成分定义为大气综合污染度。

尽管第一主成分反映了综合水平，但每个特征函数在不同时间段具有不同的特征函数值，表明不同指标的特征函数在整体上呈现出独特的变化模式。通过比较各个指标的均值函数和特征函数，可以观察到特征函数在保持原有均值函数变化趋势的基础上，强调了对其自身具有显著影响的时间段。

如图 8-29 所示，在 2022 年 7 月，均值和标准差的均值函数达到最低水平，同时 PM2.5 特征函数在这期间权重达到最小，在 2023 年 1 月，均值的均值函数达到最高水平，同时 PM2.5 特征函数权重达到最大。季节性因素是影响 PM2.5 浓度的主要因素之一。在冬季，由于供暖需求增加，燃烧活动增加，PM2.5 浓度上升。在夏季通常降雨量较大，雨水会清洗掉大气中悬浮的 PM2.5 颗粒。

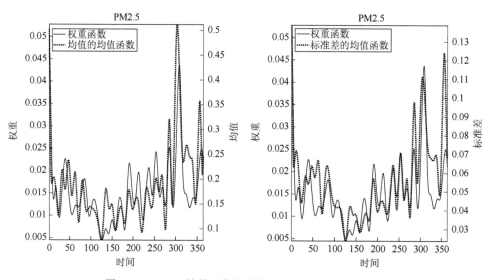

图 8-29　PM2.5 均值函数与其第一主成分特征函数对比

如图 8-30 所示，在 2022 年 7 月，均值和标准差的均值函数达到最低水平，同时 PM10 特征函数在这期间权重达到最小，在 2022 年 4 月 PM10 特征函数在这期间权重达到最大，在 2023 年 1 月均值和标准差的均值函数达到最高水平，同时 PM10 特征函数的权重仅次于 2022 年 7 月的权重。气象的变化引起了 PM10 浓度的变化。2022 年 4 月，PM10 特征函数的权重最大。由于该时期气候变暖和空气湿度增加，PM10 颗粒更容易在空气中悬浮，随着降雨量的减少，空气中的尘土和污染物无法通过雨水被清洗掉，导致 PM10 浓度增加。2022 年 7 月，权重最小。由于夏季降雨量增加，帮助清洗空气中的颗粒物。此外，高温能加快大气对流，有助于污染物的扩散和消散。2023 年 1 月，PM10 特征函数的权重次之，这与冬季气候条件有关。冬季风速降低，导致颗粒物在空气中停留的时间更长，PM10 浓度因此增加。此外，冷空气导致大气层稳定性增强，风速减小，不利于污染物的扩散。

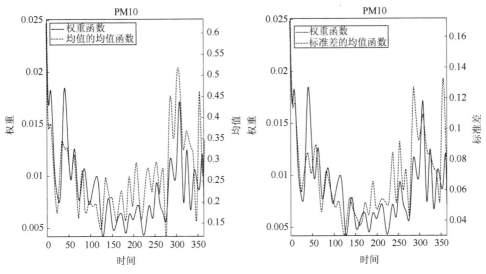

图 8-30　PM10 均值函数与其第一主成分特征函数对比

如图 8-31 所示，$SO_2$ 特征函数的权重每隔一个月左右就会下跌，在 2022 年 12 月达到最小，在 2023 年 1 月均值的均值函数达到最高水平，同时 $SO_2$ 特征函

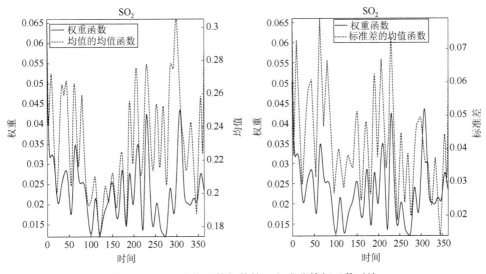

图 8-31　$SO_2$ 均值函数与其第一主成分特征函数对比

数的权重达到最大。SO₂主要来源于燃煤和石油炼制等工业过程的硫燃料的燃烧。因此，工业活动的季节性变化导致 SO₂ 浓度的变化。例如，当工业生产量减少时，SO₂ 浓度下降，当工业生产量增加时，SO₂ 浓度上升。

如图 8-32 所示，在 2022 年 5 月，CO 特征函数的权重达到最小，在 2022 年 5 月至 11 月，CO 特征函数曲线呈现周期性，从上升再到下降，2022 年 7 月，均值的均值函数达到最低水平，在 2022 年 8 月，标准差的均值函数达到最低水平。2022 年 5 月和 7 月，这两个时间点处在春季与夏季之间，CO 浓度的变化与季节更迭有关。夏季气温上升，加快 CO 的扩散，使 CO 浓度降低。化石燃料的燃烧会产生 CO，浙江省是中国的重要工业中心，故不同工业活动的周期性变化也使CO 浓度呈现周期性变化。

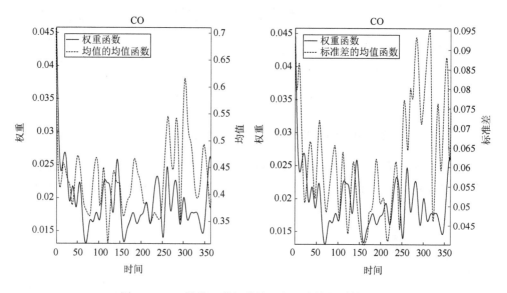

图 8-32　CO 均值函数与其第一主成分特征函数对比

如图 8-33 所示，均值和标准差的均值函数走势相似，都在 2023 年 2 月达到最低水平，不过它们达到最高水平的时间不同，2023 年 1 月均值的均值函数达到最高水平，2022 年 3 月中旬标准差的均值函数达到最高水平。2022 年 9 月，NO₂特征函数的权重达到最小。秋季的气象条件有利于污染物的扩散和去除。例如，风速增大，天气干燥，这些都有利于 NO₂ 的扩散，从而使 NO₂ 浓度降低。春节在2 月，大多数工厂在此期间会停工，因此会减少 NO₂ 等污染物排放，从而使 NO₂浓度降低。

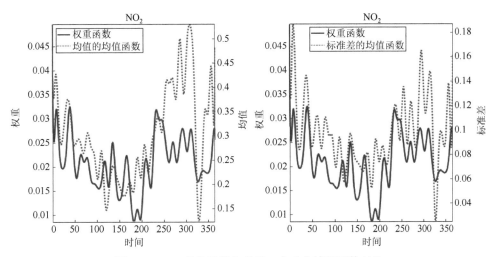

图 8-33 NO₂ 均值函数与其第一主成分特征函数对比

如图 8-34 所示，均值和标准差的均值函数走势相似，在 2022 年 9 月达到最高水平，在 2022 年 12 月达到最低水平。但在均值和标准差均值函数达到最高水平时，O₃ 特征函数的权重达到最小，在 2023 年 1 月，O₃ 特征函数的权重达到最大。O₃ 是在有光照的情况下通过光化学反应生成的，因此，在秋季，当太阳辐射开始减弱时，其浓度也会开始降低。而在冬季，由于太阳辐射较弱，臭氧的光化学生成会减少，O₃ 特征函数的权重增加。

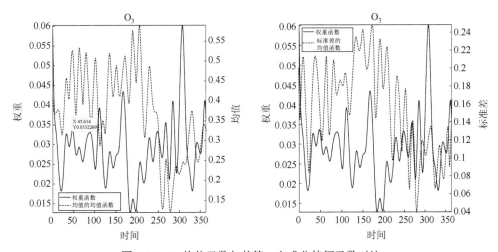

图 8-34 O₃ 均值函数与其第一主成分特征函数对比

根据第一主成分得分对 11 个城市的大气综合污染程度进行综合评价，由图 8-35 可知，第一主成分得分最低的城市是舟山，说明舟山在浙江省 11 个地级市中受大气污染程度最低。丽水、台州和温州的第一主成分得分较低，说明它们受大气污染程度较轻，宁波、衢州、嘉兴、绍兴、杭州和湖州第一主成分得分较高，说明它们受大气污染程度较重。金华的第一主成分得分最高，说明金华在浙江省 11 个地级市中受大气污染程度最严重。

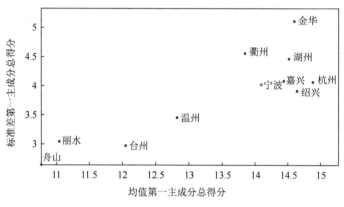

图 8-35　第一主成分得分

### 2. 基于中点法的多指标区间函数型主成分分析

本书采用基于中点法的 IFPCA，应用于多指标区间函数型数据，通过提取多指标区间函数型数据的中点数据，随后对中点数据进行多指标 FPCA。图 8-36 的结果显示，第一主成分对中点均值函数产生了显著的正向影响。进一步观察第一主成分在各个指标下的特征函数，发现第一主成分的方差贡献率为 57.48%，表明它没有提取过多原始数据的信息。第一主成分对均值和标准差的均值函数均有显著的正向影响。另外，如图 8-37 所示，6 个指标的特征函数差别不大，但是指标 $O_3$ 的特征函数值为负数。因为 6 个指标的数据已经进行了无量纲化和逆指标处理，所以特征函数存在负数的情况将不适用于综合评价。

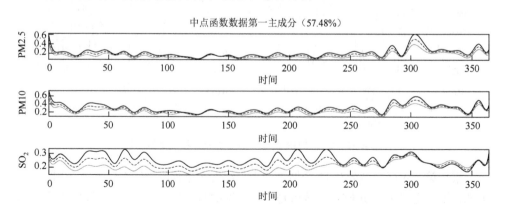

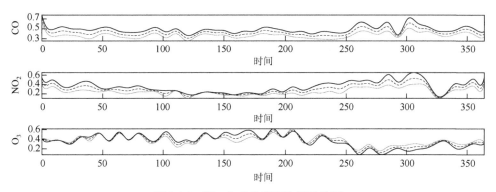

图 8-36　第一主成分偏离均值函数图

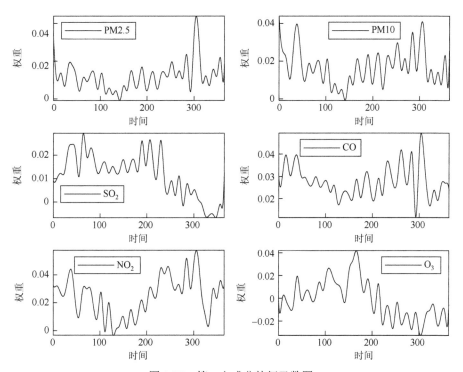

图 8-37　第一主成分特征函数图

### 3. 基于时变距离函数的多指标区间函数型主成分分析

在获得中点和半径绝对距离函数后，通过第四章第四节协方差函数计算中的方法，即可求得多指标协方差矩阵函数。由计算结果可知，前四个主成分的方差贡献率分别为 77.82%、4.47%、3.82% 和 3.52%，累计方差贡献率为 89.63%，低于基于一般分布下时变距离函数的多指标 IFPCA 的第一主成分的方差贡献率（78.07%）和前 4 个主成分的累计方差贡献率（91.46%）。由图 8-38 和图 8-39 可得，第一主成分对中点和半径均值函数都施加了一个显著的正向影响。通过进一步观察第一主成分每个指标下的特征函数（图 8-40），可以发现虽然第一主成分中的各个指标在不同时间点有不同的权重，但是总体而言，各个指标的权重均为正值且相差不大，它在整体上捕捉了所有指标的共同变化趋势。这意味着当一个污染物的浓度增加时，其他污染物的浓度也会同步增加。因此将第一主成分定义为大气综合污染程度。

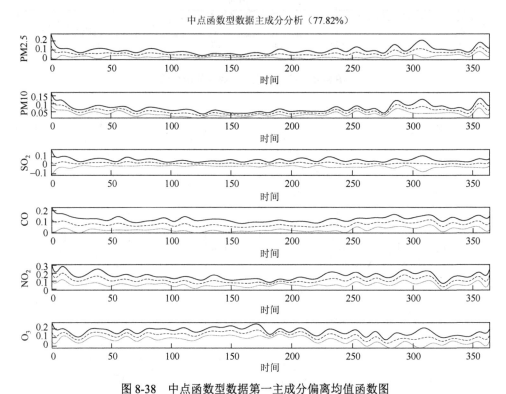

**图 8-38　中点函数型数据第一主成分偏离均值函数图**

注：实线表示加主成分适当倍数后的变动情况，点线表示减去主成分适当倍数后的变动情况，虚线表示均值

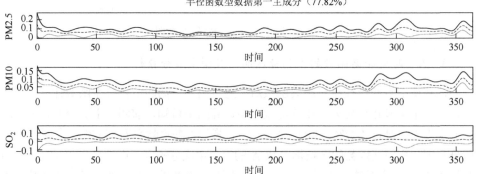

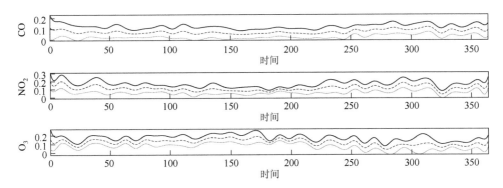

图 8-39　半径函数型数据第一主成分偏离均值函数图

注：实线表示加主成分适当倍数后的变动情况，点线表示减去主成分适当倍数后的变动情况，虚线表示均值

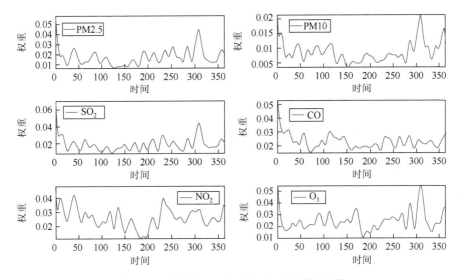

图 8-40　多指标 IFPCA 第一主成分特征函数

## （三）结论

　　对比上述三种方法的实证分析结果，发现基于中点法的多指标 IFPCA 只关注中点数据，可以提取出中点数据的波动特征。然而，通过观察其第一主成分均值偏离均值函数图（图 8-38）和第一主成分特征函数图（图 8-40），发现其指标 $O_3$ 的第一主成分特征函数值存在负数，这不符合综合评价的要求，故该方法无法对大气污染物进行综合评价。相比其他两种方法，基于一般分布下时变距离函数的多指标 IFPCA 具有更高的第一主成分方差贡献率，达到 78.07%，因为该方法将区间数的内部信息考虑在内，提取了原始数据更多的信息，通过分析 6 项

污染物指标的均值函数与第一主成分特征函数，得出人类活动、工业活动和气候变化等因素对浙江省 11 个地级市 PSI（pollutant standard index，污染物标准指数）变化产生了影响，这表明基于一般分布下时变距离函数的多指标 IFPCA 的第一主成分较为符合综合评价的要求，结果也更加合理。因此在综合评价中，基于一般分布下时变距离函数的多指标 IFPCA 是一个较优的模型。

## 第三节　一般分布下的单指标区间函数聚类评价方法案例

### 一、数据的说明与预处理

本节数据来自 RESSET 数据库空气质量检测大数据平台。分别选取了长三角地区的 41 个城市从 2021 年 3 月 1 日到 2022 年 3 月 1 日的空气质量污染物浓度的逐小时和逐日数据。以日为单位对这些污染物浓度数据提取最小值、最大值并进行区间化管理，对每日的均值数据和方差数据进行存储。

### 二、聚类结果分析

对长三角地区 41 个城市的 $NO_2$ 浓度数据经过上述处理后，再使用第六章提出的基于一般分布下的区间函数型改进 K-means 聚类算法对其进行聚类，相似性度量选用 GIFWD，经过轮廓系数值的对比，选用聚类个数为 5 的聚类结果，如表 8-6 所示。

表 8-6　基于 GIFWD 的长三角地区 $NO_2$ 浓度聚类结果

| 类别 | 城市 |
|---|---|
| 第一类 | 常州、湖州 |
| 第二类 | 上海、南京、合肥、嘉兴、宁波、徐州、扬州、无锡、杭州、温州、绍兴、芜湖、苏州、金华、铜陵、镇江 |
| 第三类 | 六安、南通、安庆、宣城、宿州、宿迁、池州、淮北、淮南、淮安、滁州、蚌埠、衢州、连云港、阜阳、鞍山 |
| 第四类 | 丽水、亳州、台州、泰州、盐城、舟山 |
| 第五类 | 黄山 |

从上述表格可以看出，各城市主要集中分配在第二类和第三类，而第一类和第五类的城市则相对较少，其中第一类中只有常州、湖州两个城市，而第五类中只有黄山一个城市。下面画出各类别的区间均值函数曲线和标准差函数曲线，如图 8-41 所示。

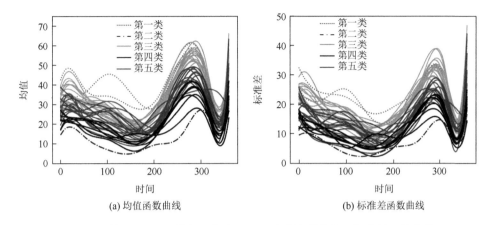

(a) 均值函数曲线 (b) 标准差函数曲线

图 8-41 基于 GIFWD 的长三角地区 NO₂ 浓度聚类均值、标准差函数曲线

从图 8-41 可以看出，各类别有较明显的区分，说明基于 GIFWD 的聚类能够实现对长三角地区的 NO₂ 浓度的区间函数型数据的城市划分。

图 8-42 为所分类的五个类别的区间均值函数类均值曲线和标准差函数类均值曲线展示图。由于均值函数代表的是各城市 NO₂ 污染物浓度的平均分布情况，标准差函数代表的是各城市 NO₂ 污染物浓度的总体波动情况。从图 8-42 可以看出，各类别的区间均值函数类均值曲线与标准差函数类均值曲线具有非常相似的走势，且各类区间均值函数类均值曲线与标准差函数类均值曲线的数值表现也非常相似，如第一类区间均值函数的均值曲线和标准差函数的均值曲线总体数值上都是最高的，第二类的区间均值函数均值曲线和标准差函数均值曲线总体数值上都是最低的。

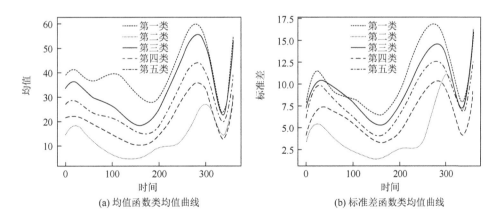

(a) 均值函数类均值曲线 (b) 标准差函数类均值曲线

图 8-42 基于 GIFWD 聚类的各类别区间均值、标准差函数均值曲线

结合表 8-6 的长三角地区 $NO_2$ 浓度聚类结果可知：聚类结果与各城市的地理环境以及经济发展程度有着较强的关联性。从各类的区间均值函数均值曲线可以看出，第一类城市的 $NO_2$ 污染物浓度是最高的，且观察表 8-6 的第一、二类的各个城市发现，这些城市的经济发展水平与其他类的城市相比是较高的，如上海是直辖市，南京、合肥和杭州都是省会城市，归为第二类，虽然常州、湖州两大城市的经济发展水平在这些城市中处于中等水平，但它们的空气污染物 $NO_2$ 浓度却处于这些城市中的相对顶端，这是因为常州和湖州都处于江浙沪工业经济发达的中心区域，这两个城市的重污染工业产业较多，本地污染源和排放源较其他城市相对较多，以及机动车的普及和扬尘、废烟等造成这两个城市的 $NO_2$ 浓度处于一个相对较高的水平；归为第五类的黄山在长三角地区的地理位置是偏西南方且经济发展水平相对较低。归于第三、四类的城市中的 $NO_2$ 污染物浓度数值在这些类中都处于中等水平，且不难得出这些类别中的城市或者地理位置相对较南方，或者经济发展水平相对居中。下面给出各个类别之间的具体差异。

第一类城市的 $NO_2$ 浓度均值函数类均值曲线在五类城市中在春夏秋三个季节都处于一个最高的位置，直到冬季开始慢慢被第二类城市超越，而标准差函数类均值曲线也呈现一个类似的情况，即在春夏秋三个季节处于最高的位置，到冬季开始有短暂的下降后继续上升。第一类城市的 $NO_2$ 浓度均值函数曲线在春夏季节较第二类城市更为平稳，尤其在春季，$NO_2$ 浓度下降较少，处于一个波动的状态，而其他四类城市都有一个明显的减少趋势。

第二类城市的 $NO_2$ 污染物浓度数值在 3 月的开始时有小幅度的上升，但直到第 15 日时开始呈现整体下降状态，直到 7 月又开始呈现逐步上升的趋势至 12 月份，此时第二类城市的 $NO_2$ 污染物浓度达到最高水平，紧接着又呈现逐步下降趋势至 2022 年 2 月，此时又达到了一个相对较低的水平，此后直到 2022 年 3 月 1 日的 $NO_2$ 污染物浓度又逐步上升至相对较高的水平。第二类城市在所划分的五类城市中的 $NO_2$ 污染物浓度处于一个最高的水平，空气污染比较严重，比较典型的城市为上海、南京、杭州和合肥，这类城市由于经济发展水平较高，因此各类工厂、汽车的数量也较多，从而产生了许多的空气污染物，对空气质量造成了一些恶劣的影响。

第三类城市和第四类城市的 $NO_2$ 污染物浓度的区间均值函数均值曲线的走势非常相似，且数值上也非常接近。观察这两类标准差函数均值曲线也可以看出两类城市有着相似的波动性。这两类城市在 2021 年 3 月到 9 月呈现总体下降的趋势，且在全年中有着相对较低的 $NO_2$ 污染物浓度水平，2021 年 9 月到 12 月呈现总体上升的趋势，且这段时期的上升幅度较大，空气质量相对较差。2021 年 12 月到 2022 年 1 月又开始从最高点下降到一个较低的水平，然后 1 月到 3 月又逐步上升。

第五类城市即黄山，从图中可以看出其 $NO_2$ 污染物浓度中点函数均值曲线在各类的均值曲线中处于一个较低的水平, 空气质量状况较好。第五类的 $NO_2$ 污染物浓度区间均值函数均值曲线从 2021 年 3 月至 7 月都呈总体下降的趋势, 然后到 2021 年 10 月这一区间内都呈现缓慢上升的趋势, 然后上升速度开始加快至 2021 年 12 月, 此后又呈逐步下降趋势直至 2022 年 2 月, 此后至 2022 年 3 月又呈上升趋势。由于黄山的地理位置在长三角地区中为西南地区, 且多山多林, 植被覆盖率相对较高, 加之经济发展水平相对较低, 工业污染物相对较少, 因此黄山的 $NO_2$ 污染物浓度在所划分的类中处于一个相对较低的水平。

总体上来说, 各类别城市的 $NO_2$ 污染物浓度均值曲线的变化与季节、地理位置和经济发展等一些衍生原因密切相关。如各类别城市的 $NO_2$ 污染物浓度在春夏季节处于一个相对较低且平稳的状态, 到了秋冬季节, 各类别城市的 $NO_2$ 污染物浓度则会呈现出一个相对较高的水平且波动较大。经济发展水平和地理位置的差异也与各类城市的 $NO_2$ 污染物浓度有着极大的关联, 如黄山、丽水、安庆和池州等城市处于长三角地区的南方, 且经济发展水平相对较低, 所以这些城市所在的类有着相对较低的 $NO_2$ 污染物浓度水平, 且波动性相对比较平稳, 空气质量水平相对较好。一些经济发展水平较高以及那些地理位置偏北方的城市则被归为 $NO_2$ 污染物浓度相对较高的类中, 这也符合人们的认知, 因为经济发展的同时也经常伴随着环境的污染, 如大量汽车尾气的排放、工业制造所产生的废气以及废水等都会对空气质量产生较大的影响。

表 8-7 为从第一财经——新一线城市研究院所给出的 2022 年中国各城市商业魅力排行榜所选择出来的长三角地区各城市商业魅力排名, 该排名综合了五个维度取适当权重计算而出, 综合的五个维度分别是未来可塑性、城市枢纽性、城市人活跃度、生活方式多样性和商业资源集聚度。综合表 8-7 和表 8-8 也可以看出其中有较强的关联, 即城市商业繁荣的同时也常常伴随着空气质量的污染。

**表 8-7 长三角地区城市商业魅力排名**

| 城市商业魅力排名 | 城市 |
| --- | --- |
| 一线城市 | 上海 |
| 新一线城市 | 南京、合肥、杭州、苏州、宁波 |
| 二线城市 | 无锡、温州、金华、常州、嘉兴、徐州、南通、绍兴 |
| 三线城市 | 台州、湖州、扬州、阜阳、泰州、芜湖、连云港、淮安、宿迁、滁州、安庆、宿州、蚌埠、六安、盐城、镇江 |
| 四线城市 | 鞍山、亳州、丽水、衢州、宣城、淮南、黄山、舟山 |
| 五线城市 | 铜陵、淮北、池州 |

**表 8-8　城市商业魅力衡量指标**

| 城市商业魅力衡量指标 | 权重 |
|---|---|
| 未来可塑性 | 0.168 |
| 城市枢纽性 | 0.258 |
| 城市人活跃度 | 0.236 |
| 生活方式多样性 | 0.169 |
| 商业资源集聚度 | 0.169 |

## 三、对比分析

为了验证基于 GIFWD 聚类的有效性,对长三角地区 41 个城市的 $NO_2$ 浓度经过处理后得到区间函数型数据,且此时区间数内部信息已知。使用不同相似性度量对上述区间函数型数据进行聚类,记录不同聚类个数和不同基函数个数下各相似性度量聚类结果的轮廓系数值,如表 8-9 所示。

**表 8-9　不同相似性度量的聚类轮廓系数值对比**

| 相似性度量 | $s = 4$ | | | $s = 5$ | | |
|---|---|---|---|---|---|---|
| | $K = 10$ | $K = 15$ | $K = 20$ | $K = 10$ | $K = 15$ | $K = 20$ |
| GIFWD | 0.472 | 0.441 | 0.427 | 0.489 | 0.466 | 0.435 |
| UIFWD | 0.451 | 0.421 | 0.399 | 0.486 | 0.413 | 0.392 |
| UIFHD | 0.393 | 0.363 | 0.358 | 0.438 | 0.413 | 0.368 |
| GIFHD | 0.390 | 0.394 | 0.341 | 0.432 | 0.402 | 0.363 |
| IFED | 0.381 | 0.391 | 0.340 | 0.452 | 0.402 | 0.365 |
| D-IFED | 0.296 | 0.238 | 0.220 | 0.339 | 0.250 | 0.209 |
| UIWD | 0.209 | | | 0.210 | | |
| GIWD | 0.233 | | | 0.228 | | |

从表 8-9 可以看出,基于 GIFWD 的聚类轮廓系数值在不同情况下都要高于其他相似性度量,说明基于 GIFWD 的聚类性能要好于其他相似性度量的聚类性能,因此也说明了本书提出方法在实际应用中的有效性。与本书提出的基于 GIFWD 聚类相比,最有竞争力的就是基于 UIFWD 的聚类,下面将基于 UIFWD 的聚类结果与基于 GIFWD 的聚类结果作对比,分析两者聚类结果的差异性。

（一）基于 UIFWD 的聚类结果分析

表 8-10 为基于 UIFWD 的对长三角地区 $NO_2$ 浓度区间函数型数据进行聚类的结果，与基于 GIFWD 聚类结果相比可以发现两者的第四类和第五类城市完全相同，且两者的第三类城市也非常相似，区别就在于基于 UIFWD 的聚类点的第三类城市比基于 GIFWD 的聚类的第三类城市少了宿迁、滁州和蚌埠，而在基于 UIFWD 聚类中将这三个城市归为了第二类。其实两个相似性度量聚类结果的主要不同就是在第一类和第二类的区分上，在基于 GIFWD 聚类中，将常州和湖州两个城市单独归为了第一类，其他城市则归为了第二类。基于 UIFWD 聚类将这两类城市进行区分，常州和湖州虽然也被分在了第一类，但是第一类也加入了其他的城市。

表 8-10　基于 UIFWD 的长三角地区 $NO_2$ 浓度聚类结果

| 类别 | 城市 |
|---|---|
| 第一类 | 上海、南京、合肥、常州、无锡、杭州、湖州、芜湖、苏州、铜陵 |
| 第二类 | 嘉兴、宁波、宿迁、徐州、扬州、温州、滁州、绍兴、蚌埠、金华、镇江 |
| 第三类 | 六安、南通、安庆、宣城、宿州、池州、淮北、淮南、淮安、衢州、连云港、阜阳、鞍山 |
| 第四类 | 丽水、亳州、台州、泰州、盐城、舟山 |
| 第五类 | 黄山 |

图 8-43 为基于 UIFWD 聚类的各类别区间中点函数曲线和半径函数曲线，从图中可以看出各类别曲线区分还算明显，但是与基于 GIFWD 的聚类结果相比，聚类区分则稍显不足。

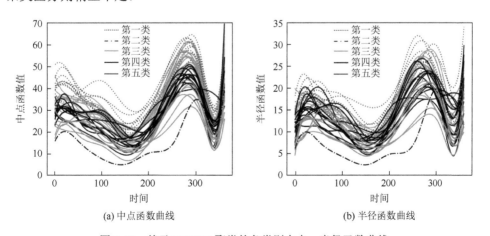

(a) 中点函数曲线　　　　　　　　(b) 半径函数曲线

图 8-43　基于 UIFWD 聚类的各类别中点、半径函数曲线

图 8-44 为基于 UIFWD 聚类的各类别的均值、标准差函数均值曲线图，观察图像可知各类别的中点和半径均值曲线在尾部互相缠绕，区分度与基于 GIFWD 聚类的结果相比则相对差一些。

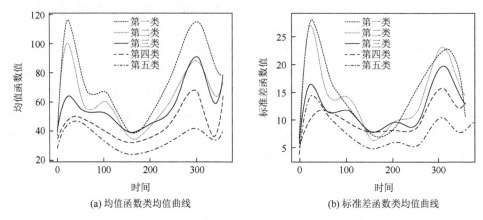

(a) 均值函数类均值曲线　　　　　　　　(b) 标准差函数类均值曲线

图 8-44　基于 UIFWD 聚类的各类别均值、标准差函数均值曲线

## （二）基于传统函数型欧氏距离（FED）的聚类结果分析

为了进一步说明本书提出的一般分布下区间函数型聚类模型的有效性，与基于传统函数型欧氏距离的聚类结果进行对比，选取 2021 年 3 月 1 日至 2022 年 3 月 2 日期间的长三角地区 41 个城市逐小时空气污染物 $NO_2$ 浓度数据，对数据的缺失值进行均值填充后再利用函数型欧氏距离聚类方法进行聚类，结果如表 8-11 所示。

表 8-11　基于 FED 的长三角地区逐小时 $NO_2$ 浓度聚类结果

| 类别 | 城市 |
|---|---|
| 第一类 | 常州、湖州 |
| 第二类 | 上海、南京、合肥、嘉兴、宁波、徐州、扬州、无锡、杭州、温州、绍兴、芜湖、苏州、金华、铜陵、镇江 |
| 第三类 | 六安、南通、安庆、宣城、宿州、宿迁、池州、淮北、淮南、淮安、滁州、蚌埠、衢州、连云港、阜阳、鞍山 |
| 第四类 | 丽水、亳州、台州、泰州、盐城、舟山 |
| 第五类 | 黄山 |

经过与表 8-6 的基于 GIFWD 的聚类结果对比发现两种，方法的聚类结果完全相同，图 8-45 为基于 FED 聚类的各个类别的逐小时 $NO_2$ 浓度平滑后的函数曲

线，图 8-46 为基于 FED 聚类的各个类别的均值函数曲线。与本书提出的基于 GIFWD 的聚类方法相比，虽然聚类结果相同，但是本书通过对其进行区间化处理，能够提取出区间中的重要信息，如区间数内部的均值、标准差以及上下限数据，这些信息同样具有巨大的作用。本章对长三角地区逐小时空气污染物 NO$_2$ 浓度按天进行区间化处理，提取每日数据的最小、最大值并计算得到区间数的均值和标准差，通过数据的区间化提取了重要信息，并能够依据聚类结果对各类别的上下限函数曲线、均值函数曲线和标准差函数曲线进行可视化处理，能够更准确地把握各类别的数据信息情况，在降低了计算复杂度的同时提取了数据的重要信息。

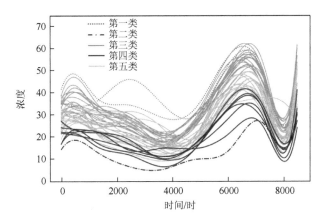

图 8-45　基于 FED 聚类的各类别函数曲线

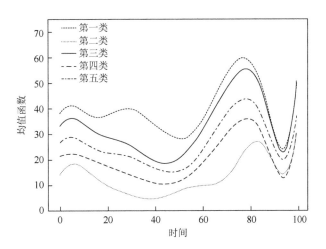

图 8-46　基于 FED 聚类的各类别均值函数曲线

## 第四节　一般分布下的多指标区间函数型聚类评价方法案例

### 一、数据的说明与预处理

本节数据依然来自 RESSET 数据库的空气质量监测网站，选取长三角地区41 个城市的六项大气污染物（PM2.5、PM10、$SO_2$、$NO_2$、CO 和 $O_3$）2021 年 3 月1 日至 2022 年 2 月 28 日的逐小时浓度数据，再对获得的逐小时浓度数据以天为单位进行区间化处理得到区间函数型数据，且此时每个区间内的数据信息已知，符合本书提出的一般分布下的区间函数型聚类条件。表 8-12 列出了六项大气污染物逐小时浓度数据区间化后的结果（保留两位小数）。

**表 8-12　杭州市六项大气污染物浓度区间化后数据**

| 日期 | PM2.5/(µg/m³) | PM10/(µg/m³) | $SO_2$/(µg/m³) | CO/(mg/m³) | $NO_2$/(µg/m³) | $O_3$/(µg/m³) |
|---|---|---|---|---|---|---|
| 2021/3/1 | [7.56, 24.81] | [14.43, 47.75] | [3.79, 4.44] | [0.68, 0.84] | [26.29, 41.5] | [10.44, 29.43] |
| 2021/3/2 | [18.55, 23.62] | [33.66, 59.12] | [4.30, 4.50] | [0.62, 0.75] | [34.18, 54.94] | [13.78, 16.25] |
| 2021/3/3 | [20.69, 24.75] | [58.75, 61.69] | [4.31, 5.19] | [0.57, 0.63] | [45.88, 56.31] | [16.81, 41.69] |
| ⋮ | ⋮ | ⋮ | ⋮ | ⋮ | ⋮ | ⋮ |
| 2022/2/27 | [36.55, 111.27] | [65.27, 188.55] | [6.00, 10.73] | [0.72, 0.94] | [38.82, 69.45] | [15.00, 163.55] |
| 2022/2/28 | [12.00, 92.36] | [44.00, 168.09] | [5.91, 8.82] | [0.59, 1.10] | [20.40, 85.30] | [12.91, 127.70] |

由于 CO 浓度的量纲与其他指标不同，同样以杭州市为例对所有指标的数据用本书所提及的无量纲化方法进行处理，得到杭州市各指标无量纲化后的区间数据如表 8-13、表 8-14 和表 8-15 所示（保留三位小数），其中表 8-13 是杭州市各指标区间数上下限无量纲化后数据，表 8-14 是杭州市各指标区间数均值无量纲化后数据，表 8-15 是杭州市各指标区间数标准差无量纲化后数据。

**表 8-13　杭州市区间数上下限无量纲化后数据**

| 日期 | PM2.5 | PM10 | $SO_2$ | CO | $NO_2$ | $O_3$ |
|---|---|---|---|---|---|---|
| 2021/3/1 | [0.019, 0.063] | [0.015, 0.048] | [0.035, 0.041] | [0.099, 0.122] | [0.174, 0.274] | [0.034, 0.097] |
| 2021/3/2 | [0.047, 0.060] | [0.034, 0.060] | [0.040, 0.041] | [0.090, 0.109] | [0.226, 0.363] | [0.045, 0.053] |
| 2021/3/3 | [0.053, 0.070] | [0.060, 0.061] | [0.040, 0.048] | [0.083, 0.092] | [0.303, 0.372] | [0.055, 0.137] |
| ⋮ | ⋮ | ⋮ | ⋮ | ⋮ | ⋮ | ⋮ |
| 2022/2/27 | [0.093, 0.283] | [0.066, 0.191] | [0.055, 0.098] | [0.010, 0.137] | [0.257, 0.459] | [0.049, 0.538] |
| 2022/2/28 | [0.305, 0.235] | [0.045, 0.170] | [0.054, 0.081] | [0.086, 0.160] | [0.135, 0.564] | [0.042, 0.420] |

**表 8-14 杭州市区间数均值无量纲化后数据**

| 日期 | PM2.5 | PM10 | SO₂ | CO | NO₂ | O₃ |
|---|---|---|---|---|---|---|
| 2021/3/1 | 0.099 | 0.040 | 0.095 | 0.221 | 0.279 | 0.072 |
| 2021/3/2 | 0.099 | 0.040 | 0.095 | 0.220 | 0.283 | 0.073 |
| 2021/3/3 | 0.121 | 0.069 | 0.102 | 0.180 | 0.410 | 0.132 |
| ⋮ | ⋮ | ⋮ | ⋮ | ⋮ | ⋮ | ⋮ |
| 2022/2/27 | 0.394 | 0.151 | 0.740 | 0.247 | 0.404 | 0.385 |
| 2022/2/28 | 0.305 | 0.125 | 0.156 | 0.247 | 0.429 | 0.298 |

**表 8-15 杭州市区间数标准差无量纲化后数据**

| 日期 | PM2.5 | PM10 | SO₂ | CO | NO₂ | O₃ |
|---|---|---|---|---|---|---|
| 2021/3/1 | 0.031 | 0.020 | 0.005 | 0.025 | 0.078 | 0.041 |
| 2021/3/2 | 0.009 | 0.014 | 0.002 | 0.015 | 0.101 | 0.005 |
| 2021/3/3 | 0.006 | 0.002 | 0.006 | 0.007 | 0.041 | 0.046 |
| ⋮ | ⋮ | ⋮ | ⋮ | ⋮ | ⋮ | ⋮ |
| 2022/2/27 | 0.246 | 0.120 | 0.064 | 0.045 | 0.211 | 0.552 |
| 2022/2/28 | 0.222 | 0.109 | 0.029 | 0.082 | 0.451 | 0.438 |

图 8-47 为杭州市的原始区间数据的上下限值与无量纲化后的区间数的上下限值，可以看出无量纲化后的区间数上下限的走势与原始数据完全相似，只是数值上的变化，无量纲化后的区间函数型数据取值在[0, 1]。

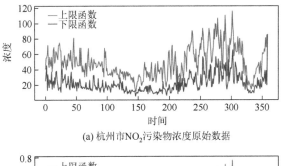

(a) 杭州市NO₂污染物浓度原始数据

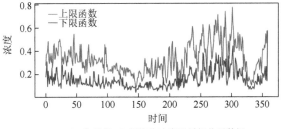

(b) 杭州市NO₂污染物浓度无量纲化后数据

图 8-47 杭州市 NO₂ 污染物浓度区间上下限数据无量纲化前后对比

先对六项污染物浓度的区间函数型数据都进行无量纲化处理后，得到区间上限、下限、均值和标准差数据，再对这些数据进行函数型拟合获得对应的函数型曲线，为了简化计算和保持的一般性，本章将所有拟合函数的基函数个数设置为10。

## 二、基于 GIFWD 的多指标聚类分析——六种空气污染物的指标综合与聚类结果分析

要对多指标区间函数型数据进行聚类分析，需先把多个指标按本书所提的方法对多指标进行指标综合，利用该方法得到的各指标权重如表 8-16 所示。

**表 8-16　指标权重表**

| 指标 | 权重 | 指标 | 权重 |
|---|---|---|---|
| CO | 0.1006 | PM10 | 0.2150 |
| $NO_2$ | 0.1596 | PM2.5 | 0.2034 |
| $O_3$ | 0.0976 | $SO_2$ | 0.2238 |

从表 8-16 可以看出，$SO_2$ 的指标权重最大，为 22.38%，在本书中表现为对空气质量污染聚类结果的影响最大；其次是 PM10，占 21.5%；CO 和 $O_3$ 所占权重相对较小。

根据各指标权重得到综合指标区间函数后，采用区间函数型改进 K-means 聚类方法将长三角地区 41 个城市的空气污染物数据聚为 5 类，聚类结果如表 8-17 所示。

**表 8-17　基于 GIFWD 的多指标综合后的聚类结果**

| 类别 | 城市 |
|---|---|
| 第一类 | 鞍山 |
| 第二类 | 亳州、合肥、宿州、宿迁、常州、徐州、扬州、淮北、淮南、淮安、滁州、芜湖、蚌埠、连云港、铜陵、镇江、阜阳 |
| 第三类 | 上海、六安、南京、南通、嘉兴、宁波、安庆、宣城、无锡、杭州、池州、泰州、湖州、盐城、绍兴、苏州 |
| 第四类 | 温州、衢州、金华 |
| 第五类 | 丽水、台州、舟山、黄山 |

从聚类结果可以看出，长三角地区城市都主要集中在第二类和第三类，而其他三类所占城市相对较少。图 8-48 为聚类后得到的各类别的区间均值函数和标准

差函数均值曲线图，可以看出各类别的均值函数和标准差函数的均值曲线走势非常相似，且观察均值函数类均值曲线和标准差类均值曲线可以看出，第一类曲线总体上处于最高的位置，因此认为此类城市的空气污染相对较重，且受季节性的影响最大，波动很明显，表现为在春冬季节空气污染最重，夏秋季节污染相对减少；第二类曲线总体的空气污染要比第一类轻，主要表现在春冬季节的空气污染较第一类轻，且波动相对平缓，受季节性影响相对较弱；第三类和第四类在均值函数和标准差函数的均值曲线上都非常接近，且这两类受空气污染程度都要低于第一类和第二类，且从图中可以看出这两类在春夏秋三个季节受污染程度非常平稳，直到冬季波动开始变大，说明这两类城市的空气污染程度相对较轻，且在春夏秋三个季节空气状况都比较好；第五类城市不论均值函数曲线还是标准差函数曲线都处于一个最低的位置，表明该类城市受空气污染程度最轻，空气质量状况较好。

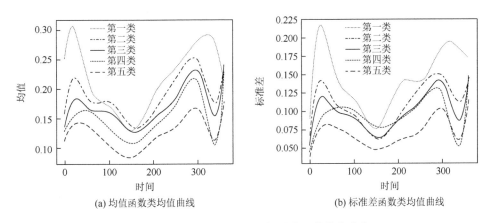

(a) 均值函数类均值曲线　　　　　　　　　(b) 标准差函数类均值曲线

图 8-48　各类别区间均值、标准差函数均值曲线

## 三、对比分析

表 8-18 为基于 GIFWD 对长三角地区 41 个城市 AQI 数据聚类得到的结果，与表 8-17 的多指标综合后的聚类结果对比可以发现，两者的聚类结果虽然有差别，但是总体上各城市分类情况比较接近，如 AQI 数据的聚类结果中的第一类被归为多指标数据聚类中的第二类，两个聚类中的第二类和第三类总体上也极其相似。

表 8-18　AQI 的聚类结果

| 类别 | 城市 |
|---|---|
| 第一类 | 亳州、宿州、宿迁、徐州、淮北、淮南、蚌埠、阜阳 |
| 第二类 | 扬州、泰州、淮安、滁州、盐城、连云港、镇江、鞍山 |

续表

| 类别 | 城市 |
|------|------|
| 第三类 | 六安、南京、南通、合肥、安庆、宣城、常州、无锡、杭州、池州、湖州、绍兴、芜湖、苏州、铜陵 |
| 第四类 | 上海、丽水、台州、嘉兴、宁波、温州、衢州、金华、黄山 |
| 第五类 | 舟山 |

图 8-49 为上述聚类结果的区间均值、标准差函数类均值曲线，与图 8-48 进行对比可以发现第三类、第四类、第五类都处于相对较低的一个状态，波动较小，受季节性影响也相对较小，证明这三类城市的空气质量相对较好。对于第一类、第二类，区间均值函数和标准差函数曲线变化幅度都比较大，且都处于一个相对较高的位置，且受季节性影响非常大，表现为在春冬季节空气质量状况较差和夏季空气质量状况较好，而秋季的空气质量状况慢慢变差的季节性变化情况，第一类、第二类的区间均值函数曲线峰值在春冬季节，且此时标准差函数曲线也保持在一个较高的状态，此时空气污染较严重，需要采取一些措施以降低空气受污染程度。

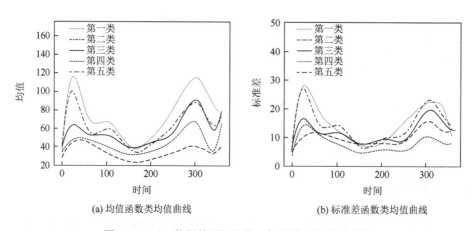

(a) 均值函数类均值曲线　　　　　　　(b) 标准差函数类均值曲线

图 8-49　AQI 数据的区间均值、标准差函数均值曲线

# 第九章 总结与展望

## 第一节 总 结

　　函数型综合评价系统可以看作动态综合评价系统的连续累积，所以应基于动态综合评价方法来研究函数型综合评价方法。相对于大多数学者针对综合评价的研究，笔者主要是基于函数型数据的研究。这种评价研究贯穿于整个评价过程（评价指标、权数确定、评价合成、评价函数分析），而非综合评价的某个步骤。随着信息技术的发展，用以评价的常规数据、区间数据均可以被高频地记录，此时数据的展现形式呈现出显著的连续函数特征（王德青等，2018a，2018b）。也就是说，综合评价实践中不仅需要处理常规函数型数据，有时还需要处理区间函数型数据，而与之对应的评价方法却鲜有研究。多元统计方法中的主成分分析方法、聚类分析方法经常用于处理综合评价问题，不论从评价的多个指标层面还是评价结果层面，这两种方法都能较好地作为评价工具使用。所以此时不仅需要在综合评价框架下进行函数型主成分分析（FPCA）方法、函数型聚类分析（FCA）方法的拓展研究，还需要对区间函数型主成分分析（IFPCA）方法、区间函数型聚类分析（IFCA）方法做初步尝试研究。

　　本书的独到价值主要体现在：①FPCA评价模型和FCA评价模型的构建相较于传统评价方法将更加有利于经济管理市场数据的可视化展现；②综合评价需要处理多维度数据，多变量评价模型的构建将更加有利于综合评价数据的分析；③IFPCA评价模型的构建不仅可以动态地展示权重随时间变化的情况，还可以确定特定时间节点某个特殊事件的影响，追踪特殊的时间效应；④IFCA评价模型的构建，增加了数据区间化的步骤，能够在降低计算复杂度的同时避免信息丢失，提高了综合评价的效率，具有一定的可行性与有效性；⑤一般分布下评价模型的构建，不仅能够充分利用区间数内部的已有信息，还能够最大限度地挖掘数据的内在特征，从而使区间数据的后续研究处理更加真实、准确；⑥GIFCA评价模型的构建，使聚类结果较传统基于均匀分布的区间函数型聚类方法的聚类性能更好，能够较好地区分实际的样本类别，并能在降低计算复杂度的同时避免信息丢失，提高评价效率，具备一定的可行性和有效性；⑦GIFPCA评价模型的构建，不仅能以广义分布的区间化获取更多信息，以函数化增加了可视化水平，还能够同时反映样本在某个指标下的平均水平和波动情况，在不增加变量的情况下增添更为丰富的信息，从而提高分析的准确性。同时，考虑样本的分布情况，可以使偏差计算更加符合实际，进一步提高分析的准确性。

因此本书对完善函数型数据分析方法体系具有重要的理论价值，也为函数型数据下的综合评价提供了一种合理模式。本书的具体工作和结论如下。

（1）对综合评价的指标数据形式进行了拓展，提出了基于区间函数型指标数据综合评价的一般过程。通过对指标数据的区间函数化，构建了区间函数型指标数据的表达形式，进而给出该形式下的评价模型。并在函数型数据无量纲化方法的基础上，给出了区间函数型数据的无量纲化方法。

（2）对拉开档次法的应用范围进行了拓展，提出了基于区间函数型数据的拉开档次法。本书基于孙爱民（2020）对于区间熵权重的确定方法，对区间函数型指标数据的最大值函数和最小值函数分别给出拉开档次法计算权重的公式。通过义乌·中国小商品指数对该方法进行验证和比较，得出中点-半径法的区间函数型数据效果最好。同时，采用区间函数型主成分分析方法对义乌·中国小商品指数数据从变量角度进行动态综合评价分析，探究各变量随时间的变化和整个市场的综合水平。

（3）基于现有区间函数型主成分分析存在的信息缺失量大、无法拓展至多变量函数型主成分分析的问题，提出时变距离函数概念，并应用于区间函数型数据，推导出了同时适用于单变量和多变量情形的基于时变距离函数的区间函数型主成分分析。

（4）将传统的基于均匀分布下的区间函数型数据主成分分析方法推广至一般分布下的区间函数型数据主成分分析方法中，将本书提出的方法与已有的 IFPCA 运用蒙特卡罗方法进行对比分析，得出一般分布下的区间函数型数据主成分分析方法能够充分利用已知数据信息的内在特征，证明本书提出的方法的有效性。

（5）基于区间界限距离的区间函数型聚类分析方法：基于区间界限的距离是指基于区间的下限和上限构建距离度量，区间函数型数据作为函数型数据区间化的拓展，在实际应用中，同样包含了数值距离与曲线形态两方面的特征，因此在聚类分析中需要尽可能兼顾区间函数曲线在数值距离和曲线形态上的相似性，避免因仅考虑某一方面的特征而带来的数据信息挖掘不充分以及聚类结果不合理的问题。本书在区间函数欧氏距离的基础上从数值距离和曲线形态两个方面提出了一种新的能够兼顾数值信息与曲线形态的区间函数相似性度量，即基于原函数和导函数信息的区间函数欧氏距离，且通过实证分析与区间函数 Hausdorff 距离的聚类结果比较可知，该方法的聚类结果是综合衡量了曲线间的数值距离和曲线形态后的结果，因此更为全面合理。

（6）考虑区间内部信息的区间函数型聚类分析方法：考虑区间内部信息的相似性度量且假定区间数据内部服从某一特定的参数分布，通过分布信息可以综合衡量区间数的集中程度与差异程度。假设区间内部数据服从某一特定的分布并得到区间函数型数据的特征变化曲线可以以此作为距离度量的基础进行区间函数型聚类分析,不同距离度量方法和分布假设情况会有不同的聚类结果和效果。本书在区间数均匀分布假设下提出了一个适应区间函数型数据聚类的 Wasserstein 距离度量,并将该度量用于股票市场的实际应用中,结果证明了该方法的有效性和优越性。由于均匀分布假设不具有普遍性,本书又提出了其他分布情况的区间函数型距离度量方法,即在均匀分布下区间函数型数据的聚类方法上提出了一般分布下的区间函数型聚类方法,分别包含 Wasserstein 和 Hausdorff 两种距离度量方法,在模拟实验和实证分析后得出一般分布下进行聚类分析的聚类效果优于均匀分布假设。

# 第二节　不足与展望

在综合评价发展过程中,以数据形式为内容的研究有很多,其中以静态数据和动态数据的研究为主,利用函数型数据分析进行研究的文献也逐步增多,然而对于区间函数型数据的研究却很少,且研究形式也有一定的局限。本书提出的基于区间函数型数据的拉开档次法,不仅拓展了拉开档次法的数据应用范围,也拓展了综合评价过程中的数据类型。虽然有了一点成果,但是还存在着许多不足之处,需要进一步研究,具体如下。

(1)本书构建了两种区间函数型数据,即以最大值函数和最小值函数表示区间函数的上下限以及以中点函数和半径函数来构造区间函数,并假定两种区间数据都服从均匀分布,而实际情况中的区间数据会服从其他的概率分布,如正态分布。因此基于概率分布的区间函数型"全局"拉开档次法也是一个值得研究的方向。

(2)本书只选择了基于标准序列法的无量纲化对原始数据进行处理,且为了简单计算选择了先进行无量纲化后区间函数化的处理,而未对不同无量纲化和先区间函数化再无量纲化对后续评价结果的影响进行研究讨论。因此,不同的无量纲化方法和顺序在该方法中的应用也是一个值得研究的方向。

(3)区间函数型数据是由时间序列数据组成的,可能会存在相位问题。本书未针对相位问题进行相应的数据调整,关于相位变动是否对主成分综合评价有影响以及影响大小需要进一步研究。同时本书在研究中仅选择了一种无量纲化方法,同时选择了先无量纲化后函数化的策略,尚未对上述方法对主成分综合评价结果的影响进行研究。

基于时变距离函数的区间函数型主成分分析与其他区间函数型主成分分析进

行对比研究时，没有已有文献提供方法的效度对比指标，只能从实际案例出发说明模型的优劣性。因此，关于函数型主成分分析或者区间函数型主成分分析模型的效度指标研究也是一个值得研究的方向。

（4）多样化的主成分分析方法。目前本书探讨的区间函数主成分分析主要集中于单一的维度（时间、样本或指标）。未来研究可以探索融合这些维度的综合主成分分析方法，或者开发适用于更复杂数据结构的新技术，以提升分析的灵活性和应用广度。

（5）主成分分析新评价指标的开发。本书通过方差贡献度评价主成分分析的效果。然而，考虑到数据的分布信息可能提供更深入的洞见，未来研究可以开发基于区间分布信息的新评价指标，这将有助于更准确地衡量主成分分析的质量和实用性。

（6）本书提出的区间函数型聚类分析方法是从基于距离的函数型聚类分析角度出发的，即对相似性度量进行改进，但也可以尝试从其他角度，如对自适应模型聚类算法进行区间化拓展，以丰富区间函数型聚类分析方法。

（7）在多指标区间函数型聚类分析方面，本书采取指标综合的方法，将多个指标通过赋权的方式综合为一个指标，再使用单指标区间函数型聚类分析方法进行分析，然而对于多指标区间函数型聚类分析是否有更直接或更好的方式，有待进一步研究。

（8）广义分布是一般分布的拓展延伸，即区间值的变化特征应该直接以区间值的真实分布来衡量。广义分布的概念与经验分布方法的结合是直接拟合区间内的实际分布情况，能够充分观测到区间内的每个观测点，较大程度地提升每个观测点的贡献度。

（9）扩展至多元数据类型的统计方法。目前本书涉及的区间函数型数据分析主要基于离散数值。考虑到现代数据表征的多样性（如文本、模糊数、灰数和图像），未来研究应探索如何利用图像识别等先进技术，将区间函数型数据分析应用于这些新的数据类型，从而开拓分析新的领域。

（10）区间函数的表现形式创新。本书介绍的区间函数表现形式主要源自区间数最大最小值法和中点-半径法。未来可以探索更多创新的表示方法，特别是那些能够更好地适应不同数据类型和分析需求的方法，以增强模型的通用性和适应性。跨学科方法的融合与创新。计算机科学的最新技术和传统统计方法的跨学科融合，将为区间函数型数据分析提供新的视角和工具。未来的研究可以通过这种方法融合，提升模型在实际应用中的有效性和灵活性。

# 参 考 文 献

鲍城志, 1962. 电力系统非线性振荡过程的图析[J]. 物理学报, 11(8): 411-421.

陈骥, 2010. 基于区间数的综合评价问题研究[D]. 杭州: 浙江工商大学.

陈骥, 王炳兴, 2012. 基于正态分布点值化的区间主成分评价法及应用[J]. 统计研究, 29(7): 91-95.

陈楷, 黄建勇, 李子韵, 等, 2014. 基于改进拉开档次法的配电网经济运行评价[J]. 华东电力, 42(6): 1075-1078.

陈颖, 2012. 一般分布式与区间型符号数据的动态聚类分析研究[D]. 天津: 天津大学.

程豪, 苏孝珊, 2016. 函数型聚类方法分析我国 31 个省 GDP 发展潜力[J]. 经济统计学(季刊), (2): 168-175.

池田智康, 小宫由里子, 南弘征, 等, 2010. 区間值関数データに対する主成分分析法の提案[J]. 应用统计学, 39(1): 21-33.

崔静, 2021. 股票价格的函数型主成分分析与预测[D]. 桂林: 广西师范大学.

邓登, 2010. 区间型符号数据主成分分析和聚类分析的有效性评价[D]. 天津: 天津大学.

樊治平, 王欣荣, 2000. 时序多指标决策的一种新方法[J]. 预测, 19(4): 49-50, 45.

方匡南, 蒲丹, 张庆昭, 等, 2020. 局部稀疏函数型聚类及其在经济增长模式分析中的应用[J]. 统计与信息论坛, 35(10): 3-11.

高飒, 2009. 一般分布区间型符号数据的聚类分析方法研究[D]. 天津: 天津大学.

高桃璇, 陈铭, 王国长, 2018. 基于函数型数据的中国经济区划分[J]. 数理统计与管理, 37(4): 669-681.

关蓉, 2009. 基于全信息的区间数据多元分析方法研究[D]. 北京: 北京航空航天大学.

郭崇慧, 刘永超, 2015. 区间型符号数据的特征选择方法[J]. 运筹与管理, 24(1): 67-74.

郭均鹏, 陈颖, 李汶华, 2013. 一般分布区间型符号数据的 K 均值聚类方法[J]. 管理科学学报, 16(3): 21-28.

郭均鹏, 李汶华, 2007. 基于误差理论的区间主成分分析及其应用[J]. 数理统计与管理, 26(4): 636-640.

郭均鹏, 李汶华, 2008. 基于经验相关矩阵的区间主成分分析[J]. 管理科学学报, 11(3): 49-52, 95.

郭均鹏, 汪伟立, 王明璐, 等, 2016. 一般分布区间型符号数据的 SOM 聚类方法[J]. 数理统计与管理, 35(6): 1002-1015.

郭均鹏, 王梅南, 高成菊, 等, 2015. 函数型数据的分步系统聚类算法[J]. 系统管理学报, 24(6): 814-820.

郭亚军, 2002. 一种新的动态综合评价方法[J]. 管理科学学报, 5(2): 49-54.

郭亚军, 2012. 综合评价理论、方法与拓展[M]. 北京: 科学出版社.

郭亚军, 唐海勇, 曲道钢, 2010. 基于最小方差的动态综合评价方法及应用[J]. 系统工程与电子技术, 32(6): 1225-1228.

侯自盼, 2015. 基于区间数理论的主成分分析方法的研究与应用[D]. 西安: 陕西师范大学.

胡艳, 2003. 符号数据中区分数据的若干专题研究及其应用[D]. 北京: 北京航空航天大学.

黄德铺, 胡运权, 戴晓江, 2003. 基于逆序概率的随机模拟决策方法研究[J]. 管理工程学报, 17(2): 109-110.

黄恒君, 2013a. 基于 B-样条基底展开的曲线聚类方法[J]. 统计与信息论坛, 28(9): 3-8.

黄恒君, 2013b. 基于函数型主成分的收入分布变迁特征探索[J]. 统计与决策, (20): 24-26.

靳刘蕊, 2008. 函数性数据分析方法及应用研究[D]. 厦门: 厦门大学.

李国荣, 冶继民, 甄远婷, 2021. 基于新的鲁棒相似性度量的时间序列聚类[J]. 计算机应用, 41(5): 1343-1347.

李红, 孙秋碧, 2012. 数据挖掘中区间数据模糊聚类研究: 基于 Wasserstein 测度[J]. 计算机工程与应用, 48(12): 24-28, 37.

李景茹, 2005. 区间型多目标决策权重确定及合理性判别[J]. 深圳大学学报(理工版), 22(2): 173-176.

李楠, 2012. 正态的分布型数据分析方法及其应用[D]. 北京: 北京航空航天大学.

李倩, 2020. 函数型回归模型的若干研究[D]. 上海: 上海财经大学.

李文诚, 2022. 一般分布区间函数型数据聚类分析方法研究[D]. 杭州: 浙江工商大学.

李汶华, 郭均鹏, 2008. 区间主成分分析方法的比较[J]. 系统管理学报, 17(1): 94-98.

李因果, 何晓群, 2010. 面板数据聚类方法及应用[J]. 统计研究, 27(9): 73-79.

梁银双, 刘黎明, 卢媛, 2017. 基于函数型数据聚类的京津冀空气污染特征分析[J]. 调研世界, (5): 43-48.

刘清贤, 2019. 区间型符号数据主成分分析及有效性研究[D]. 西安: 西安科技大学.

刘永超, 2014. 区间型符号数据特征选择方法及其应用研究[D]. 大连: 大连理工大学.

毛娟, 2008. 隐含波动率的函数型数据分析[D]. 武汉: 武汉理工大学.

孟银凤, 2017. 函数型数据建模的方法及其应用[D]. 太原: 山西大学.

戚宇, 郭亚军, 郭英民, 2011. 主观信息嵌入式的拉开档次法及其应用[J]. 东北大学学报(自然科学版), 32(7): 1057-1060, 1064.

沈关友, 2018. 基于函数型数据主成分分析的银行股票数据预测[D]. 兰州: 兰州大学.

宋宇辰, 张玉英, 孟海东, 2007. 一种基于加权欧氏距离聚类方法的研究[J]. 计算机工程与应用, 43(4): 179-180, 226.

苏为华, 孙利荣, 崔峰, 2013. 一种基于函数型数据的综合评价方法研究[J]. 统计研究, 30(2): 88-94.

苏为华, 张崇辉, 2013. 基于区间分布信息的多点主成分综合评价方法研究[J]. 经济统计学(季刊), (1): 48-57.

苏为华, 张崇辉, 曾守桢, 2015. 主体存在变动的动态群组评价方法及应用[J]. 统计研究, 32(7): 100-105.

孙爱民, 2020. 基于熵权法的区间数多指标决策方法及应用[J]. 数学的实践与认识, 50(7): 171-179.

孙利荣, 卓炜杰, 王凯利, 等, 2020. 函数型聚类分析方法研究[J]. 高校应用数学学报, 35(2):

127-140.

孙利荣, 郑驰, 毛浩峰, 等, 2024. 区间函数型数据构权方法研究[J]. 高校应用数学学报, (2):
    127-140.

孙利荣, 朱丽君, 徐莉妮, 等, 2021a. 基于时变距离函数的多变量区间函数型主成分分析方
    法[J]. 高校应用数学学报(A 辑), 36(2): 148-160.

孙利荣, 朱丽君, 徐莉妮, 等, 2021b. 一种基于区间函数型聚类的综合评价方法研究[J]. 系统科
    学与数学, 41(6): 1-20.

孙利荣, 2012. 基于函数数据的综合评价方法研究[D]. 杭州: 浙江工商大学.

孙钦堂, 2012. 函数型数据分析方法及其在金融领域的应用[D]. 天津: 天津大学.

王丙参, 魏艳华, 朱琳, 2021. 中国经济发展水平的综合评价[J]. 统计与决策, 37(9): 97-100.

王德青, 何凌云, 朱建平, 2018b. 基于函数型自适应聚类的股票收益波动模式比较[J]. 统计研
    究, 35(9): 79-91.

王德青, 田思华, 朱建平, 等, 2021. 中国股市投资者情绪指数的函数型构建方法研究[J]. 数理
    统计与管理, 40(1): 162-174.

王德青, 朱建平, 刘晓葳, 等, 2018a. 函数型数据聚类分析研究综述与展望[J]. 数理统计与管理,
    37(1): 51-63.

王桂明, 2010. 函数数据的多元统计分析及其在证券投资分析中的应用[D]. 厦门: 厦门大学.

王国华, 2017. 中国股票市场日内波动率研究: 基于函数型数据分析[D]. 武汉: 中南财经政法大学.

王惠文, 王圣帅, 黄乐乐, 等, 2015. 基于经验分布的区间数据分析方法[J]. 北京航空航天大学
    学报, 41(2): 193-197.

王坚强, 1999. 动态多指标系统增长决策问题研究[J]. 系统工程与电子技术, 21(7): 27-29.

王劼, 黄可飞, 王惠文, 2009. 一种函数型数据的聚类分析方法[J]. 数理统计与管理, 28(5):
    839-844.

王明璐, 2014. 一般分布区间型符号数据的 SOM 聚类分析研究[D]. 天津: 天津大学.

王雪冬, 李广杰, 孟凡奇, 等, 2012. 基于改进型拉开档次法的泥石流危险度评价实例[J]. 吉林
    大学学报(地球科学版), 42(6): 1853-1858.

王雅楠, 2007. 基于区间数据分析的中国股票市场运行特征研究[D]. 北京: 北京航空航天大学.

王岩, 张寅, 王惠文, 2012. 基于区间数据分析的各学科期刊发展现状研究[J]. 数理统计与管理,
    31(1): 134-141.

王泽东, 邓光明, 2019. 基于趋势距离的面板数据聚类方法探讨[J]. 统计与决策, (8): 35-38.

魏明华, 黄强, 邱林, 等, 2010. 基于 "纵横向" 拉开档次法的水环境综合评价[J]. 沈阳农业大
    学学报, 41(1): 59-63.

吴金旺, 顾洲一, 2019. 长三角地区数字普惠金融一体化实证分析: 基于函数型主成分分析
    方法[J]. 武汉金融, (11): 23-28, 44.

武祺然, 周力凯, 孙金金, 等, 2021. 浙江省空气质量变化特征研究: 基于函数型数据分析[J].
    山东大学学报(理学版), 56(7): 53-64.

严明义, 2007. 函数型数据的统计分析: 思想、方法和应用[J]. 统计研究, (2): 13-17.

严明义, 杜鹏, 2010. 中国消费价格指数季节变动的函数性数据分析[J]. 统计与信息论坛, 25(8):
    100-106.

严明义, 贾嘉, 2010. 我国网上拍卖中竞买者出价行为的实证分析[J]. 当代经济科学, 32(4):

118-123.

杨显飞, 于翔, 杨巍巍, 2020. 基于豪斯托夫距离和二次惩罚支持向量机的鲁棒区间回归研究[J]. 台州学院学报, 42(6): 14-18.

易平涛, 冯雪丽, 郭亚军, 等, 2013. 基于分层激励控制线的多阶段信息集结方法 [J]. 运筹与管理, 22(6): 140-146.

易平涛, 张丹宁, 郭亚军, 等, 2009. 动态综合评价中的无量纲化方法[J]. 东北大学学报(自然科学版), 30(6): 889-892.

易平涛, 周莹, 郭亚军, 2014. 带有奖惩作用的多指标动态综合评价方法及其应用[J]. 东北大学学报(自然科学版), 35(4): 597-599, 608.

于春海, 樊治平, 2004. 一种基于区间数多指标信息的 FCM 聚类算法[J]. 系统工程学报, 19(4): 387-393.

曾玉钰, 翁金钟, 2007. 函数数据聚类分析方法探析[J]. 统计与信息论坛, 22(5): 10-14.

张发明, 孙文龙, 2015. 改进的动态激励综合评价方法及应用[J]. 系统工程学报, 30(5): 711-718.

张洪祥, 毛志忠, 2011. 基于多维时间序列的灰色模糊信用评价研究[J]. 管理科学学报, 14(1): 28-37.

张立军, 彭浩, 2017. 面板数据加权聚类分析方法研究[J]. 统计与信息论坛, 32(4): 21-26.

张耀升, 2014. 基于逐层拉开档次法的电能质量综合评价[J]. 民营科技, (5): 33.

赵青, 王惠文, 王珊珊, 2021. 基于中心-对数半长的区间数据主成分分析[J]. 北京航空航天大学学报, 47(7): 1414-1421.

甄远婷, 冶继民, 李国荣, 2021. 基于中心 Copula 函数相似性度量的时间序列聚类方法[J]. 陕西师范大学学报(自然科学版), 49(1): 29-36.

朱吉超, 耿弘, 2009. 江苏省城市化水平综合评价研究[J]. 江苏科技信息, (2): 34-37.

朱建平, 陈民恳, 2007. 面板数据的聚类分析及其应用[J]. 统计研究, 24(4): 11-14.

朱建平, 王德青, 方匡南, 2013. 中国区域创新能力静态分析: 基于自适应赋权主成分聚类模型[J]. 数理统计与管理, 32(5): 761-768.

朱丽君, 2021. 区间函数型聚类分析方法研究[D]. 杭州: 浙江工商大学.

卓炜杰, 2018. 函数型聚类分析方法及其应用研究[D]. 杭州: 浙江工商大学.

Beyaztas U, Shang H L, Abdel-Salam A S G, 2022. Functional linear models for interval-valued data[J]. Communications in Statistics-Simulation and Computation, 51(7): 3513-3532.

Bock H H, Diday E, 2000. Analysis of Symbolic Data[M]. New York: Springer-Verlag.

Bonzo D C, Hermosilla A Y, 2002. Clustering panel data via perturbed adaptive simulated annealing and genetic algorithms[J]. Advances in Complex Systems, 5(4): 339-360.

Borgulya I, 1997. A ranking method for multiple-criteria decision-making[J]. International Journal of Systems Science, 28(9): 905-912.

Bouveyron C, Brunet-Saumard C, 2014. Model-based clustering of high-dimensional data: a review[J]. Computational Statistics & Data Analysis, 71: 52-78.

Cazes P, Chouakria A, Diday E, 2000. Symbolic principal components analysis[C]//Analysis of Symbolic Data(Eds. Bock H H, Diday E). Springer-Verlag Berlin, New York.

Cazes P, Chouakria A, Diday E, et al., 1997. Extension de l'analyse en composantes principales à des données de type intervalle[J]. Revue de Statistique Appliqu6e, 45: 5-24.

Chavent M, Lechevallier Y, 2002. Dynamical clustering of interval data: optimization of an adequacy criterion based on Hausdorff distance[M]//Classification, Clustering, and Data Analysis. Berlin, Heidelberg: Springer Berlin Heidelberg: 53-60.

Chen M L, Wang H W, Qin Z F, 2015. Principal component analysis for probabilistic symbolic data: a more generic and accurate algorithm[J]. Advances in Data Analysis and Classification, 9(1): 59-79.

Chiclana F, Herrera F, Herrera-Viedma E, 2001. Integrating multiplicative preference relations in a multipurpose decision-making model based on fuzzy preference relations[J]. Fuzzy Sets and Systems, 122(2): 277-291.

Chiou J M, Yang Y F, Chen Y T, 2014. Multivariate functional principal component analysis: a normalization approach[J]. Statistica Sinica, (24): 1571-1596.

Cuesta-Albertos J A, Matrán C, Rodríguez-Rodríguez J M, et al., 1999. Tests of goodness of fit based on the $L_2$-Wasserstein distance[J]. The Annals of Statistics, 27(4): 1230-1239.

D'Urso P, Giordani P, 2004. A least squares approach to principal component analysis for interval valued data[J]. Chemometrics and Intelligent Laboratory Systems, 70(2): 179-192.

D'Urso P, Massari R, De Giovanni L, et al., 2017. Exponential distance-based fuzzy clustering for interval-valued data[J]. Fuzzy Optimization and Decision Making, 16(1): 51-70.

de Carvalho F A T, Brito P, Bock H H, 2006. Dynamic clustering for interval data based on L2 distance[J]. Computational Statistics, 21(2): 231-250.

de Carvalho F A T, Lechevallier Y, 2009. Dynamic clustering of interval-valued data based on adaptive quadratic distances[J]. IEEE Transactions on Systems, Man, and Cybernetics-Part A: Systems and Humans, 39(6): 1295-1306.

de Souza L C, de Souza R M C R, do Amaral G J A, 2020. Dynamic clustering of interval data based on hybrid $L_q$ distance[J]. Knowledge and Information Systems, 62(2): 687-718.

de Souza R M C R, de Carvalho F A T, 2004. Clustering of interval data based on city–block distances[J]. Pattern Recognition Letters, 25(3): 353-365.

del Barrio E, Giné E, Matrán C, 1999. Central limit theorems for the Wasserstein distance between the empirical and the true distributions[J]. The Annals of Probability, 27(2): 1009-1071.

Drobne S, Lisec A, 2009. Multi-attribute decision analysis in GIS: weighted linear combination and ordered weighted averaging[J]. Informatica(Ljubljana), 33(4): 459-474.

Gibbs A L, Su F E, 2002. On choosing and bounding probability metrics[J]. International Statistical Review, 70(3): 419-435.

Hao Y, Dong L, Liao X, et al., 2019. A novel clustering algorithm based on mathematical morphology for wind power generation prediction[J]. Renewable Energy, 136(Jun. ): 572-585.

Happ C, Greven S, 2018. Multivariate functional principal component analysis for data observed on different(dimensional)domains[J]. Journal of the American Statistical Association, 113(522): 649-659.

Heckman N, Zamar R, 2000. Comparing the shapes of regression functions[J]. Biometrika, 87(1): 135-144.

Herrera F, Herrera-Viedma E, Chiclana F, 2001. Multiperson decision-making based on multiplicative preference relations[J]. European Journal of Operational Research, 129(2): 372-385.

Hwang C L, Yoon K, 1981. Multiple Attribute Decision Making[M]. Berlin, Heidelberg: Springer Berlin Heidelberg.

Ieva F, Paganoni A M, Pigoli D, et al., 2013. Multivariate functional clustering for the morphological analysis of electrocardiograph curves[J]. Journal of the Royal Statistical Society Series C: Applied Statistics, 62(3): 401-418.

Ingrassia S, Cerioli A, Corbellini A, 2003. Some issues on clustering of functional data[M]//Between Data Science and Applied Data Analysis. Berlin, Heidelberg: Springer Berlin Heidelberg: 49-56.

Irpino A, Romano E, 2007. Optimal histogram representation of large data sets: fisher vs piecewise linear approximation[J]. Revue des nouvelles technologies de l'information, 1: 99-110.

Jacques J, Preda C, 2014. Model-based clustering for multivariate functional data[J]. Computational Statistics & Data Analysis, 71: 92-106.

Koymen Keser I, Deveci Kocakoç I. 2015. Smoothed functional canonical correlation analysis of humidity and temperature data[J]. Journal of Applied Statistics, 42(10): 2126-2140.

Lauro C N, Palumbo F, 2005. Principal component analysis for non-precise data[M]//Studies in Classification, Data Analysis, and Knowledge Organization. Berlin Heidelberg: Springer-Verlag: 173-184.

Maharaj E A, Teles P, Brito P, 2019. Clustering of interval time series[J]. Statistics and Computing, 29(5): 1011-1034.

Martino A, Ghiglietti A, Ieva F, et al., 2019. A k-means procedure based on a Mahalanobis type distance for clustering multivariate functional data[J]. Statistical Methods & Applications, 28(2): 301-322.

Meng Y F, Liang J Y, Cao F Y, et al., 2018. A new distance with derivative information for functional k-means clustering algorithm[J]. Information Sciences, 463/464: 166-185.

Montero P, Vilar J A, 2014. TSclust: An R Package for time series clustering[J]. Journal of Statistical Software, 62(1): 1-43.

Neumaier A, 1991. Interval methods for systems of equations[M]. Cambridge: Cambridge University Press.

Palumbo F, Lauro C N, 2003. A PCA for interval-valued data based on midpoints and radii[C]//Yanai H, Okada A, Shigemasu K, et al., New Developments in Psychometrics. Tokyo: Springer: 641-648.

Ramsay J O, 1982. When the data are functions[J]. Psychometrika, 47(4): 379-396.

Ramsay J O, Dalzell C J, 1991. Some tools for functional data analysis[J]. Journal of the Royal Statistical Society Series B: Statistical Methodology, 53(3): 539-561.

Ramsay J O, Hooker G, Campbell D, et al., 2007. Parameter estimation for differential equations: a generalized smoothing approach[J]. Journal of the Royal Statistical Society Series B: Statistical Methodology, 69(5): 741-796.

Ramsay J O, Silverman B M, 1997. Principal Component Analysis[M]. New York: Springer-Verlag.

Ramsay J O, Silverman B W, 2005. Functional Data Analysis[M]. New York, NY: Springer New York.

Rousseeuw P J, 1987. Silhouettes: A graphical aid to the interpretation and validation of cluster analysis[J]. Journal of Computational and Applied Mathematics, 20: 53-65.

Serban N, Wasserman L, 2005. CATS[J]. Journal of the American Statistical Association, 100(471): 990-999.

Shang H L, 2014. A survey of functional principal component analysis[J]. AStA Advances in Statistical Analysis, 98(2): 121-142.

Shimizu N, 2011a. Dissimilarity criteria in hierarchical clustering for interval-valued functional data[J]. International Journal of Knowledge Engineering and Soft Data Paradigms, 3(2): 132.

Shimizu N, 2011b. Hierarchical clustering for interval-valued functional data[M]//Intelligent Decision Technologies. Berlin, Heidelberg: Springer Berlin Heidelberg: 769-778.

Smith M F, 1994. Evaluation: review of the past, preview of the future[J]. Evaluation Practice, 15(3): 215-227.

Sun J K, Li Z, Zou F Y, et al., 2012. Adaptive determining for optimal cluster number of K-means clustering algorithm[M]//Lecture Notes in Electrical Engineering. Berlin, Heidelberg: Springer Berlin Heidelberg: 551-560.

Sun L R, Wang K L, Balezentis T, et al., 2021. Extreme point bias compensation: a similarity method of functional clustering and its application to the stock market[J]. Expert Systems with Applications, 164: 113949.

Sun L R, Wang K L, Xu L N, et al., 2022. A time-varying distance based interval-valued functional principal component analysis method–A case study of consumer price index[J]. Information Sciences, 589: 94-116.

Sun L R, Zhu L J, Li W C, et al., 2022. Interval-valued functional clustering based on the Wasserstein distance with application to stock data[J]. Information Sciences, 606: 910-926.

Tanir D, Nuriyeva F, 2017. On selecting the Initial Cluster Centers in the K-means Algorithm[C]// 2017 IEEE 11th International Conference on Application of Information and Communication Technologies(AICT). September 20-22, 2017. Moscow, Russia. IEEE.

Tenorio C P, de Carvalho F A T, Pimentel J T, 2007. A partitioning fuzzy clustering algorithm for symbolic interval data based on adaptive mahalanobis distances[C]//7th International Conference on Hybrid Intelligent Systems(HIS 2007). September 17-19, 2007. Kaiserslautern, Germany. IEEE, 174-179.

Wang H W, Guan R, Wu J J, 2012. CIPCA: complete-Information-based Principal Component Analysis for interval-valued data[J]. Neurocomputing, 86: 158-169.

Wang H W, Mok H M K, Li D P, 2007. Factor interval data analysis and its application[M]//Compstat 2006-Proceedings in Computational Statistics. Heidelberg: Physica-Verlag HD: 299-312.

Wang X, Yu F S, Pedrycz W, et al., 2019. Clustering of interval-valued time series of unequal length based on improved dynamic time warping[J]. Expert Systems with Applications, 125: 293-304.

Yang W, 2010. A functional generalization of diamond-integral Hölder's inequality on time scales[J]. Applied Mathematics Letters, 23(10): 1208-1212.

Zhang B B, Chen R, 2018. Nonlinear time series clustering based on Kolmogorov-Smirnov 2D statistic[J]. Journal of Classification, 35(3): 394-421.